电子技术与技能

王家青　王中华　主　编

孙艳波　汪洪青　李　曼　副主编

人民交通出版社股份有限公司
China Communications Press Co.,Ltd.

内 容 简 介

本书由十三个项目六十七个任务组成,内容包括认识、识别与检测常用电子元器件;分析、安装与调试放大电路、振荡电路、直流稳压电源、可控硅应用电路、逻辑门应用电路、触发器应用电路、计数器应用电路及制作多谐振荡器等教学场景。

本书可以作为职业学校电路检修专业的学历教育教材,也可供维修电路的工程技术人员和弱电爱好者阅读参考。

图书在版编目(CIP)数据

电子技术与技能/王家青,王中华主编.—北京:人民交通出版社股份有限公司,2018.1

ISBN 978-7-114-14580-3

Ⅰ.①电… Ⅱ.①王… ②王… Ⅲ.①电子技术—中等专业学校—教材 Ⅳ.①TN

中国版本图书馆 CIP 数据核字(2018)第 049727 号

Dianzi Jishu yu Jineng

书　　名: 电子技术与技能
著 作 者: 王家青　王中华
责任编辑: 刘　博
责任校对: 张　贺
责任印制: 张　凯
出版发行: 人民交通出版社股份有限公司
地　　址: (100011)北京市朝阳区安定门外外馆斜街 3 号
网　　址: http://www.ccpress.com.cn
销售电话: (010)59757973
总 经 销: 人民交通出版社股份有限公司发行部
经　　销: 各地新华书店
印　　刷: 北京鑫正大印刷有限公司
开　　本: 787×1092　1/16
印　　张: 12
字　　数: 263 千
版　　次: 2018 年 1 月　第 1 版
印　　次: 2018 年 1 月　第 1 次印刷
书　　号: ISBN 978-7-114-14580-3
定　　价: 35.00 元

前 言

为了实现“幸福职教，全国名校”建设目标，让“教师快乐地教，学生幸福地学”，促进学校教育教学改革取得丰硕成果，我们精心编写了这本《电子技术与技能》。

在教材编写的内容设计上，我们始终坚持“学生能做的事情不让老师做，老师能做的事情不让社会做”的思想，给予学生自信，增加学生的动手实践的机会，培养学生的实际操作能力，为学生掌握基础专业技术技能奠定基础。教学形式上重在激发学生的专业兴趣，让学生带着问题进行学习，因此先让学生制作电路，然后再由教师给学生答疑解惑。本教材是以培养学生动手解决实际问题的能力为本位，以岗位需要和职业标准为依据，以促进学生的职业发展与幸福生活为目标进行整理和编写的，符合了现代职业教育的发展需要和体现现代职业教育的发展特点，实现了让学生幸福地学习、成长和进步。

电子技术是一门理论性、抽象性、实践性要求极高的学科。电子技术难教、难学已成为共识，改革传统的教学方法势在必行。本教材以教授学生动手制作为突破口，由浅入深，通俗易懂，不仅具有趣味性，还具有生活、生产方面的实用性。按照从制作电路开始，先作后懂，重在于会，力求于精的教学思想，根据学生的兴趣爱好强化专业知识训练，使学生通过动手制作电路，获得成就感，在这种快乐的氛围中激发学生兴趣与最大的潜能，进而引发学生思考，探究新问题、学习新知识，达到理论知识与操作技能的统一，使学生改变厌学情绪，能够快乐学习技能，让学生真正做到“学有所乐、学有所获”。同时，本教材体现了教学与生产实际的紧密结合和学以致用的原则，提高学生的综合应用能力，真正体现了职业教育特色。

本教材在内容与形式上有以下特色：

(1)任务引领。以工作任务引领知识、技能的学习，让学生在完成工作任务的过程中学习相关知识。

(2)成果驱动。使学生通过完成典型的电子产品制作，来提升综合职业能力；让学生关注的焦点放在通过完成工作任务获得的成果上，来激发自身的学习动机。

(3)突出能力。课程定位与目标、课程内容与要求、教学过程与评价等都突出对学生职业能力的培养,体现职业教育课程的本质特征。

(4)内容实用。教材紧紧围绕工作任务的需要来设置课程内容,并兼顾电子技术基础知识的介绍,注重内容的实用性和针对性。

(5)做学一体。打破长期以来专业基础课理论与实践二元分离的局面,以工作任务为中心,实现理论与实践的一体化教学。

(6)学生为本。教材的体例设计与内容表现形式,充分考虑到学生的身心发展规律。一方面,以工作任务为主线设计教学内容,体例新颖;另一方面,版式活泼,图文并茂,通过制作实用电路,能够增加学生的学习兴趣,让学生体会到学习知识的快乐。

在教学过程中,为了更有效地激发学生求知欲,提高学生的学习兴趣和热情,教师可对学生进行专业引导,调整每个项目工作任务的完成顺序,如引领学生先完成项目中的后续任务(即电子产品制作),让学生自主选择,使学生能够幸福学习,从而熟悉、理解、掌握理论知识,为学生未来的工作、生活奠定技能基础。

本教材由王家青、王中华主编,孙艳波、汪洪青、李曼为副主编,孙立民、李冬辉也参加了本教材的编写工作。在编写过程中,得到了学校领导和同行业教育专家的悉心指导,在此深表谢意。由于编者水平有限,加之时间仓促,书中难免存在着错误和不足,诚请从事职业教育的专家、教师及读者批评指正。

编　者

2017 年 12 月

目录

项目一　认识、识别、检测常用的半导体器件

收音机能收到电台的节目，并发出声音；电视机能出现图像；手机能互相通信，计算机能快速地处理各种信息。所有这些功能的实现都归功于各种电子元器件。

认识各种电子元器件，能判别其质量好坏，了解其工作原理及作用是学习电子技术的基础。

本项目重点介绍半导体的基本知识、普通二极管和三极管的结构、工作原理、特性和主要参数及它们的测试和使用，并简要介绍一些特殊二极管、三极管及场效应管。认识了这些元件，我们就可以做自己喜欢的小电器产品了。

知识目标

1. 知道半导体的基本知识。
2. 弄清半导体二极管和三极管的结构及性能。
3. 知道特殊二极管、三极管、场效应管的用途。

技能目标

1. 弄清常用二极管的管脚识别及检测方法。
2. 弄清三极管的管脚识别和检测方法。
3. 弄清场效应管的管脚识别和检测方法。

任务一　半导体的基本知识

学习目标

(1)知道导体、半导体、绝缘体导电性能的差异。
(2)弄清硅和锗本征半导体的原子结构及导电性。
(3)弄清杂质半导体(包括P型和N型)的原子结构及导电性。

知识1　导体、半导体、绝缘体

物质按导电性能的不同，大致可以分为三类，即导体、半导体、绝缘体。导电性能良好的物质称为导体，如金、银、铜、铁等。一般条件卜不能导电的物质称为绝缘体，如陶瓷、玻璃、橡胶、塑料等。导电能力介于导体和绝缘体之间的物质称为半导体，常见的有硅、锗、砷化镓及某些氧化物和硫化物等。

为什么物质有这种导电能力的差别呢？根本原因在于物质内部运载电荷的粒子（载流子），载流子的多少是决定物质导电能力的一个重要因素。

金属导体是由金属原子组成的，原子由原子核和核外带负电的电子组成，电子分层排列，内层电子受原子核引力较大，而外层电子受原子核的引力较小，外层电子称为价电子。在金属导体中有大量的价电子能挣脱原子核的束缚成为自由电子，自由电子在外电场作用下定向移动形成电流，所以金属导电性能良好。

绝缘体中原子核对价电子的束缚很强，价电子不容易挣脱原子核的束缚，所以自由电子很少，导电性能很差。

半导体中原子核对价电子的束缚能力介于导体和绝缘体之间。因此，半导体既非良导体又非绝缘体。但是半导体有其独特的性质，通常情况下半导体的导电性能很差，但当受到光（或热）照射后，半导体的导电能力会显著增强，更为突出的是，在纯净的半导体中掺入微量杂质，其导电性能会大大增强。

知识2　本征半导体

纯净的、结构完整的半导体称为本征半导体。纯净的硅、锗单晶体都是本征半导体。图1-1a）所示为硅和锗的原子结构模型，它们的最外层电子（价电子）数都是4个，内层电子和原子核结合成为稳定的结构，称之为“惯性核”。如图1-1b）所示，可以把硅和锗的原子结构用惯性核和价电子的形式表示。

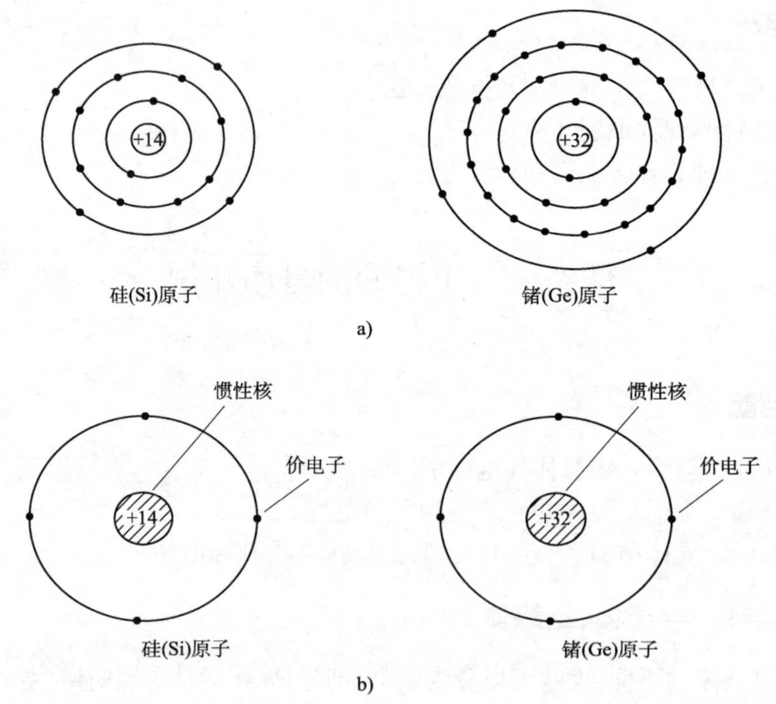

图1-1　硅原子与锗原子结构示意图

图1-2所示为硅单晶体的结构示意图，每个硅原子都有另外4个硅原子与它相邻，而任

意两个相邻的硅原子各自拿出一个价电子组成一个共价键，共价键中的电子被这2个硅原子所共有。这样每个硅原子可以形成4个共价键，相当于最外层有8个电子。

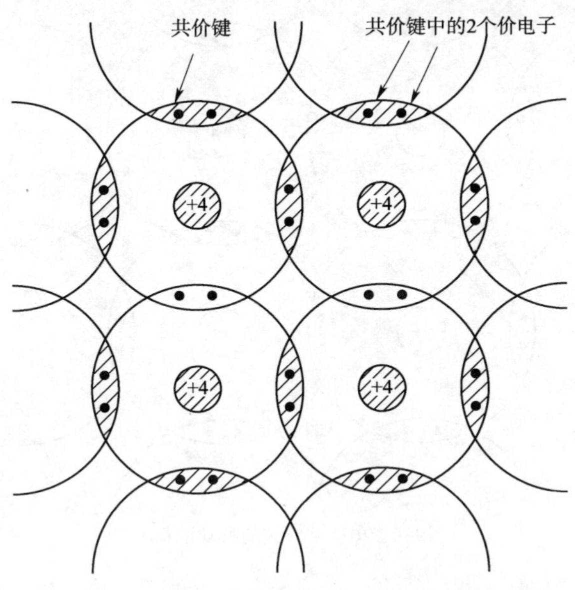

图1-2　硅单晶体的共价键结构示意图

在绝对零度（-273.15℃）时，共价键中电子不能挣脱共价键的束缚，所以不能成为自由电子，不导电。但在常温下，会有少量的价电子受光（或热）的刺激，获得足够能量成为自由电子，并在相应的位置留下一个空穴，这种现象称本征激发，本征激发产生空穴—电子对，如图1-3所示。

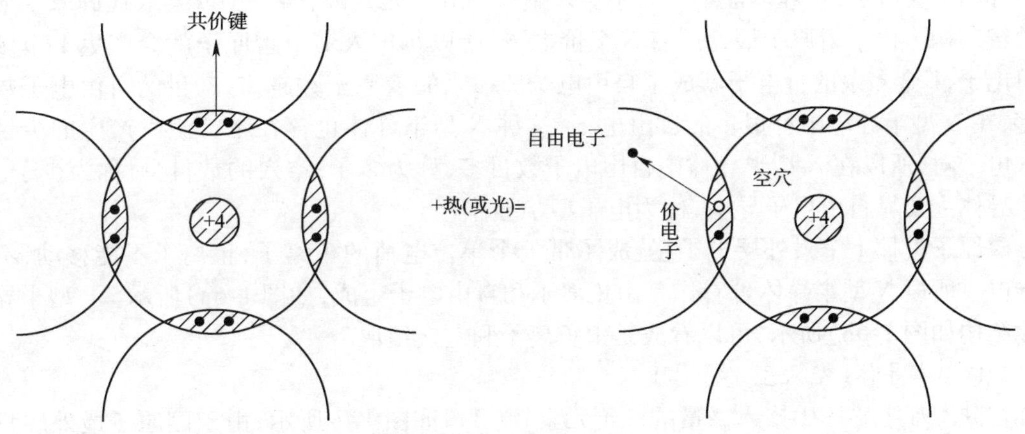

图1-3　本征激发产生空穴—电子对示意图

在半导体中有两种载流子，即自由电子和空穴。由于空穴是失去了带负电的电子而形成的，因而可以把空穴看作是带正电的。当半导体中出现空穴后，在外加电场和其他能源的作用下，邻近的价电子就能较容易地填补到这个空穴中，而这个价电子所在的位置又留下新的空穴，其他价电子又可以转移到这个新的空穴中，这就是空穴的移动。可见半导体中的自由电子和空穴都可以移动，如图1-4所示。

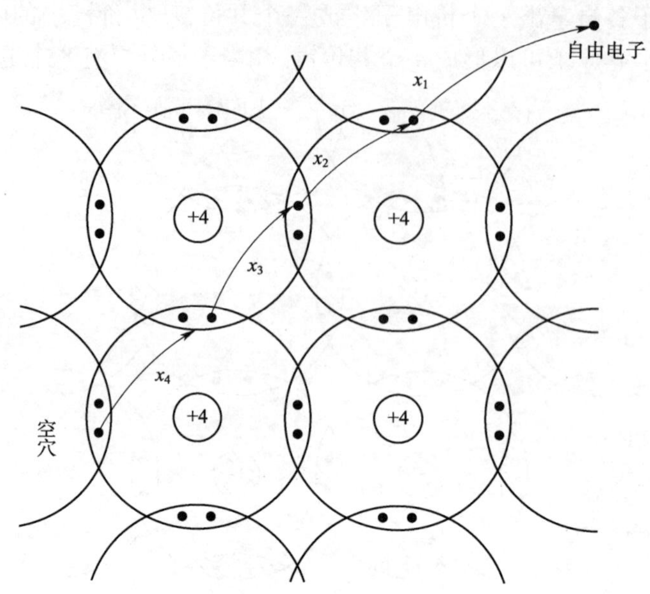

图 1-4　电子和空穴的移动示意图

知识 3　杂质半导体

本征半导体的导电能力很差,不能直接制作半导体器件。如果在本征半导体中掺入微量的其他元素(称杂质),就会使它的导电性能显著增强。掺了杂质的半导体称杂质半导体。根据所掺杂质的不同,杂质半导体分为 N 型半导体和 P 型半导体。

1. N 型半导体(电子型半导体)

如图 1-5 所示,在硅本征半导体中掺入微量的五价元素磷,磷原子就会取代硅原子形成共价键结构。由于磷原子最外层有 5 个价电子,所以每掺入 1 个磷原子就会产生 1 个多余的价电子,1 个多余的价电子就成了自由电子。掺入的磷原子数越多,产生的自由电子数也越多,在 N 型半导体中有很多的自由电子,这种 N 型半导体也存在本征激发产生的少量空穴—电子对,所以在 N 型半导体中自由电子数目多,称为多子;空穴的数目少,称为少子。N 型半导体主要靠自由电子导电,称为电子型半导体。

磷原子失掉 1 个最外层电子,就成了带 1 个单位电荷的正离子,正离子不能移动,不参与导电。所以 N 型半导体可看作是由正离子和自由电子组成,如图 1-6a) 所示。P 型半导体简化结构如图 1-6b) 所示,可以看成是由负离子和空穴组成。

2. P 型半导体(空穴型半导体)

在硅本征半导体中掺入微量的三价元素硼(B),如图 1-7 所示,由于硼原子最外层只有 3 个价电子,所以在 1 个共价键上就少 1 个电子,形成 1 个空穴,这样每掺入 1 个硼原子就产生 1 个空穴,掺入的硼原子越多,产生的空穴就越多。P 型半导体也存在少量由于本征激发产生的空穴—电子对,所以在 P 型半导体中空穴是多数载流子,称为多子;自由电子是少数载流子,称为少子。可见 P 型半导体主要靠空穴导电,所以,P 型半导体又称为空穴型半导体。当硼原子的空穴被 1 个自由电子填补后,硼原子的最外层就多出 1 个电子,成为负离子。负离子不能参与导电。

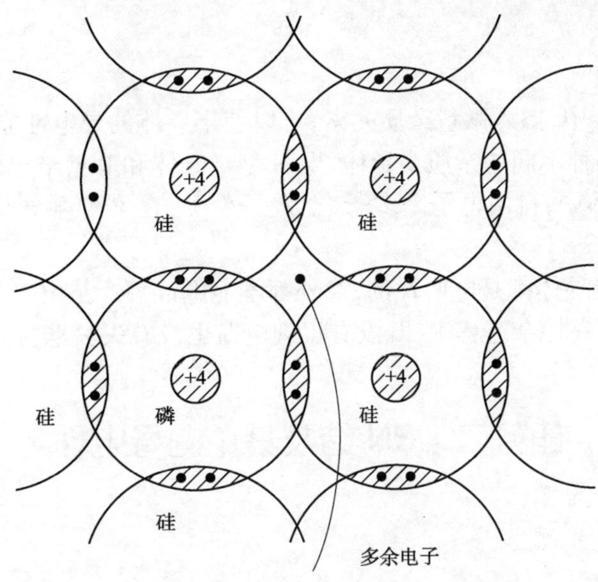

图 1-5　N 型硅半导体中的共价键结构示意图

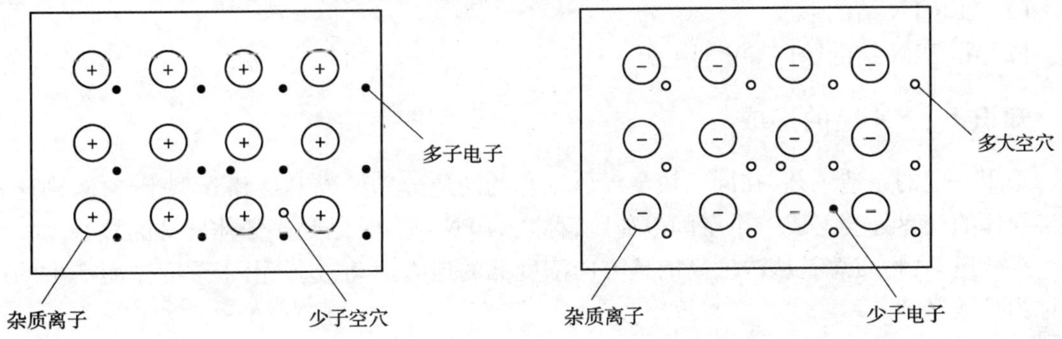

图 1-6　N 型 P 型半导体简化结构示意图

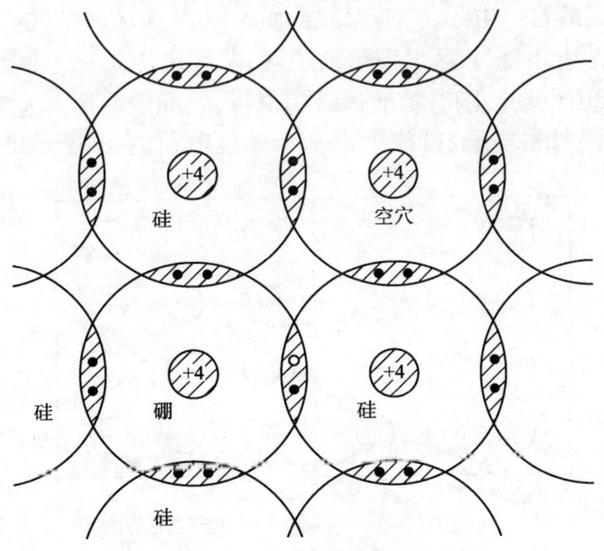

图 1-7　P 型硅半导体中的共价键结构示意图

3. 总结

通过以上讨论可知：

(1)在本征半导体中，掺入微量杂质元素，可以使半导体的导电性能显著增强，由于掺入杂质不同，可以形成两种不同的杂质半导体，即N型半导体和P型半导体。

(2)在N型半导体中，自由电子是多子，空穴是少子；在P型半导体中，空穴是多子，自由电子是少子。

(3)N型和P型半导体都是电中性的，对外都不显电性。这是由于本征半导体和掺入的杂质都是电中性的，而在掺杂过程中，既没有得到电荷也没有失去电荷。

任务二　PN结及其单向导电性

学习目标

(1)知道PN结的形成。

(2)弄清PN结的单向导电性。

知识1　PN结的形成

采用一定的制造工艺，在同一块半导体基片的两边分别形成P型和N型半导体，则这两种半导体的交界处会形成一个空间电荷区，称之为PN结，PN结是半导体器件的核心。

扩散运动：物质总是从浓度高的地方向浓度低的地方运动，这种由于浓度差而产生的运动称为扩散运动。

如图1-8所示，当把P型半导体和N型半导体制作在一起时，在它们的交界面，两种载流子的浓度差很大，因而P区的空穴必然向N区扩散，与此同时，N区的自由电子也必然向P区扩散。扩散到P区的自由电子与空穴复合，而扩散到N区的空穴与自由电子复合，所以在交界面附近多子的浓度下降，P区出现负离子区，N区出现正离子区，它们不能移动，称为空间电荷区，从而形成内电场。随着扩散运动的进行，空间电荷区加宽，内电场增强，其方向由N区指向P区，阻止扩散运动的进行。

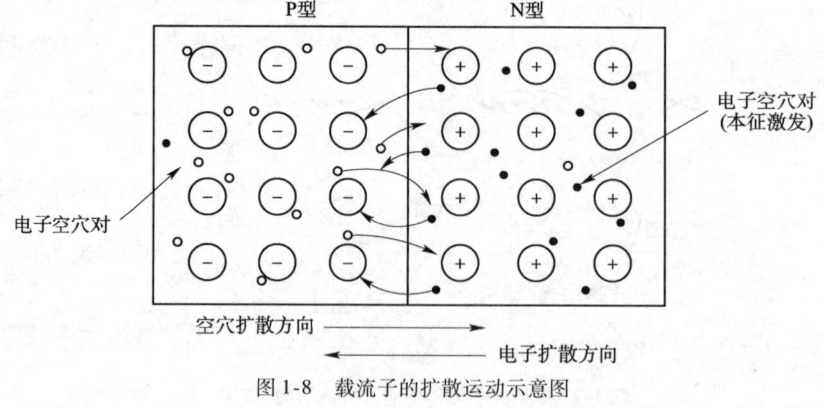

图1-8　载流子的扩散运动示意图

漂移运动：在电场力作用下，少数载流子的运动称漂移运动。例如，当空间电荷区形成后，在内电场作用下，少子产生漂移运动，空穴从 N 区向 P 区运动，而自由电子从 P 区向 N 区运动。

PN 结的形成过程是这样的。如图 1-9 所示，当扩散运动和漂移运动达到动态平衡时，空间电荷区的宽度不再改变，此时的空间电荷区就是 PN 结。由于在 PN 结内载流子都消耗殆尽了，所以 PN 结又称耗尽层。PN 结呈现很高的电阻率，所以又称为阻挡层。

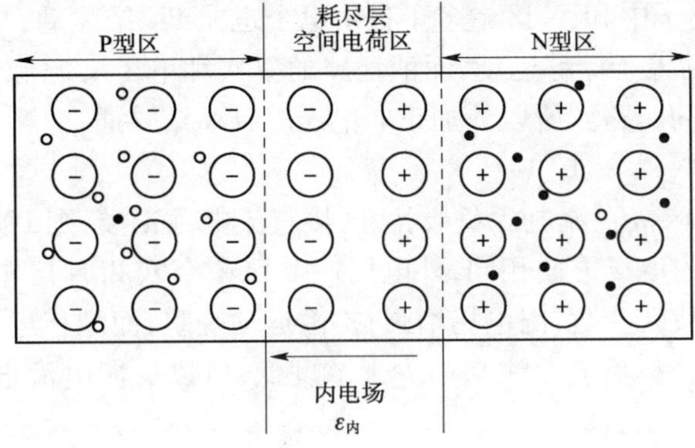

图 1-9　PN 结的形成示意图

知识 2　PN 结的单向导电性

下面来做一个实验，取 2 个电阻、2 个灯泡、2 节电池和 2 个二极管（由 1 个 PN 结制作的器件），分别接成图 1-10a）、b）、c）、d）所示电路。图 1-10a）、b）、c）所示电路仍正常发光，而图 1-10d）所示电路却不亮了。

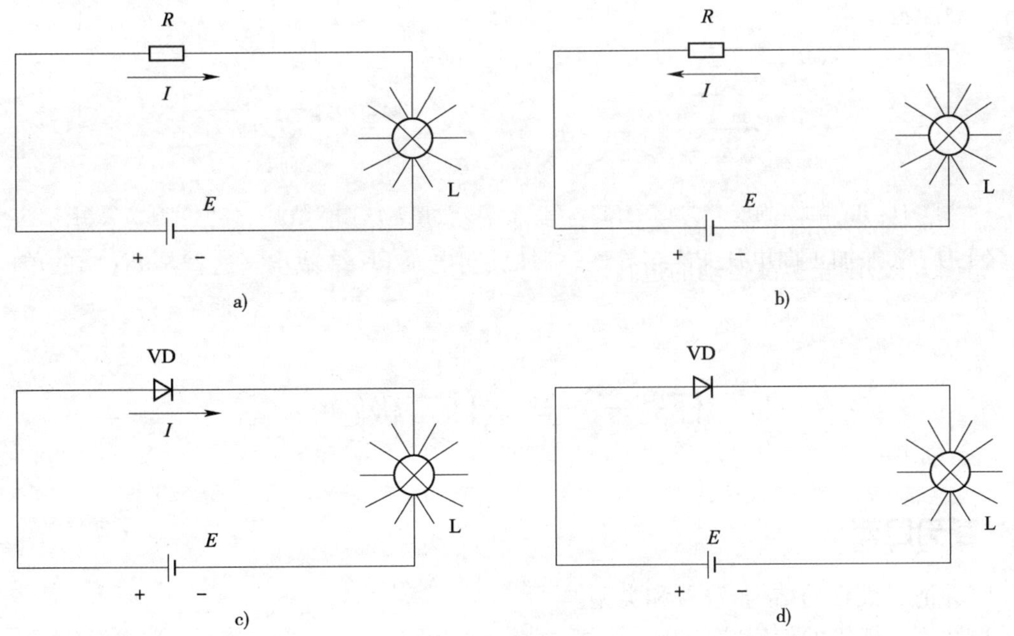

图 1-10　PN 结单向导电性实验电路示意图

这说明 PN 结的导电性与外加电压极性有关，外加正向电压 PN 结导通，外加反向电压 PN 结截止，这就是 PN 结的单向导电性。PN 结为什么会有这种特性呢？下面分两种情况进行分析。

1. 外加正向电压 PN 结导通

如图 1-11 所示，P 区接直流电源正极，N 区接负极，则 PN 结外加正向电压，简称正偏。这时外电场 $\varepsilon_{外}$ 的方向与 PN 结内电场 $\varepsilon_{内}$ 的方向相反，在外电场作用下，P 区中多子空穴向 PN 结移动，与部分负离子中和，N 区中多子自由电子也向 PN 结移动，与部分正离子中和，这样 PN 结变窄，扩散运动大于漂移运动，而消耗掉的空穴和电子又源源不断地从外电源得到补充，因而形成了电流的回路。所以外加正向电压时，PN 结导通。

2. 外加反向电压 PN 结截止

如图 1-12 所示，P 区接直流电源负极，N 区接直流电源正极，则 PN 结外加反向电压，简称反偏，这时外电场与内电场方向相同，外电场使 P 区中空穴和 N 区中自由电子向远离 PN 结的方向移动，空间电荷区变宽，内电场增强，扩散运动受阻，而漂移运动增强，通过 PN 结的电流为少子运动形成的（称反向电流），而少子浓度低，所以反向电流很小，相对于正向电流可以忽略不计，称 PN 结截止。

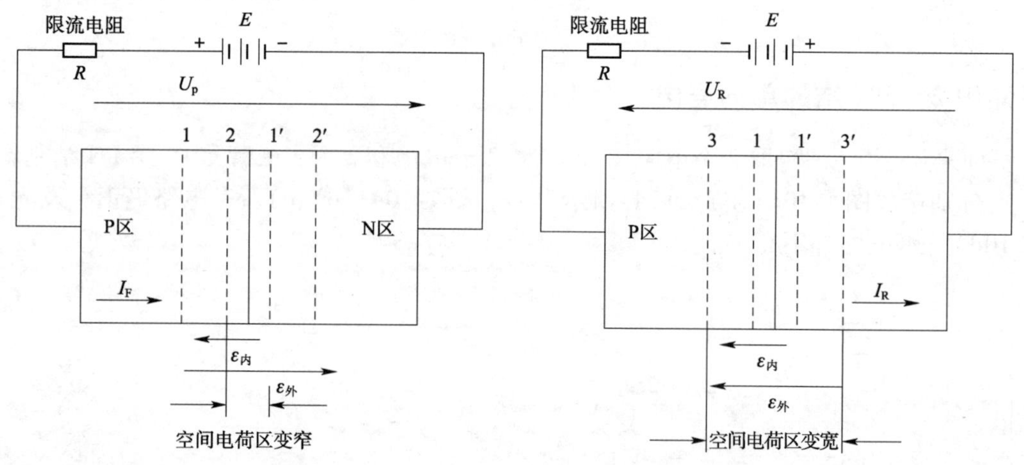

图 1-11　PN 结加正向电压导通示意图

图 1-12　PN 结加反向电压截止示意图

综上所述，外加正向电压 PN 结导通；外加反向电压 PN 结截止。这就是 PN 结的单向导电性。

任务三　半导体二极管

学习目标

（1）弄清二极管的结构、符号和类型。

（2）知道二极管的伏安特性。

（3）知道二极管的型号和主要参数。

(4)弄清二极管的识别和简易测试方法。

(5)认识整流二极管、稳压二极管、发光二极管等常用的二极管。

知识1　半导体二极管的结构和类型

1. 二极管的结构

二极管的结构示意图如图1-13a)所示。在PN结两端各引出一根电极引线,然后用外壳封装起来,就构成了半导体二极管。图1-13b)所示为二极管的图形符号,其中箭头方向为正向电流的方向。

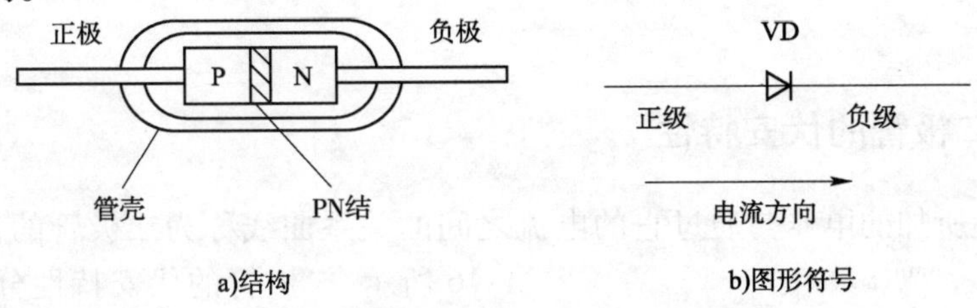

图1-13　二极管的结构和图形符号

半导体二极管种类、型用很多。常用的几种半导体二极管的外形如图1-14所示。

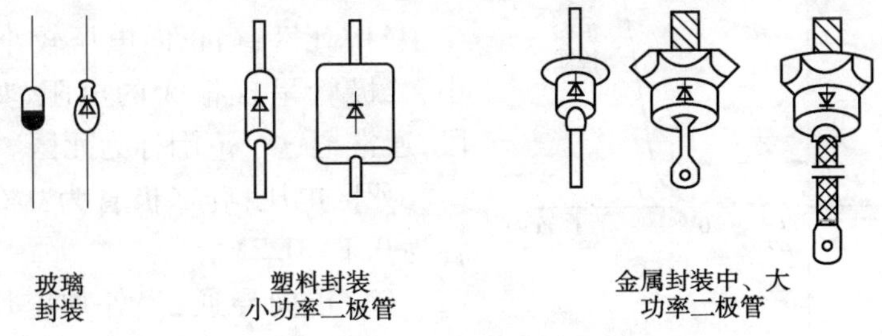

图1-14　常用二极管外形及封装形式

2. 二极管的分类

(1)二极管按所用的半导体材料不同分为硅管和锗管。

(2)二极管按结构分为点接触型、面接触型和平面型三大类。它们的结构示意图如图1-15所示。

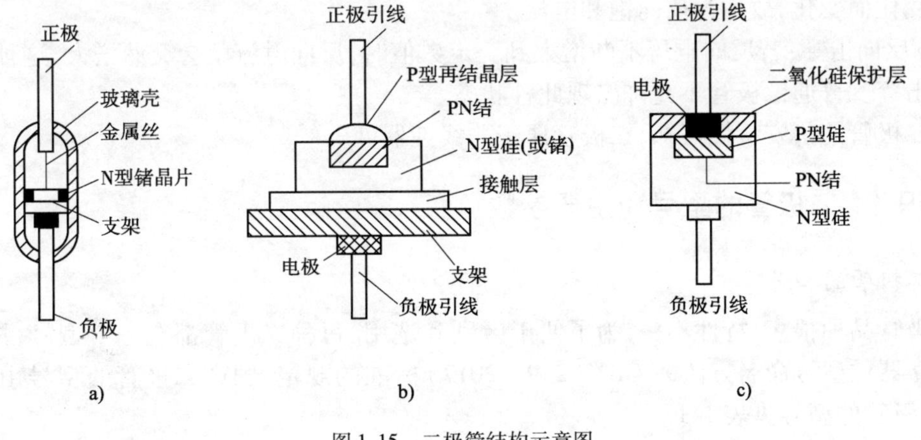

图1-15　二极管结构示意图

①点接触型二极管:由一根很细的金属触丝(如三价元素铝)和一块N型半导体(如锗)的表面接触,然后在正方向通过很大的瞬间电流,使触丝和半导体牢固地熔接在一起,三价金属与N型锗半导体相结合就构成PN结。由于其PN结面积小,结电容小,用于检波和变频等高频电路。

②面接触型二极管:PN结面积大,用于工频大电流整流电路。

③平面型二极管:往往用于集成电路制造工艺中。PN结的面积可大可小,用于高频整流和开关电路中。

(3)按用途不同分为普通二极管、整流二极管、稳压二极管、发光二极管、光电二极管、肖特基二极管等。

知识2　二极管的伏安特性

二极管两端所加的电压与通过它的电流之间的关系曲线称为二极管的伏安特性,如图1-16所示,二极管的伏安特性分为正向特性和反向特性。

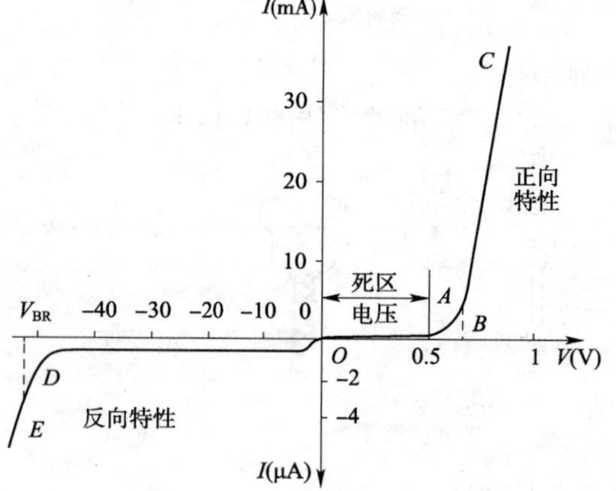

图1-16　二极管的伏安特性曲线

1. 正向特性(二极管正极电压大于负极电压)

(1)死区:当正向电压较小时,正向电流极小,二极管呈现很大的电阻,如图1-16中OA段,通常把这个范围称为死区。

死区电压:硅二极管为0.5V左右,锗二极管为0.1～0.2V。

(2)正向导通:当外加电压大于死区电压后,电流随电压增大而急剧增大,二极管导通。导通电压:硅二极管为0.6～0.7V,锗二极管为0.2～0.3V。

2. 反向特性(二极管负极电压大于正极电压)

(1)反向饱和电流:当加反向电压时,二极管反向电流很小,而且在很大范围内不随反向电压的变化而变化,故称为反向饱和电流。

(2)反向击穿:若反向电压不断增大到一定数值时,反向电流就会突然增大,这种现象称为反向击穿。普通二极管不允许出现此种状态。

由二极管的伏安特性可知,二极管属于非线性器件。

知识3　二极管的型号和主要参数

1. 二极管的型号

二极管品种很多,特性不一,为了便于区别和选用,每种二极管都有一个型号,按照《半导体分立器件型号命名方法》(GB/T 249—2017)标准的规定,国产二极管的型号由5部分组成,二极管的型号见表1-1。

晶体二极管的型号　　表 1-1

第一部分		第二部分		第三部分				第四部分	第五部分
用数字表示器件的电极数目		用拼音字母表示器件的材料和极性		用汉语拼音字母表示器件的类型				用数字表示序号	用拼音字母表示规格号
符号	意义	符号	意义	符号	意义	符号	意义		
2	二极管	A B C D E	N 型锗材料 P 型锗材料 N 型硅材料 P 型硅材料 化合物	P Z W K L	普通管 整流管 稳压管 开关管 整流堆	C U N BT	参量管 光电器件 阻尼管 半导体 特殊器件	反映二极管参数的差异	反映二极管承受反向击穿电压的高低,如 A、B、C、D 等,其中 A 承受的反向击穿电压最低,B 稍高

国家标准对二极管型号的命名举例如图 1-17 所示。

2. 二极管的主要参数

(1)最大整流电流 I_F。最大整流电流 I_F 指二极管长期连续工作时,允许通过二极管的最大正向平均电流。

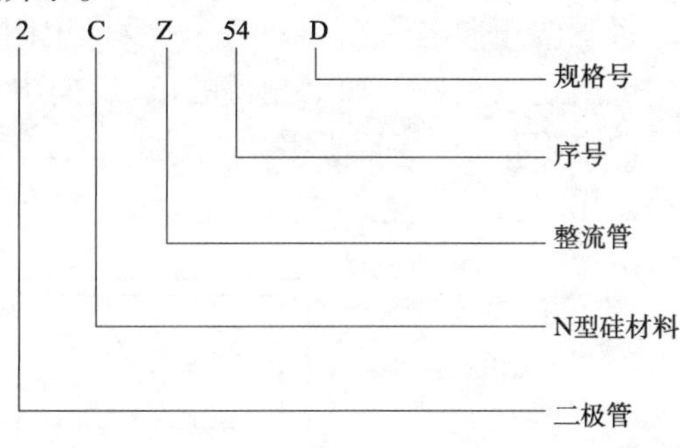

图 1-17　二极管的型号

(2)反向击穿电压 U_{BR} 和最大反向工作电压 U_{RM}。二极管反向电流急剧增加时对应的反向电压值称为反向击穿电压 U_{BR}。在实际工作时,为安全起见,最大反向工作电压 U_{RM} 一般只按反向击穿电压 U_{BR} 的一半计算。

(3)反向电流 I_R。

在室温下,在规定的反向电压下,一般是最大反向工作电压下的反向电流值。硅二极管的反向电流一般在纳安(nA)级;锗二极管在微安(μA)级。

(4)正向压降 U_D。正向压降 U_D 是指在规定的正向电流下,二极管的正向电压降。小电流硅二极管的正向压降在中等电流水平下,为 0.6 ~ 0.8V;锗二极管为 0.2 ~ 0.3V。

知识 4　小功率二极管的检测方法

1. 判别正、负电极

(1)观察外壳上的符号标记。如图 1-18 所示,通常在二极管的外壳上标有二极管的符号,带有三角形箭头的一端为正极,另一端则为负极。

(2)观察外壳上的色点。如图 1-19 所示,在点接触二极管的外壳上,通常标有极性色点(白色或红色)。一般标有色点的一端即为正极,还有的二极管上标有色环,带色环一端为负极。

图 1-18　二极管的符号标记

图 1-19　二极管上的色点标注示意图

(3)观察玻璃管内触丝。对于点接触二极管,如果标记已模糊不清,可以将外壳上的黑色或白色漆层轻轻刮掉一点,透过玻璃观察二极管结构,有金属触丝的一端就是正极。

(4)用万用表测量判别。判别正负极时,将万用表置于 R×100 或 R×1k 挡,先用红、黑表笔任意测量二极管两端子间的电阻值,然后交换表笔再测量一次,如果二极管是好的,两次测量结果必定出现一大一小。以阻值较小的一次测量为准,黑表笔所接的一端为正极,红表笔所接的一端则为负极(指针式万用表)。

2. 鉴别质量好坏

二极管质量检测方法如图 1-20 所示,将万用表置于 R×1k 挡,测量二极管的正、反向电阻值,质量良好的二极管正向电阻值较小(几千欧以下),反向电阻值较大(几百千欧)。例如,完好的锗点接触型二极管,正向电阻在 1kΩ 左右,反向电阻在 300kΩ 以上,硅面接触型二极管的正向电阻在 7kΩ 左右,反向电阻为无穷大。总之,二极管的正向电阻越小越好,反向电阻越大越好。如果测得的正、反向电阻都为无穷大,说明二极管的内部断路;若测得的反向电阻很小(接近于零),则表明二极管已经短路(击穿),内部断路或短路的二极管都不能使用。

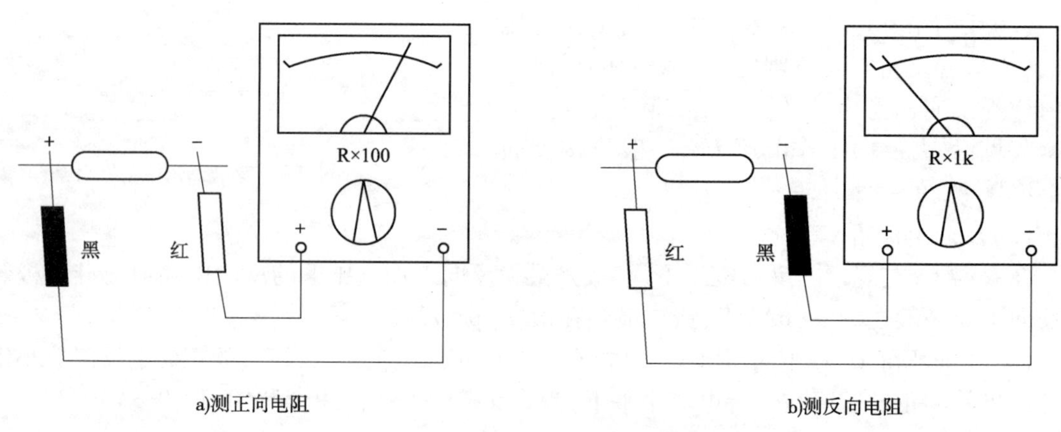

图 1-20　指针式万用表鉴别二极管质量示意图

知识 5　认识常用二极管

1. 普通二极管

用在检波、限幅和其他小电流整流电路中,如 2AP1 ~2AP9,2CP1 ~2CP20 等。

2. 整流二极管

用在电源设备的整流电路中,将交流电变成脉动直流电,如 2CZ11 ~2CZ27 等。

3. 稳压二极管

稳压二极管又称齐纳二极管。用在电源供给电路中,稳定电压值,如 2CW1 ~2CW10 等。其图形符号、外形及伏安特性如图 1-21 所示。

稳压二极管是一个特殊的面接触型的半导体硅二极管,其伏安特性曲线与普通二极管相似,但反向击穿曲线比较陡,稳压二极管工作于反向击穿区,由于它在电路中与适当电阻配合后能起到稳定电压的作用,故称为稳压管。稳压管反向电压在一定范围内变化时,反向电流很小,当反向电压增高到击穿电压时,反向电流突然猛增,稳压管从而反向击穿,此后,电流虽然在很大范围内变化,但稳压管两端的电压的变化却相当小,基于这一特性,稳压管就在电路中起到了稳压的作用。而且,稳压管的反向击穿特性是可逆的,当去掉反向电压,稳压管又恢复正常,但如果反向电流超过允许范围,二极管将会发生热击穿,所以,与其配合的电阻往往起到限流的作用。

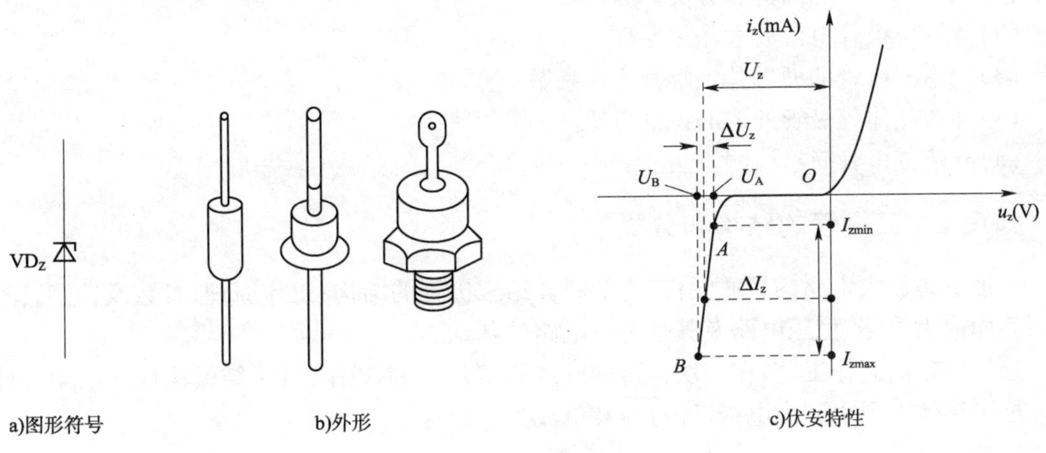

图 1-21　稳压二极管结构及伏安特性曲线

4. 发光二极管

发光二极管简称 LED。是由镓(Ga)与砷(As)、磷(P)的化合物制成的二极管,当电子与空穴复合时能辐射出可见光,因而可以用来制成发光二极管,在电路及仪器中作为指示灯,或者组成文字或数字的显示。磷砷化镓二极管发红光,磷化镓二极管发绿光,碳化硅二极管发黄光。

5. 光电二极管

光电二极管是将光信号变成电信号的半导体器件。它的核心部分也是一个 PN 结,和普通二极管相比,在结构上不同的是,为了便于接受入射光照,PN 结面积尽量做的大一些,电极面积尽量小些,而且 PN 结的结深很浅,一般小于 1μm。

光电二极管是在反向电压作用下工作的;没有光照时,反向电流很小(一般小于 0.1μA),称为暗电流。当有光照时,携带能量的光子进入 PN 结后,把能量传给共价键上的束缚电子,使部分电子挣脱共价键,从而产生电子—空穴对,称为光生载流子。

6. 肖特基二极管

肖特基二极管内部是一个金属半导体结。所谓金属半导体结,是在金属和低掺杂 N 型半导体的交界处所形成的类似于 PN 结的空间电荷区,其伏安特性与 PN 结类似,也具有单向导电性。肖特基二极管与普通二极管相比,有两大主要特点:一是肖特基二极管的导通电压低,约为 0.4V;二是肖特基二极管只利用一种载流子(电子)导电,不存在普通二极管的少子,因此工作速度快,适用于高频高速电路。

任务四 晶体三极管

学习目标

(1)知道三极管的结构和分类。

(2)弄清三极管电流放大作用原理。

(3)知道三极管的型号并了解其主要参数。

(4)知道晶体三极管外形的识别方法。

(5)弄清三极管简易检测方法。

知识1 三极管的结构和分类

三极管是放大电路的核心元件,本节将介绍三极管的结构、工作原理、参数及检测,作为学习后面放大电路、稳压电路及其他电子电路的基础。

通过一定的制作工艺,在一块极薄的硅或锗基片上制作两个 PN 结就构成三层半导体,从三层半导体上引出三个电极,经过封装就成为三极管。

1. 结构及符号

PNP 型及 NPN 型三极管的内部结构及图形符号如图 1-22 所示。

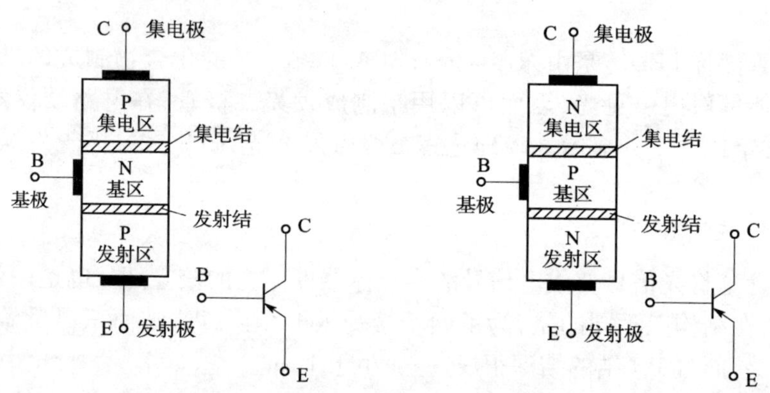

图 1-22 PNP 型及 NPN 型三极管的内部结构及图形符号

三区:发射区、基区、集电区。

三极:发射极 E、基极 B、集电极 C。

两结:发射结、集电结。

实际上发射极箭头方向就是发射结正向电流方向。

2. 分类

(1)按半导体基片材料不同:NPN 型和 PNP 型。

(2)按功率分:小功率管和大功率管。

(3)按工作频率分:低频管和高频管。

(4)按管芯所用半导体材料分:锗管和硅管。

(5)按结构工艺分:合金管和平面管。

(6)按用途分:放大管和开关管。

3.外形及封装形式

三极管常采用金属、玻璃或塑料封装。常用的外形及封装形式如图 1-23 所示。

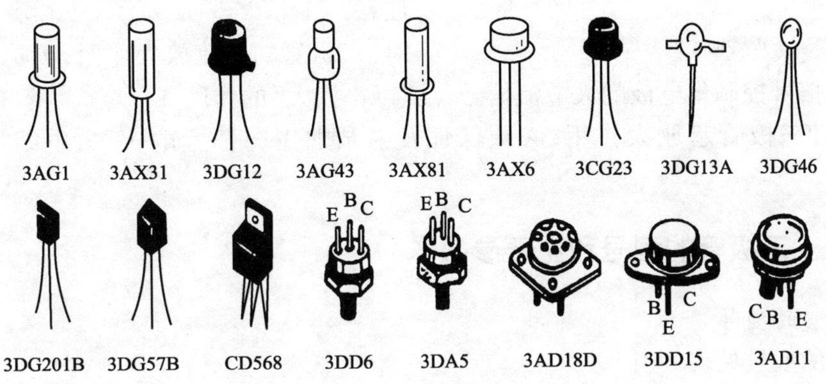

图 1-23 三极管常用的外形及封装形式

知识 2 三极管的电流放大作用

1.三极管各电极上的电流分配

(1)实验电路。三极管电流放大作用实验电路如图 1-24 所示。

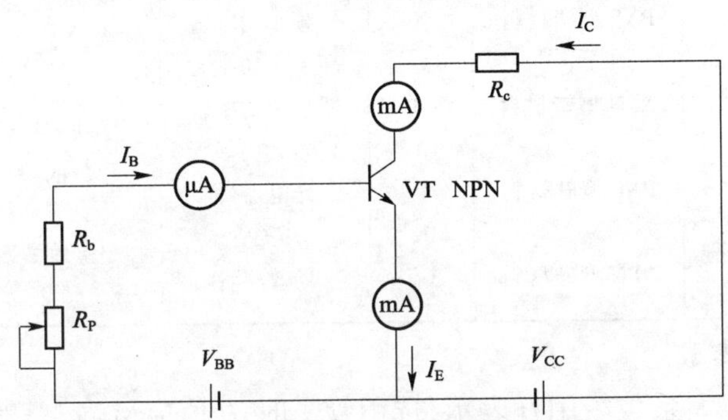

图 1-24 三极管电流放大作用实验电路

(2)实验数据。三极管电流放大作用实验数据见表 1-2。

三极管三个电极上的电流值 表 1-2

I_B(mA)	0	0.01	0.02	0.03	0.04	0.05
I_C(mA)	0.01	0.56	1.14	1.74	2.33	2.91
I_E(mA)	0.01	0.57	1.16	1.77	2.37	2.96

(3)结论:$I_E = I_B + I_C$

三极管的电流分配规律如图 1-25 所示。

三极管的电流分配规律:发射极电流等于基极电流和集电极电流之和。

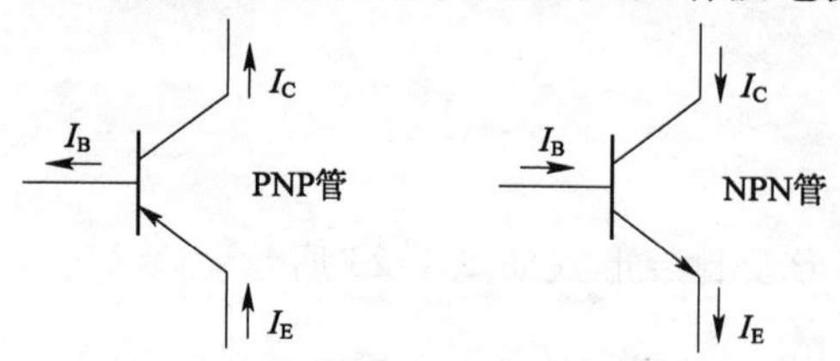

图 1-25　三极管的电流分配示意图

2. 三极管的电流放大作用

由上述实验可得结论:基极电流 I_B 的微小变化控制了集电极电流较大的变化,这就是三极管的电流放大原理。

注意:

(1)三极管的电流放大作用,实质上是用较小的基极电流信号控制集电极的大电流信号,是“以小控大”的作用。

(2)要使三极管起放大作用,必须保证发射结加正向偏置电压,集电结加反向偏置电压。

知识 3　三极管的型号和主要参数

1. 三极管的型号

三极管的型号见表 1-3。

三 极 管 的 型 号　　表 1-3

第一部分		第二部分		第三部分		第四部分	第五部分
用数字表示器件的电极数目		用拼音字母表示器件的材料和极性		用汉语拼音字母表示器件的类型		用数字表示序号	用拼音字母表示规格号
符号	意义	符号	意义	符号	意义		
3	三极管	A B C D	PNP 型锗材料 NPN 型锗材料 PNP 型硅材料 NPN 型硅材料	X G D A U K CS	低频小功率管 高频小功率管 低频大功率管 高频大功率管 光电器件 开关管 场效应管	反映三极管参数的差异	反映三极管承受反向击穿电压的高低

2. 三极管的主要参数

(1)共射极电流放大系数。用 β 表示,选用管子时,β 值应恰当,一般说来,β 值太大的管子工作稳定性差。

(2)极间反向饱和电流。

①集电极—基极反向饱和电流 I_{CBO}。

②集电极—发射极反向饱和电流 I_{CEO}。

两者关系:

$$I_{CEO} = (1+\beta) I_{CEO}$$

(3)极限参数。

①集电极最大允许电流 I_{CM}。当 I_C 过大时,电流放大系数 β 将下降。在技术上规定,β 下降到正常值的 2/3 时的集电极电流称集电极最大允许电流。

②反向击穿电压。

当基极开路时,集电极与发射极之间所能承受的最高反向电压——$V_{(BR)CEO}$。

当发射极开路时,集电极与基极之间所能承受的最高反向电压——$V_{(BR)CBO}$。

当集电极开路时,发射极与基极之间所能承受的最向反向电压——$V_{(BR)EBO}$。

③集电极最大允许耗散功率 P_{CM}。在三极管因温度升高而引起的参数变化不超过允许值时,集电极所消耗的最大功率称集电极最大允许耗散功率。

三极管应工作在三极管最大损耗曲线图中的安全工作区。三极管最大损耗曲线如图 1-26 所示。

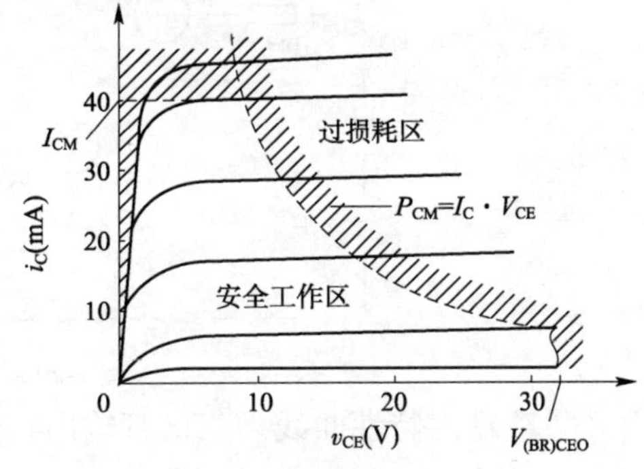

图 1-26 三极管最大损耗曲线

知识 4 三极管的伏安特性曲线

1. 输入特性曲线

输入特性:在 V_{CE}一定条件下,加在三极管基极与发射极之间的电压 V_{BE}和它产生的基极电流 I_B 之间的关系。

(1)实验电路。三极管输入特性实验电路如图 1-27 所示。

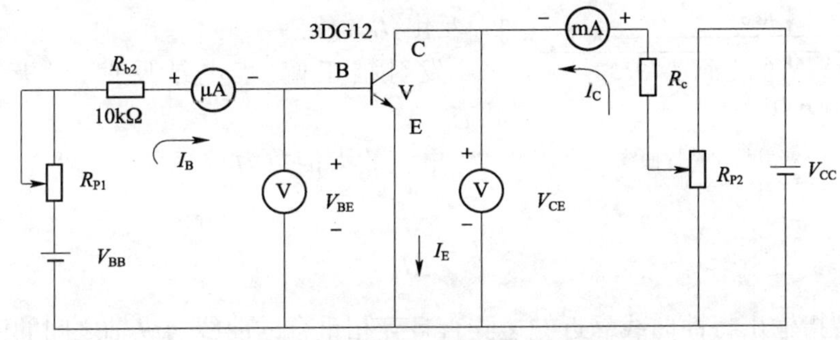

图 1-27 三极管输入特性实验电路图

改变 R_{P2}可改变 V_{CE},V_{CE}一定后,改变 R_{P1}可得到不同的 I_B 和 V_{BE}。

(2)输入特性曲线。三极管输入特性曲线如图 1-28 所示。

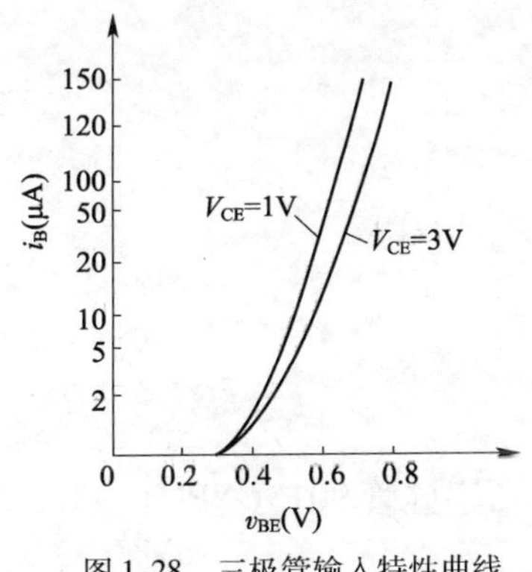

图 1-28 三极管输入特性曲线

三极管的输入特性曲线与二极管的十分相似,当 V_{BE}大于导通电压时,三极管才出现明显的基极电流。

导通电压:硅管为 0.7V,锗管为 0.2V。

2. 输出特性

输出特性:在 I_B 一定条件下,集电极与发射极之间的电压 V_{CE}与集电极电流 I_C 之间的关系。

(1)实验电路。三极管输出特性实验电路如图 1-29 所示。

先调节 R_{P1},使 I_B 为一定值,再调节 R_{P2}得到不同的 V_{CE}和 I_C 值。

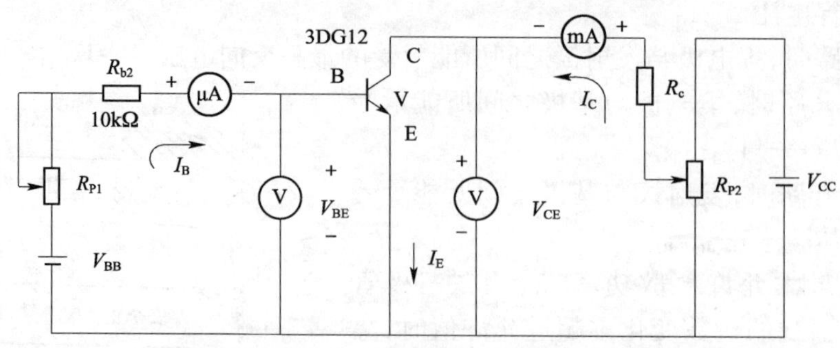

图 1-29　三极管输出特性实验电路图

(2)输出特性曲线。三极管输出特性曲线如图 1-30 所示。

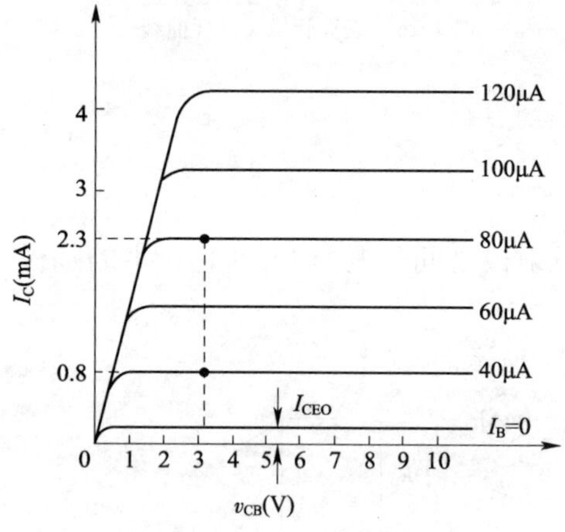

图 1-30　三极管输出特性曲线

①截止区:$I_B=0$ 以下的区域。

发射结和集电结均反向偏置,三极管截止。

$I_B=0, I_C\neq0$,即 I_{CEO} 为穿透电流。

三极管发射结反偏或两端电压为零时,为截止。

②放大区:指输出特性曲线之间间距接近相等,且互相平行的区域。

I_C 与 I_B 成正比增长关系,具有电流放大作用。

恒流特性:V_{CE} 大于 1V 以后,I_B 一定,I_C 不随 V_{CE} 变化,I_C 恒定。

发射结正偏,集电结反偏,三极管处于放大状态。

电流放大倍数为

$$\beta=\frac{\Delta I_C}{\Delta I_B}$$

③饱和区:指输出特性曲线靠近左边陡直且互相重合的曲线与纵轴之间的区域。

I_C 不随 I_B 的增大而变化,这就是所谓的饱和。

饱和时的 V_{CE} 值为饱和压降 V_{CES}。V_{CES}:硅管为 0.3V,锗管为 0.1V。

发射结、集电结都正偏,三极管处于饱和状态。

④总结:

截止区:发射结和集电结均反偏。

放大区:发射结正偏,集电结反偏。

饱和区:发射结和集电结均正偏。

知识 5　三极管的识别与简单测试

1. 常用三极管封装方式和型号

(1)TO－92 塑封三极管。常用的有 90XX 系列,包括低频小功率硅管 9013(NPN)、9012(PNP)、低噪声管 9014(NPN)、高频小功率管 9018(NPN)等。

(2)TO－220 塑封三极管。常用的有低频中功率管 TIP41(NPN)、TIP42(PNP)、2SC9073(NPN)、2SA940(PNP)等。

(3)TOP－3A 塑封三极管。常用的有 13007(NPN)等。

(4)TOP－3L 塑封三极管。常用的有低频大功率管 2SC5200(NPN)、2SA1943(PNP)、2SC3208(NPN)、2SA1301(PNP)等。

(5)MT200 塑封三极管。常用的有低频大功率管 2SC3669(NPN)、2SA1429(PNP)、2SC3858(NPN)、2SA1494(PNP)等。

(6)TO－126 塑封三极管。常用的有低频中功率管 D882(NPN)、B772(PNP)等。

(7)TO－3 金封三极管。常用的有低频大功率管 2SC3669(NPN)、2SA1429(PNP)、2SC3858(NPN)、2SA1494(PNP)等。

(8)A3－02B(B－4)中功率三极管。常用的有中功率管 3DG12(NPN)、3CG21(PNP)、3DA87(NPN)、3DK108(NPN)等。

(9)国产金封大功率三极管。常用的有低频大功率管 3AD18(PNP)等。

(10)TO－251 塑封三极管。常用的有 HLB1231(NPN)、HSB13861(NPN)、HIB1221(NPN)等。

三极管主要有 NPN 和 PNP 型两类。一般,可以根据命名法从三极管管壳上面的符号识别出它的型号和类型。例如,三极管的管壳上印的是 3DG6,表明它是 NPN 型高频小功率硅三极管。同时,为了能直观地表明三极管的放大倍数,常在三极管的外壳上标注不同的色标。可以从管壳上色标的颜色来判断管子的电流放大倍数值的大致范围。

2. 用万用表判别管脚的方法

(1)基极的判定。

以 NPN 型三极管为例说明测试方法。用万用表的欧姆挡,选择 R×1k 或 R×100Ω 挡,选定被测三极管的一个引脚,假定它为基极,将万用表的黑表笔固定接在其上,红表笔分别接另两个引脚,得到的两个电阻值都较小。再将红表笔与该假设基极相接,用黑表笔分别接另两个引脚,得到的两个电阻值较大,则假设正确,否则假设错误,重新另选一个引脚假设为基极后重复上述步骤,直到出现上述情况。

(2)发射极和集电极的判别。

仍以 NPN 管为例说明测试方法。将黑表笔接假设的集电极,红表笔接假设的发射极,假设集电极(黑表笔)与基极之间接一个 100kΩ 左右的电阻观察万用表指示的电阻值,如图 1-31 所示,然后将红黑表笔对调,仍在黑表笔与基极之间接一个 100kΩ 左右的电阻观察万用表指示的电阻值。如果第一次测量万用表指示电阻值小表示流过三极管的电流大,即三极管处于正常运用的放大状态,则此时黑表笔所接为集电极,红表笔所接为发射极。

3. 判断硅管和锗管

用万用表 R×1k 挡,测量三极管两个 PN 结的正向和反向电阻,就可以判断是硅管或是锗管。硅管 PN 结的正向电阻为 3～10kΩ,反向电阻大于 500kΩ;锗管 PN 结的正向电阻为 500～2000Ω,反向电阻大于 100kΩ。使用的万用表不同,测得的数值也不同。可以测量一下已知的硅管,用来作为比较的标准。

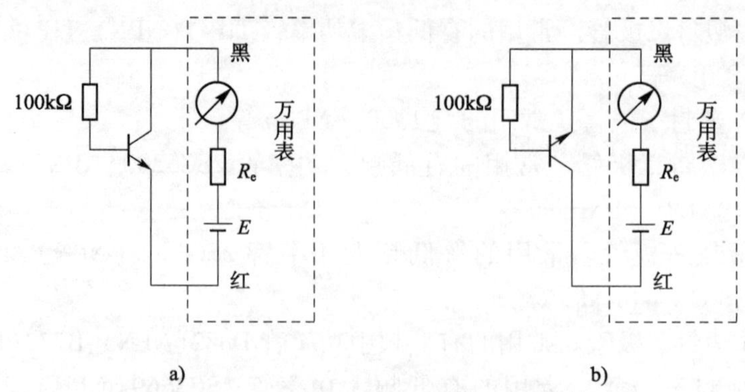

图 1-31　硅管、锗管质量判别实验电路示意图

任务五　场效应晶体管

(1)弄清场效应晶体管的符号和类型。

(2)知道场效应晶体管特性及电压放大原理。

(3)弄清场效应晶体管与三极管的比较。

(4)弄清场效应晶体管的识别和简易测试方法。

知识 1　结型场效应晶体管

半导体三极管是利用输入电流控制输出电流的半导体器件,称为电流控制型器件。结型场效应晶体管是利用输入电压产生电场效应来控制输出电流的器件,称为电压控制型器件。

1. 符号和分类

(1)电路符号和外形。三个电极:漏极(D)、源极(S)、栅极(G),D 和 S 可交换使用,电路符号和外形如图 1-32 所示。

(2)分类。结型场效应晶体管可分为 P 沟道和 N 沟道两种。

2. 电压放大作用

(1)放大电路。结型场效应晶体管电压放大电路如图 1-33 所示。

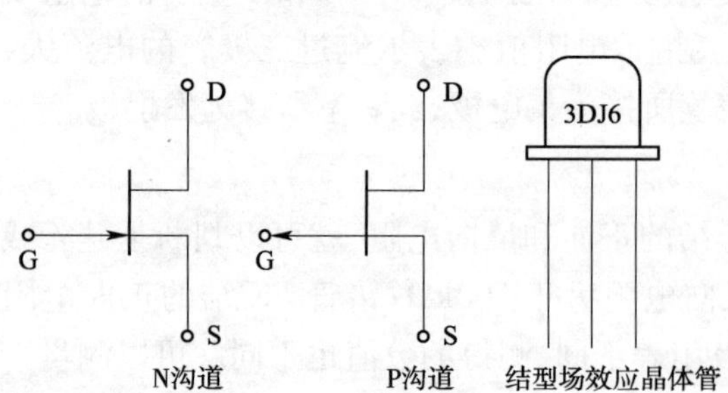

图 1-32　结型场效应晶体管电路符号、外形示意图

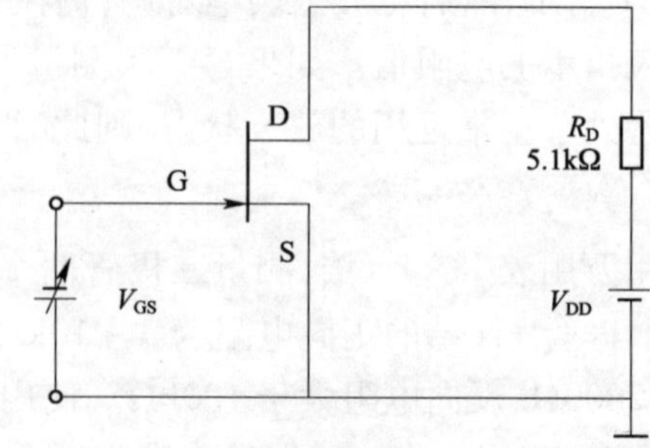

图 1-33　结型场效应晶体管电压放大电路图

(2)总结:结型场效应晶体管共源极电路中,漏极电流 I_D 受栅源电压 V_{GS} 控制。结型场效应晶体管是电压控制器件,具有电压放大作用。

知识 2　绝缘栅场效应晶体管

栅极与漏极、源极完全绝缘的场效应晶体管,称绝缘栅场效应晶体管。

1. 电路符号和分类

四种场效应晶体管的电路符号如图 1-34 所示。

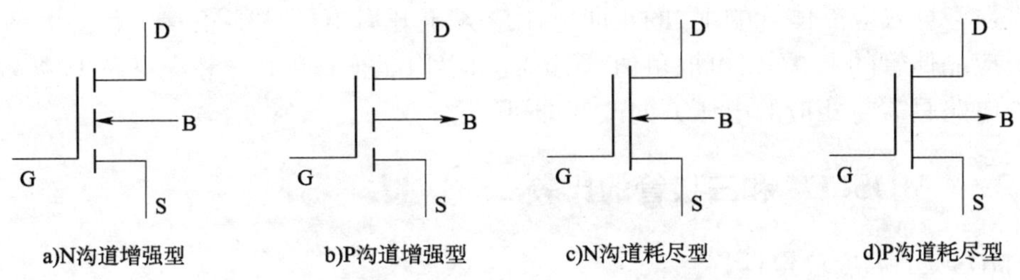

图 1-34　场效应晶体管电路符号示意图

(1)N 沟道——箭头指向内。沟道用虚线为增强型,用实线为耗尽型,N 沟道称 NMOS 管。

(2)P 沟道——箭头指向外。沟道用虚线为增强型,用实线为耗尽型,P 沟道称 PMOS 管。

2. 结构和工作原理

以 N 沟道增强型 MOSFET 为例。

(1)结构。N 沟道增强型 MOSFET 结构如图 1-35 所示。

①N 型区引出两个电极:漏极(D)、源极(S)。

②在源区和漏区之间的衬底表面覆盖一层很薄的绝缘层,再在绝缘层上覆盖一层金属薄层,形成栅极(G)。

③从衬底基片上引出一个电极,称为衬底电极。

(2)工作原理。N 沟道增强型 MOSFET 工作原理如图 1-36 所示。

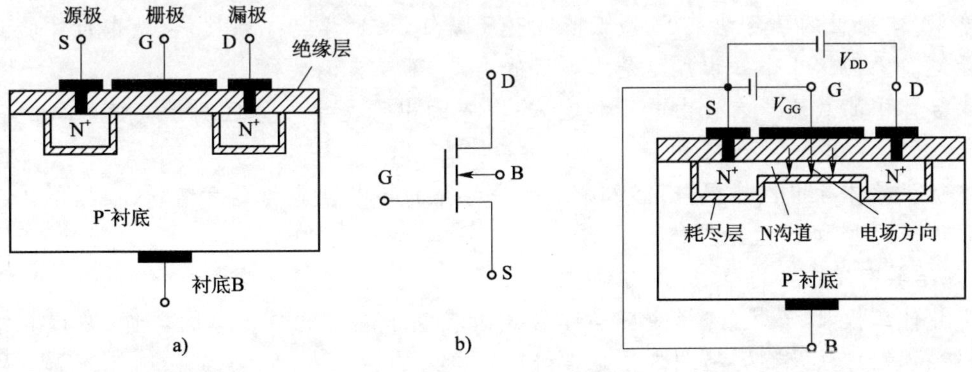

图 1-35　N 沟道增强型 MOSFET 结构示意图　　图 1-36　N 沟道增强型 MOSFET 工作原理图

①当 $V_{GS}=0$ 时,漏极电流 $I_D\approx 0$,处于截止状态。

②V_{GS}增大,超过开启电压,形成漏区和源区间的导电沟道。若此时在漏极和源极之间加正向电压 $V_{DS}>0$,就会形成漏极电流 I_D。

总结:V_{GS}越大,导电沟道越宽,沟道电阻越小,I_D 越大。则通过调节 V_{GS}可控制漏极电流 I_D。

(3)输出特性和转移特性(与晶体管类似)。

3. 电压放大作用

MOS 场效应晶体管放大电路与结型场效应晶体管放大电路的工作原理相似。不同的是 N 沟道增强型场效应晶体管的 V_{GS}的正向电压应大于开启电压才能正常工作。而 N 沟道耗尽型场效应晶体管的 V_{GS}不仅可取负值,取正值和零均能正常工作。P 沟道 MOS 场效应晶体管的工作电路只需将相应的电压方向改变即可。

知识 3　MOSFET 和三极管的比较

(1)MOSFET 温度稳定性好。

(2)MOSFET 输入电阻极高,因此,MOSFET 放大级对前级的放大能力影响极小。

(3)MOSFET 存放时,应使栅极与源极短接,避免栅极悬空。

(4)MOSFET 的源极和漏极可以互换使用。

知识 4　结型场效应晶体管的检测

场效应晶体管的栅极 G 相当于晶体管的基极,源极 S 和漏极 D 分别对应于晶体管的发射极和集电极。将万用表置于 R×1k 挡,用两表笔分别测量每两个管脚间的正、反向电阻。当某两个管脚间的正、反向电阻相等,均为数千欧时,则这两个管脚为漏极 D 和源极 S(可互换),余下的一个管脚即为栅极 G。

快乐学习一点通

同学们,本项目的学习结束了,我们既收获了新知识,也学会了新技能,从中也体验到了学习的乐趣。下面这 4 个知识点可是本项目的重点,不要忘记呀!

1. 半导体中的载流子有自由电子和空穴;空穴的出现是半导体区别于其他导体的一个重要特征。

2. 本征半导体导电性能很差,掺入杂质后半导体的导电性能会显著增强;根据所掺杂质的不同可形成 P 型和 N 型半导体。

3. PN 结具有单向导电性,是半导体器件的核心部分。

4. 半导体二极管、三极管、场效应晶体管是组成电子电路的最基本的器件,掌握其结构分类、性能、识别方法及简易检测方法是学好电子电路的第一步。

牛刀小试显身手

一、填空题

1. 物体按导电能力的强弱可分为____、____、和____三大类;最常用的半导体材料是____和____。

2. 纯净的半导体又称____半导体,其内部空穴和自由电子数____。

3. 本征半导体导电性能很差,掺入杂质后导电性能会显著增强。根据所掺杂质不同可形成两种杂质半导体,即____和____。

4. PN 结是半导体器件的核心,具有____性。

5. 一般硅二极管的正向压降约为____ V,锗二极管的正向压降约为____ V。

6. 稳压二极管是一种特殊的面接触型硅二极管,它工作在____状态,在稳压电路中必须串接____电阻,防止反向电流超过极限值,损坏稳压管。

7. 二极管按制作工艺不同,可分为____型、____型和____型。

8. 二极管按用途不同可分为____、____、____、____、____等二极管。

9. 二极管的主要参数有____、____、____、____和____。

10. 发光二极管的功能是将____信号转换为____信号;光电二极管功能是将____能转换成____。

11. 场效应晶体管是一种____控制器件,用____极电压来控制____极电流。它具有高____和低____特性。

12. 场效应晶体管有____场效应晶体管和____场效应晶体管两大类,每类又有____沟道和____沟道的区分。

二、判断题(对的画√,错的画×)

1. 在外电场作用下,半导体中同时出现电子电流和空穴电流。 ( )
2. P 型半导体带正电,N 型半导体带负电。 ( )
3. P 型半导体中,多数载流子是电子,少数载流子是空穴。 ( )
4. 晶体二极管有一个 PN 结,所以具有单向导电性。 ( )
5. 晶体二极管的正向特性也有稳压作用。 ( )
6. 二极管的正向电阻越小,其单向导电性能越好。 ( )
7. 用万用表电阻挡的不同量程去测量二极管的正反向电阻,其数值是相同的。 ( )
8. 稳压二极管按材料分为硅管和锗管。 ( )
9. 用指针式万用表检测二极管时,一般应选 R×100 挡或 R×1000 挡。 ( )
10. 二极管正向电阻比反向电阻大。 ( )
11. 实际工作中,放大三极管与开关三极管不能相互替换。 ( )

三、选择题

1. 二极管两端加上正向电压时( )。

A. 一定导通　　　　B. 超过死区电压才导通

C. 超过0.3V才导通　　D. 超过0.7V才导通

2. 用于整流的二极管的型号是(　　)。

A. 2AP9　　B. 2CW14C　　C. 2CZ52B　　D. 2CK84A

四、简答题

1. 什么是半导体？什么叫本征半导体？

2. 杂质半导体有哪几种？试比较它们的导电情况。

3. 什么叫PN结？简述其单向导电性。

4. 简述二极管的单向导电性。

5. 解释下列二极管型号的意义:2CK80B、2CW10。

6. 怎样用指针式万用表判别二极管的质量和极性？

7. 怎样用指针式万用表判别三极管的好坏、类型(NPN型和PNP型)和电极？

8. 三极管有哪3种工作状态？其外部条件是什么？

9. 场效应晶体管有哪几种类型？画出各种类型场效应晶体管的符号。

10. 场效应晶体管与三极管在性能上有哪些区别？在使用场效应晶体管时应注意哪些问题？

五、计算题

1. 在图1-37所示电路中哪个灯泡不亮？

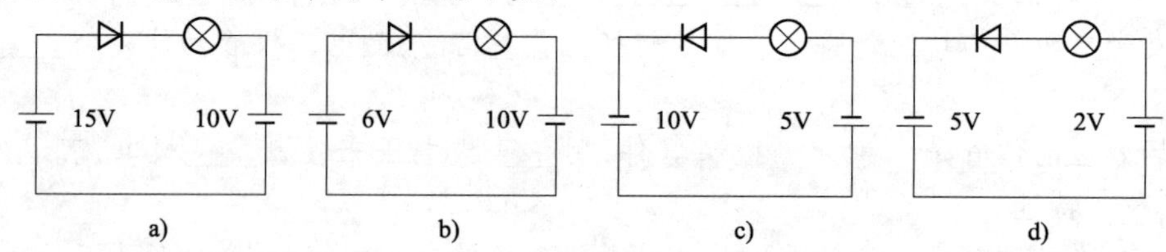

图1-37　二极管电路

2. 测得某电路中几个三极管各电极的电位如图1-38所示,试判断各三极管处于何种工作状态？

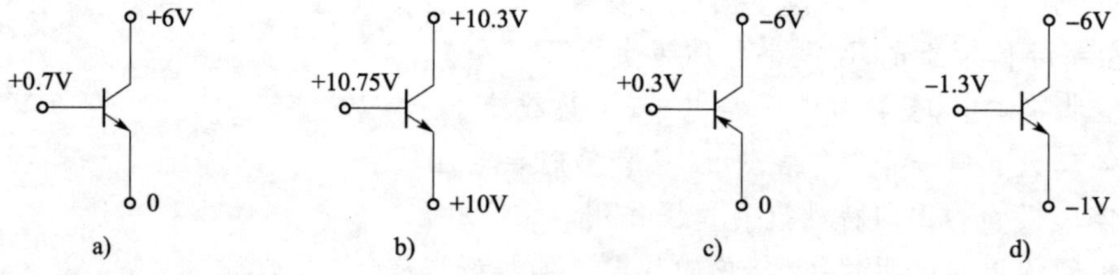

图1-38　三极管电路中各极电位

项目二　分析、安装、调试二极管应用电路

二极管是电子电路中最常用的半导体器件，它体积小，质量轻，工作性能可靠。本项目就应用这个神奇的小元件来制作两个大家日常生活中常用的小电器。大家是否很期待呀？

知识目标

1. 弄清整流稳压电路的基本组成及结构形式。
2. 弄清整流、滤波、稳压电路的简单原理及分析方法。

技能目标

1. 弄清所用元器件的连接方式。
2. 学会查手册选择元器件。
3. 能根据要求设计整流稳压电路。

任务一　直流稳压电源

学习目标

（1）弄清整流、滤波、稳压电路的组成及各部分的作用。

（2）弄清电路各组成部分的主要元器件的用途。

知识　直流稳压电源各部分的作用

整流电路是利用二极管以及其他各种整流元器件的单向导电性，把交流电变为脉动直流电，再通过滤波电路，使波形变得平直，然后经过稳压电路，得到波形既平直、稳定性又好的直流电。

直流稳压电源的组成如图 2-1 所示。

（1）电源变压器：将工频电网电压变换为整流电路所要求的交流电压。

（2）整流电路：将变压器输出的交流电压变换为脉动直流电压。

（3）滤波电路：将脉动直流电压变换为平直的直流电压。

（4）稳压电路：在交流电压发生波动或负载变化时，使直流输出电压稳定。

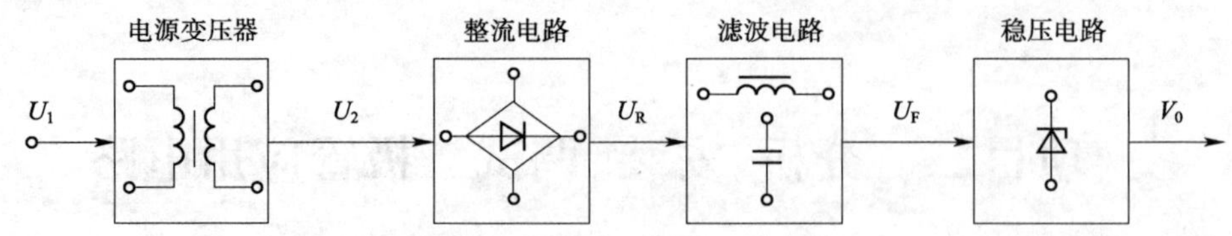

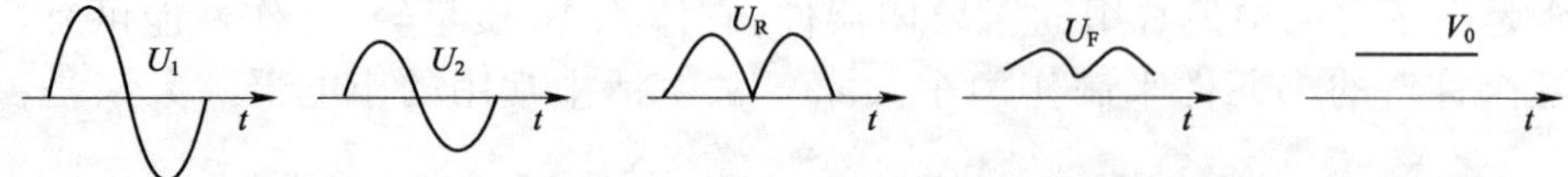

图 2-1　直流稳压电源的组成示意图

任务二　整流电路

学习目标

(1)知道整流的概念。

(2)会画 3 种基本整流电路。

(3)学会估算整流电路的输出电压。

(4)会根据整流电路要求选择整流二极管。

知识 1　单相半波整流电路

1. 电路及工作原理

单相半波整流由变压器、整流二极管、负载电阻组成,如图 2-2a)所示。

T 为电源变压器,它将电网的交流电压变换为数值适当的交流电压 u。VD 为整流二极管,这里主要用它的单向导电性,即交流正半周时导通,负半周时截止。使负载电阻上得到只有正半周的电压,所以称为半波整流,电路波形如图 2-2b)所示。

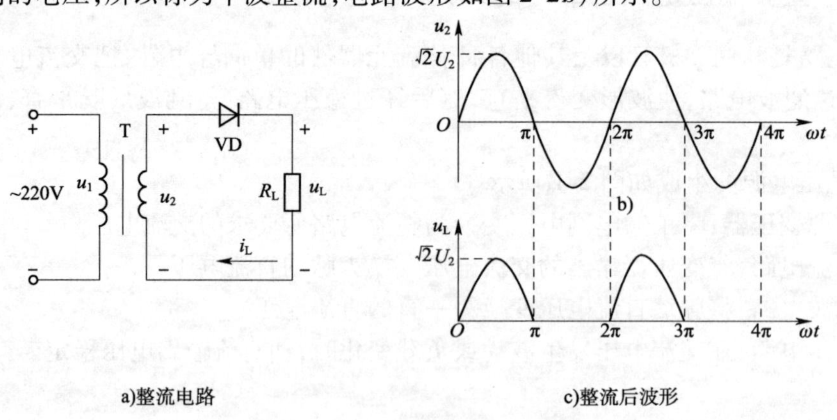

图 2-2　单相半波整流电路、波形示意图

2. 负载上的直流电压和电流

将负载上得到的脉动电压中的直流成分用 U_L 表示，经计算得

$$U_L = 0.45U_2$$

上式表示半波整流电路输出的直流电压是变压器的二次侧电压有效值 U_2 的 0.45 倍。流过负载 R_L 的直流电流为 U_L/R_L

3. 整流二极管的选择

由图 2-2 可知，整流二极管与负载是串联的，所以流过二极管电流平均值与负载平均电流相等。

二极管承受的最大反向电压是发生在 U_2 达到最大值时，即

$$U_{RM} = U_{2M} = 1.414U_2$$

在选择二极管时，应满足其极限参数大于电路中承受的最大值，以避免二极管被烧坏或击穿。

知识 2　单相全波整流电路

1. 电路及工作原理

具有电阻负载的全波整流电路如图 2-3a）所示。它实际上是由两个半波整流电路组成的，变压器二次绕组具有中心抽头，使二次侧两个感应电压大小相等，但对地的电位正好相反。假设整流二极管 VD_1 和 VD_2 是理想开关，如图 2-3b）所示，输入交流电压为正半周时，变压器二次上侧对地感应为正半周，VD_1 因加正向电压而导通，电流经负载到地，输出电压上高下低。而变压器二次下侧感应电压对地为负半周，VD_2 因加反向电压而截止。如图 2-3c）所示，输入电压为负半周时，变压器二次上侧感应电压对地为负半周电压，VD_1 因加反向电压而截止；变压器二次下侧感应电压对地为正半周电压，VD_2 因加正向电压而导通，产生的电流同一方向经负载到地因变压器二次侧有中心抽头，仅用了电源电压的一半。当输入电压进入下一个周期时，又重复上述过程。在该电路中，交流电压的正负两个半周，VD_1、VD_2 轮流导通，在负载上总是得到单向的脉动电流。与半波整流相比，它有效地利用了交流电的负半周，所以整流效率提高了一倍。全波整流波形如图 2-4 所示。

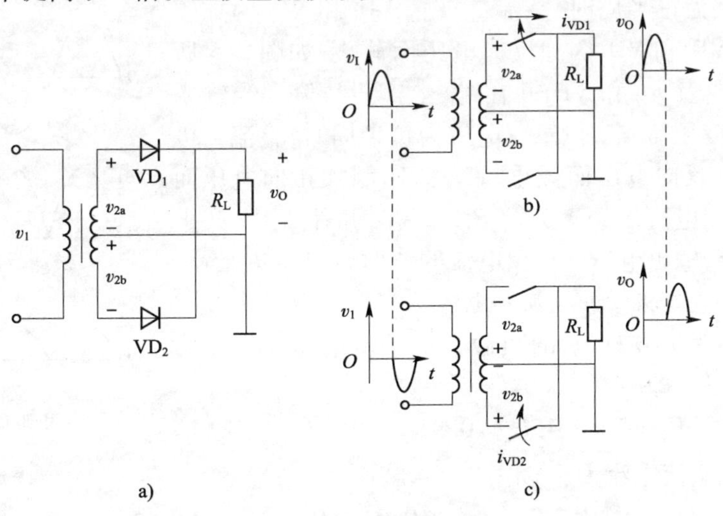

图 2-3　单相全波整流电路图

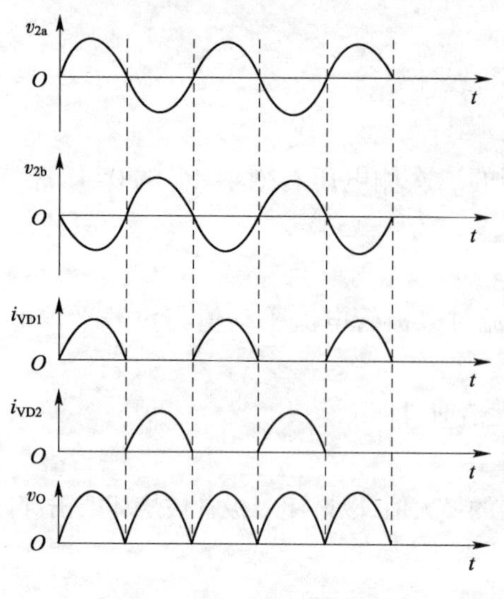

图 2-4　单相全波整流波形图

2. 负载与整流二极管的电压和电流

由于全波整流电路的整流效率提高了一倍，负载所获得的直流电压的平均值也将提高一倍。负载平均电流也提高了一倍。

由图 2-4 可见，当一只二极管导通时，另一只截止的二极管将承受变压器二次侧两端电压的峰值，即 $U_{RM}=U_{2M}=2.828U_2$。

由于两只二极管轮流导通，每只二极管通过的平均电流只有负载平均电流的一半。

知识 3　单相桥式整流电路

1. 电路及工作原理

单相全波整流电路的整流效率高，输出电压高，但变压器必须有中心抽头，二极管承受的反向电压高，因此，电路对变压器和二极管的要求较高，因而应用仍较少，目前被广泛应用的是桥式整流电路。

图 2-5 所示为具有电阻负载的桥式整流电路，它是一种去掉变压器中心抽头的全波整流电路，由 4 只二极管、变压器 T 和负载电阻 R_L 组成。

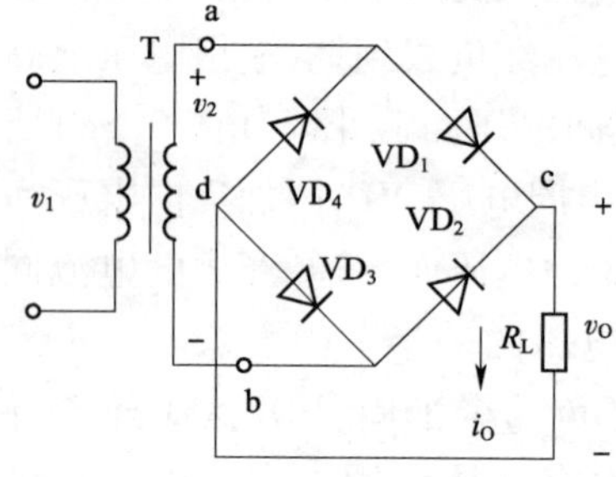

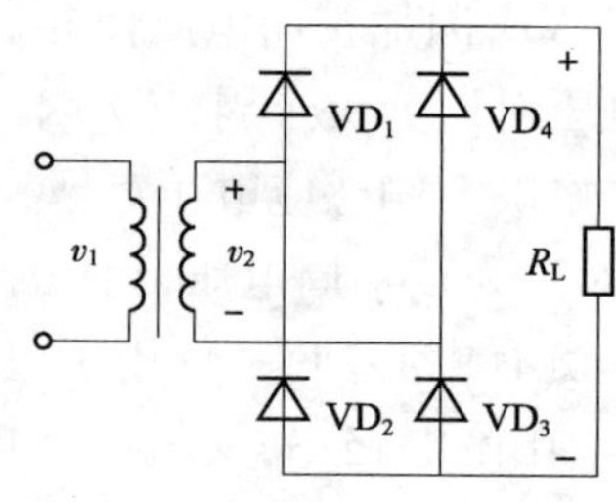

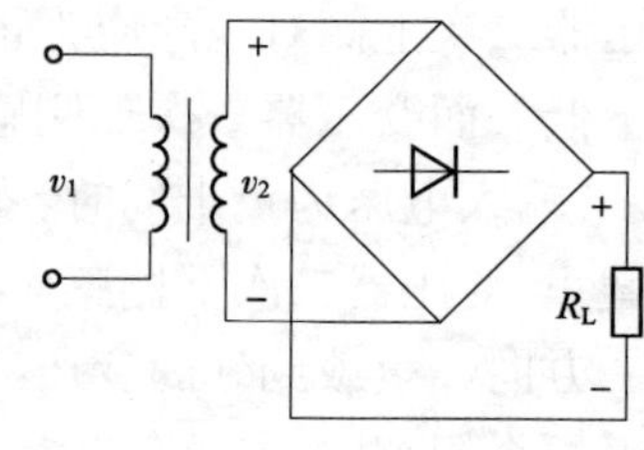

图 2-5　有电阻负载桥式整流电路图

当输入电压为正半周时，整流二极管 VD_1 和 VD_3 因加正向电压而导通，VD_2 和 VD_4 因加反向电压而截止，如图 2-5 所示，电流流经 VD_1 及 R_L 和 VD_3 并在 R_L 上产生压降。当输入电压为负半周，变压器二次侧感应电压为负半周时，整流二极管 VD_1、VD_3 因加反向电压而截止，VD_2、VD_4 因加正向电压而导通，如图所示。电流流经 VD_2 及 R_L 和 VD_4 并在 R_L 上产生同一方向的压降，输出电压和输出电流的波形如图 2-6 所示。

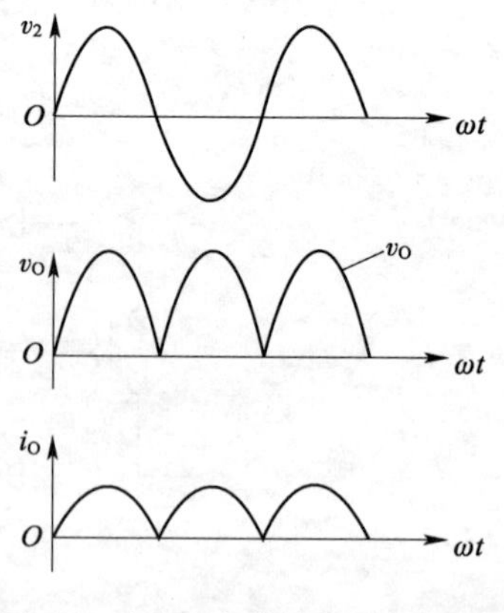

图 2-6　有电阻负载桥式整流波形图

2. 负载与整流二极管的电压和电流

桥式整流亦为全波整流，故负载上的平均电压和电流均比半波整流大一倍，即

$$U_L=2\times 0.45U_2=0.9U_2$$

流经负载的直流电流为

$$0.9U_2/R_L$$

3. 整流二极管的选择

桥式整流电路中的二极管轮流导通，所以流过二极管的平均电流是负载电流的一半，每只二极管承受的最大反向电压由图 2-2 可知是 U_2 的峰值。

【例 2-1】 有一直流负载，需要直流电压 6V，直流电流 0.4A，若采用桥式整流电路，求电源变压器的副边电压，并选择二极管的型号。

解：因 $U_0 = 2 \times 0.45U_2 = 0.9U_2$

$$U_2 = 6U/0.9 = 6.7U$$

流过二极管的平均电流为

$$I_V = 0.5I_0 = 0.5 \times 0.4\text{A} = 0.2\text{A}$$

二极管的反向电压为

$$U_{RM} = 1.414U_2 = 1.414 \times 6.7U = 9.4U$$

4. 桥式整流电路的特点

桥式整流电路具有变压器利用率高、平均直流电压高、脉动小、二极管承受反向电压低等优点，广泛用于各类家电、仪器等电子设备。为此半导体生产厂专门将桥式电路 4 只二极管封装成一个整体的硅整流桥，外形如图 2-7 所示。它有 4 个接线端，~标志表示接变压器的二次侧，+、-标志表示接负载。

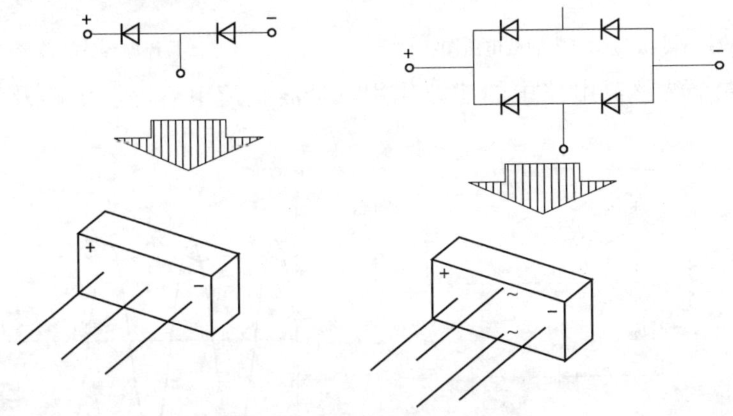

图 2-7　硅整流桥电路图示及外形

任务三　滤 波 电 路

学习目标

(1) 知道滤波电路的作用。

(2) 会根据实际电路正确选择滤波电路类型。

(3) 学会估算滤波电容容量及耐压。

知识 1　电容滤波电路

整流电路是把交流电利用二极管的单向导电性变为脉动的直流电，其中含有很大的交流成分，不能满足多数电子设备的要求，要得到平滑的直流电，必须把脉动直流电中的交流成分滤除掉，这一过程称为滤波。

电容滤波是广泛应用的最简单的滤波电路。它是在整流电路的输出端与负载间并联一个滤波电容 C（一般为大容量电解电容）。

1. 电容滤波的原理

（1）电容器在半波整流电路中的滤波作用。半波整流电容滤波电路如图 2-8 所示。

当 $U_2 > U_C$ 时，VD 导通，继续对 C 充电，当 $U_2 < U_C$ 时，VD 截止，电容 C 通过 R_L 放电。

电容的充放电反复进行，直到电容器 C 上充电上升的电压等于放电下降的电压时，进入稳定状态。半波整流电容滤波波形如图 2-9 所示。

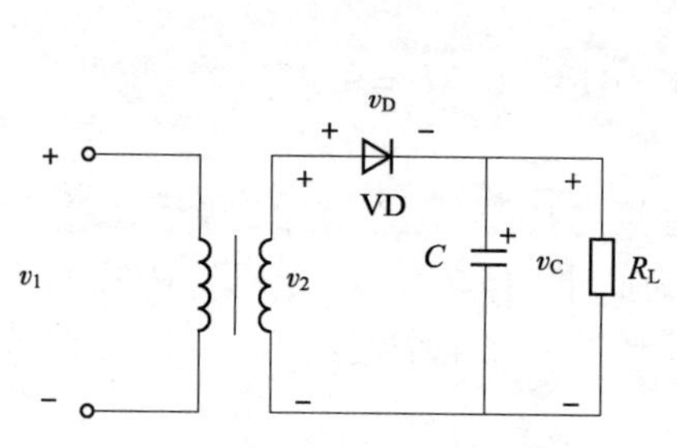

图 2-8　半波整流电容滤波电路图

图 2-9　半波整流电容滤波波形图

（2）电容器在全波整流电路中的滤波作用。全波整流电容滤波电路及波形如图 2-10 所示。

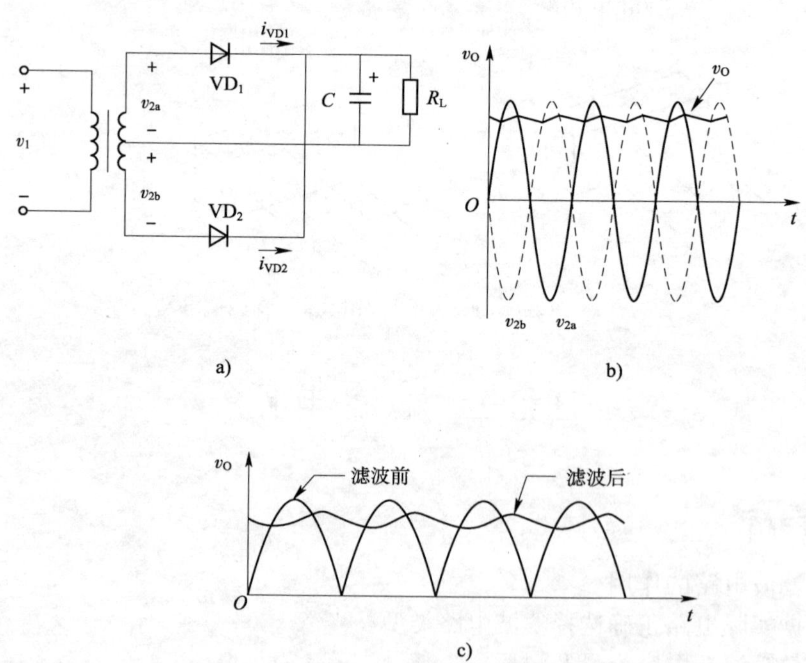

图 2-10　全波整流电容滤波电路图、波形图

全波整流电路输出的是全波脉动直流电，输入电压正负半周对电容器 C 充电两次，充电方向相同，电容器 C 对负载放电时间缩短。

2. 输出电压(平均值)

半波:

$$U_0 = U_2$$

全波:

$$U_0 = 1.2U_2$$

3. 电容器在桥式整流电路中的滤波作用

设在接通电源前,电容器两端电压为零。接通电源后,二极管 VD_1、VD_3导通,电容器 C 迅速充电(同时向负载供电),电容器 C 两端电压随电源电压同步上升,并达到 U_0 的峰值。当输入电压下降到低于电容器两端电压时,VD_1、VD_3截止(VD_2、VD_4仍截止),电容器 C 通过负载放电,U_0 下降。由于负载的阻值远大于二极管正向内阻,所以电容器 C 充电快而放电慢,U_0 下降缓慢,当下半个周期到来,输入电压上升到超过电容器端电压时,二极管 VD_2、VD_4导通,电容器开始充电,电容器又重复上述充电、放电过程。

4. RC 滤波电路

如图 2-11 所示,采用Π型 RC 滤波电路的桥式整流器。

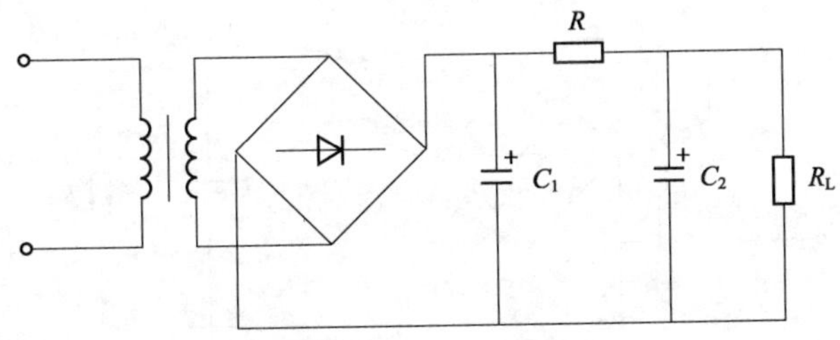

图 2-11 采用Π型 RC 滤波的桥式整流电路

电路中 C_1 的作用和上面讲的滤波作用相同,R 和 C_2 起进一步平滑滤波电压波形的作用,C_2 越大,效果越好。只是电阻 R 上的直流压降使输出电压降低。

5. 电容滤波的特点

(1)R_L、C 越大,电容器 C 放电越慢,输出直流电压就越高,滤波效果越好。

(2)变压器绕组电阻及二极管正向电阻都较小,而滤波电容器较大时,在接通电源瞬间会出现浪涌电流(很大的充电电流),有可能烧坏二极管,必要时需串联电阻进行保护。

知识 2 电感滤波电路

桥式整流电感滤波电路,它是利用通过电感器的电流不能突变的特性进行滤波的。滤波电感器与负载串联,如图 2-12a)所示。

电感也是一种储能元件,当电流增加时,电感线圈产生的自感电流阻止原电流增加,同时将一部分电能转化为磁场能储存起来;当电流减小时,感应电流又阻止原电流减小,同时将储存的能量释放出来。所以,通过电感的电流脉动程度大为减弱,其输出电压(电流)波形的平滑性比电容滤波要好,如图 2-12b)所示。

一般情况下,电感越大,滤波效果越好。但体积变大,成本上升,且输出电压也会下降,所以滤波电感常取几亨至几十亨。如负载本身是感性的就不必加滤波电感了。

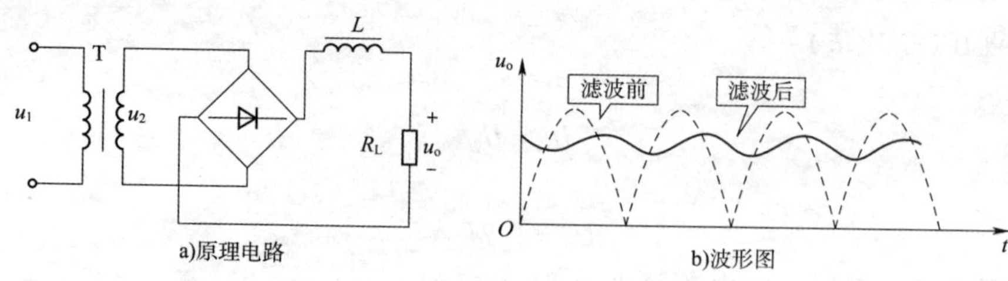

图 2-12　桥式整流电感滤波电路、波形图

知识 3　复式滤波

为了进一步提高滤波效果，可以将电容器和电感器（或电阻器）组成复式滤波电路。

1. Γ型 LC 滤波电路

在滤波电容器 C 与整流电路之间串接一个带有铁芯的电感器，便构成了 LC 滤波电路。图 2-13 所示为Γ型 LC 滤波电路，由于铁芯线圈的电感量一般很大，对整流电路输出的脉动电压中的交流成分呈现很高的阻抗，对直流的阻抗却很小，而滤波电容的容量较大，对交流的阻抗很小。所以脉动电压的交流成分大部分降落在电感上，而直流成分则降落在负载上，从而使输出电压变得平滑。

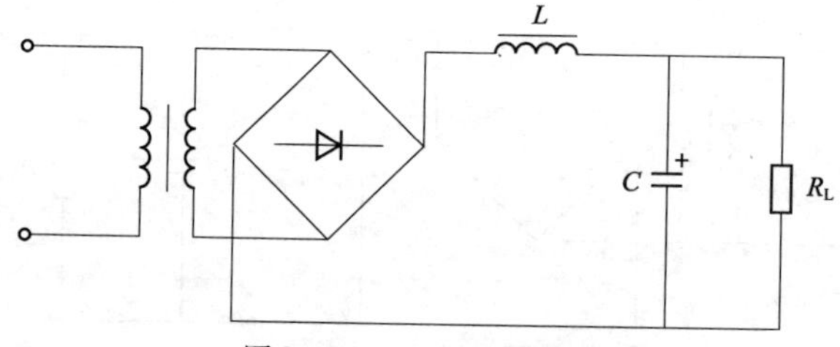

图 2-13　Γ型 LC 滤波电路

2. Π型 LC 滤波电路

图 2-14 所示为Π型 LC 滤波电路。

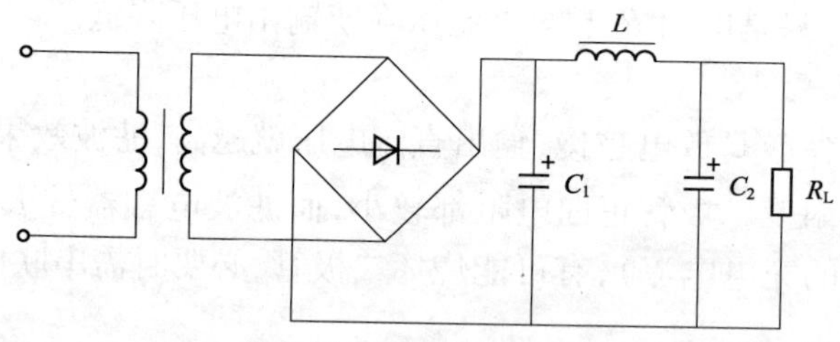

图 2-14　Π型 LC 滤波电路

这种滤波电路线圈体积大、笨重、成本高。滤波作用最好，适用于负载电阻小、电流大、滤波电压要求比较高的场合。

任务四　稳压电路

学习目标

（1）明确稳压电路的组成和基本原理。

(2)弄清并联型稳压电路的结构,能对其工作原理进行定性分析。

(3)学会正确选择稳压的关键元器件。

知识　并联型稳压电路

经整流滤波后的直流电压波形已变得较为平滑,但不能确保它是稳定的,当电网电压波动或负载电流变化时,都会引起输出电压变动。为保证输出电压稳定,常在整流滤波后再加上稳压电路。稳压电路流程如图 2-15 所示。

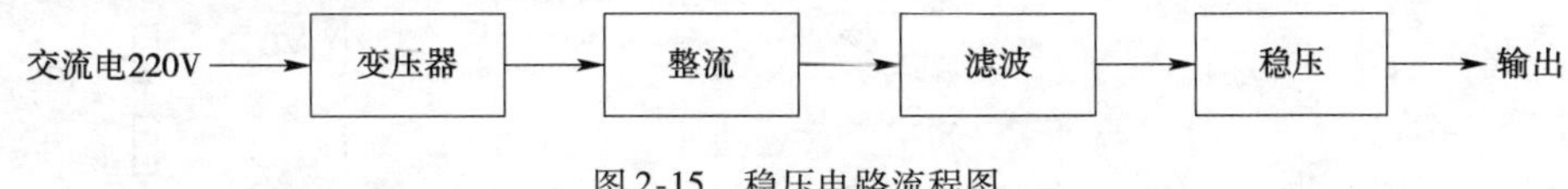

图 2-15　稳压电路流程图

1. 并联型稳压电路组成

稳压管稳压电路如图 2-16 所示。稳压管 D_Z 反向并联在负载两端,又称并联型稳压电路。

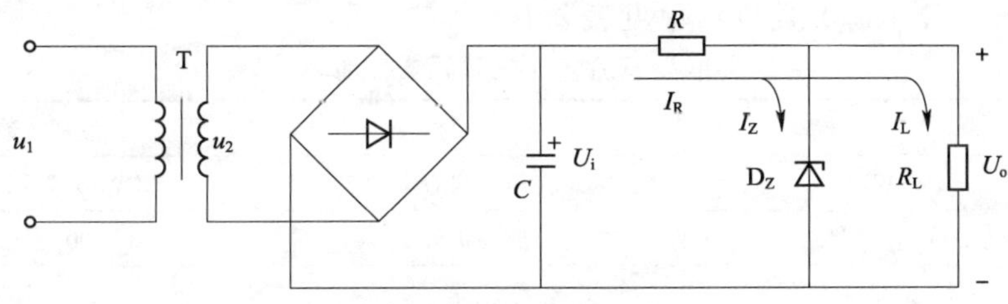

图 2-16　稳压管稳压电路图

2. 稳压原理

稳压管工作在反向击穿区,当流过稳压管的电流 I_Z 在相当大的范围内变化时,其两端电压 U_Z 基本不变;而当 U_Z 出现微小的变化,I_Z 便会有很大的变化。

其中电阻 R 起限流和调压的双重作用。

3. 电路的特点

电路简单、经济。输出电流受稳压管允许值限制,输出电压不可调,一般用于小功率、稳定度要求不高的场合。

任务五　安装、调试与检测并联型直流稳压电源

学习目标

(1)正确组装一个并联稳压电路,并弄清其工作原理。

(2)弄清并联稳压电源性能的简单测试方法。

实训所需器材

(1)工具:电子组装工具一套。

(2)仪器、仪表:示波器、万用表、调压电源。

(3)所需元器件见清单。

1. 原理电路

并联型直流稳压电源电路如图 2-17 所示。

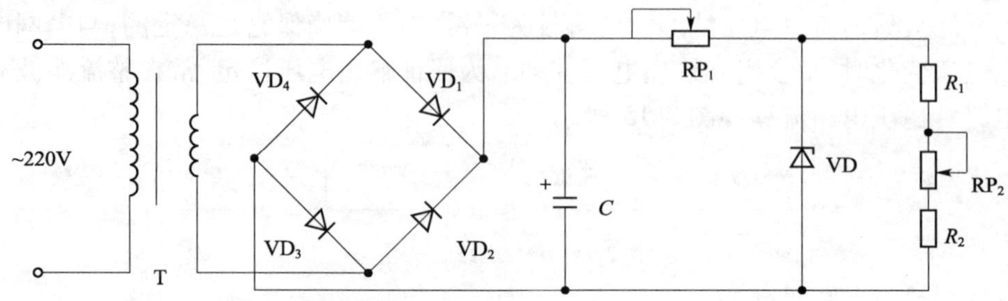

图 2-17　并联型直流稳压电源电路图

2. 并联型直流稳压电源元器件清单

并联型直流稳压电源元器件清单见表 2-1。

并联型直流稳压电源元器件清单　　表 2-1

序　号	符　　号	名　　称	参　　数
1	VD	稳压二极管	2CW56(7 ~ 8.8V)
2	VD_1 ~ VD_4	整流二极管	1N400 系列 ×4
3	T	变压器	220V/18V
4	RP_1	微调电位器	1kΩ
5	RP_2	微调电位器	10kΩ
6	C	电解电容	470μF/35V
7	R_1	电阻	240kΩ
8	R_2	电阻	510kΩ

3. 元件装配图

并联型直流稳压电源元件装配如图 2-18 所示。

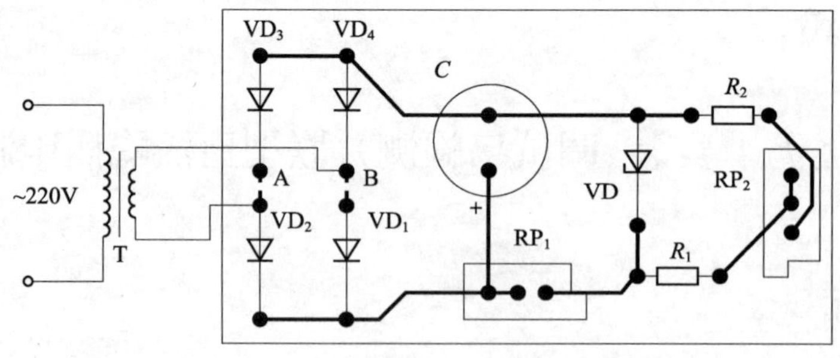

图 2-18　并联型直流稳压电源元器件装配图

4. 安装、调试与检测

(1)根据电路原理图设计装配图,装配示意图如图 2-18 所示。

(2)按照装配图正确安装元器件。安装过程中要注意以下几方面:

①电源变压器的初级和次级线圈要安装正确,可以用万用表的欧姆挡测量电源线插头

的两端，其直流电阻为几百欧姆，再测量电路板上的次级线圈的直流电阻，其阻值应为几欧姆，这时表明初、次级线圈安装正确。如果将线圈接反，则要将元件拆下来重新安装，并再次检测。

②整流二极管和电容器的极性要连接正确。可以用万用表的欧姆挡来测量判断整流二极管和电容器是否连接正确。

③仔细核对检查元器件安装正确后，用电烙铁将电路焊接起来，并注意将断口 A 和 B 也焊接起来。要注意防止漏焊、错焊和搭锡。

④接通电源，用调好的示波器依次测量电路中变压器次级线圈的波形、整流二极管输出端和滤波电容器两端的波形，并描绘测得的波形。

⑤用万用表的欧姆挡正确测量微调电位器 RP_1 的阻值，调节 RP_1 的阻值，使其阻值分别为 1kΩ、800Ω、600Ω、400Ω、200Ω、0Ω，调节 RP_2 的阻值；用万用表直流电压挡测量电路的输出电压 v_0，把实验现象记录下来。

5. 技能训练

(1)用电烙铁将断口 A 焊开，用示波器和万用表测量各点波形和电压变化情况，并记录下来。

(2)将断口 A 焊接封上。用电烙铁将断口 B 焊开，用示波器和万用表测量各点波形和电压变化情况，并记录。

(3)将断口 B 焊接封上。再次用示波器和万用表测量各点波形和电压变化情况，并记录。

任务六　制作简易发光二极管电平指示电路

学习目标

(1)正确组装一个简易发光二极管电平指示电路。

(2)弄清其工件原理及简单测试方法。

实训所需器材

(1)工具：电子组装工具一套。

(2)仪器、仪表：万用表、调压电源。

(3)所需元器件见清单。

1. 原理及电路

发光二极管是一种常用的二极管，简写为 LED。广泛应用在音响设备、数控装置、微机系统的显示器上。发光二极管能把电能转换成光能，当有电流通过它时便会发出一定颜色的光。

一般情况下，通过发光二极管的电流为 10～30mA，正向压降为 1.5～3V。发光二极管的驱动可以分为：直流电源驱动、晶体管驱动和交流驱动电路，使用时要注意必须串接限流电阻。简易发光二极管电平指示电路如图 2-19 所示，当通过 VD_0 的输入信号幅度较大时，

电容器 C 两端电压足够高,VD_1 由截止变为导通,使 LED_1 点亮。以后输入电压每增加一定幅值,后续 LED 就会被点亮一只,以此来对信号进行直观显示。

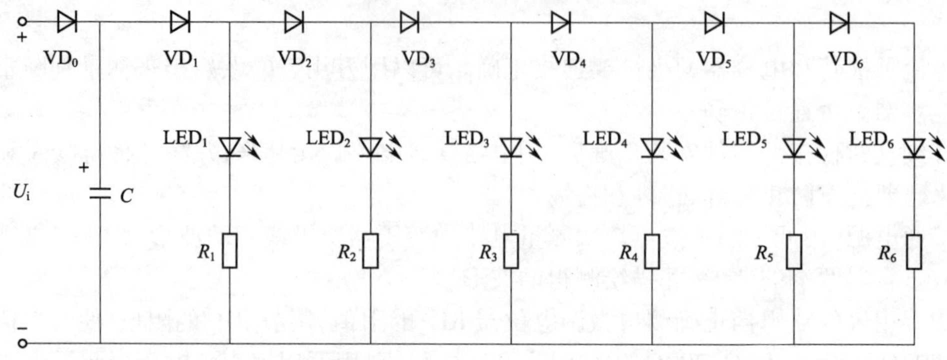

图 2-19　发光二极管电平指示电路

2. 发光二极管电平指示电路元件清单

发光二极管电平指示电路元件清单见表 2-2。

发光二极管电平指示电路元件清单　　表 2-2

序　号	符　　号	名　　称	参　　数
1	$LED_1 \sim LED_6$	发光二极管	绿色 ×6
2	$VD_0 \sim VD_6$	二极管	2AP ×7
3	C	电解电容	100μF/16V
4	R_1	电阻	360kΩ
5	R_2	电阻	270kΩ
6	R_3	电阻	180kΩ
7	R_4	电阻	100kΩ
8	R_5	电阻	47kΩ
9	R_6	电阻	22kΩ

3. 元件装配示意图

简易发光二极管电平指示电路元件装配示意图如图 2-20 所示。

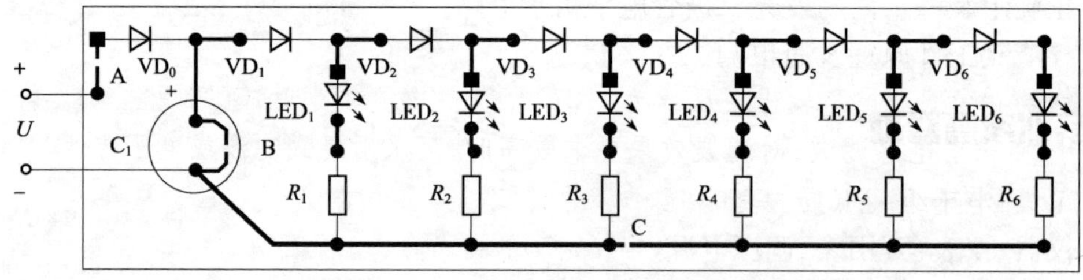

图 2-20　简易发光二极管电平指示电路元件装配示意图

4. 安装、调试与功能检测

(1)根据电路原理图设计装配图,装配示意图如图 2-20 所示。

(2)按照装配图正确安装元器件。安装过程中要注意:二极管、发光二极管和电容器的极性要正确。可以用万用表的欧姆挡来测量判断。

(3)仔细核对检查元器件安装无误后,用电烙铁将电路焊接起来,并注意将断口 A 和 C 也焊接起来。

(4)用收音机扬声器输出的音频信号作为电平指示电路的输入信号,调节收音机的音量电位器,观察发光二极管的状态,并记录有几个发光二极管亮起,把实验现象记录下来。

5. 技能训练

(1)用电烙铁将断口 A 焊开,观察发光二极管的状态和产生的故障现象,并记录。

(2)将断口 A 焊接封上。用电烙铁将断口 B 焊开,观察发光二极管的状态和产生的故障现象,并记录。

(3)将断口 B 焊开。用电烙铁将断口 C 焊上,观察发光二极管的状态和产生的故障现象,并记录。

(4)将断口 C 焊接封上。将安装调试现象和结果记录下来。

6. 注意

(1)发光二极管的驱动电流不能超过允许值,否则会缩短发光二极管的寿命。要合理选择发光二极管的限流电阻,保证 LED 正常工作。

(2)装配焊接时要注意焊接所用电烙铁应选 25W 以下,焊接时电烙铁接触时间不要超过 4s,最好用镊子夹住管脚进行散热。

快乐学习一点通

同学们,本项目的学习结束了,在这一项目里让我们体验了电路图的魅力,也尝试了自己动手制作电路带来的喜悦。下面这 4 个知识点可是本章的学习重点,不容错过哦!

1. 直流稳压电源由整流电路、滤波电路和稳压电路组成。整流电路将交流电压变为脉动的直流电压,滤波电路可减小脉动使直流电压波形平滑,稳压电路的作用是在电网电压波动或负载发生变化时保持输出电压基本不变。

2. 按交流电类型不同可分单相整流和三相整流;按输出波形不同可分半波整流和全波整流。最常见的整流电路是单相桥式整流电路,其输出电压约为 $0.9U_2$(U_2 为变压器二次侧电压有效值)。

3. 滤波电路可分电容滤波、电感滤波、复式滤波和电子滤波。当 RLC 足够大时,桥式(全波)整流电容滤波电路输出电压约为 $1.2U_2$。负载电流较小时,可采用电容滤波;负载电流较大时,应采用电感滤波;对滤波效果要求较高时,可采用复式滤波或电子滤波。

4. 稳压管并联型稳压电路依靠稳压管的电流调节作用和限流电阻的电压调节作用,使得输出电压稳定。其电路结构简单,但输出电压不可调,只适用于负载电流较小且变化范围也较小的场合。

牛刀小试显身手

简答题

1. 直流稳压电路主要由哪几部分组成?各组成部分分别起什么作用?

2. 画出单相桥式整流电路图。若输出电压 $U_0=9V$，负载电流 $I_L=1A$。试求：

(1)电源变压器二次侧绕组电压 U_2。

(2)流过整流二极管的平均电流 I_F。

(3)整流二极管承受的最大反向电压 U_{RM}。

(4)选用合适的二极管型号。

3. 桥式整流电路中有4只整流二极管，所以每只二极管中电流的平均值等于负载的1/4。这种说法对吗？为什么？

4. 在单相桥式整流电路中，若4只二极管的极性全部反接，对输出有何影响？若其中1只二极管断开、短路或接反，对输出有何影响？

5. 画出三相桥式整流电路图，并简述其工作原理。

6. 在图2-21所示电路中，已知变压器二次侧电压有效值 $U_2=10V$。问：

(1)当变压器二次侧电压为正半周(a 正 b 负)时，哪2只二极管导通？

(2) R_{L1} 和 R_{L2} 上的电压极性如何？

(3)当 R_{L1} 和 R_{L2} 开路(空载)时，电容器 C_1 和 C_2 上的直流电压各为多少伏？

(4)当 R_{L1} 和 R_{L2} 接入电路后，输出电压分别约为多少伏？

(5)二极管承受的最大反向电压为多少伏？

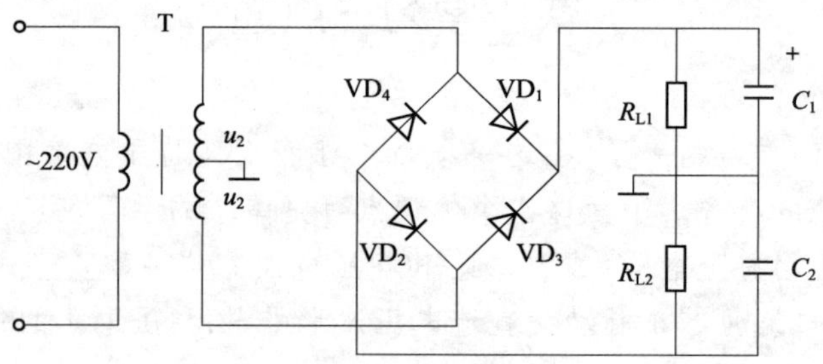

图2-21 整流滤波电路

7. 某单相桥式整流电容滤波电路，输出电压为24V，电流为100mA，要求：

(1)选择整流二极管。

(2)选择滤波电容。

(3)如测得 U_0 为下述数值，分析可能发生的故障。

①$U_0=18V$；

②$U_0=28V$；

③$U_0=0V$。

项目三　分析、安装、调试三极管应用电路

大家知道，小声说话听不见时，声音大点就听见了，对于听力不好的人，如果能把别人说话的声音放大了，就能听见了，咱们在这个项目里，就做一个助听器。

能够把微弱的信号放大的电路称为放大电路或放大器。例如，助听器里的关键部件就是一个放大器。

放大器有交流放大器和直流放大器。交流放大器又可按频率分为低频、中频和高频放大器；按放大的对象不同分成电压、电流、功率放大器等。此外还有用集成运算放大器和特殊晶体管作为器件的放大器。放大器是电子电路中最复杂多变的电路。低频电压放大器是指工作频率在20Hz～20kHz、输出要求有一定电压值而不要求很强电流的放大器。

本项目主要介绍低频电压放大器中共发射极基本放大器、分压式射极偏置放大电路（稳定静态工作点的偏置电路）、射极输出器（共集电极放大器）、多级放大器等。

知识目标

1. 弄清共发射极基本放大器的电路组成及各元器件的作用。
2. 知道共发射极放大器的工作原理和分析方法。
3. 了解分压式射极偏置电路及其稳定静态工作点的原理。
4. 知道射极输出器及其特点。
5. 熟悉多级放大器。

技能目标

1. 熟悉晶体管器件的识别并检测其质量好坏。
2. 熟悉元器件装配工艺。
3. 学会正确安装和调试低频电压放大电路的方法。
4. 学会用手册查阅放大电路中的各类参数。

任务一　共发射极基本放大电路的组成

学习目标

（1）能画出共发射极基本放大器的电路图。

（2）弄清共发射极放大器中各元器件的作用。

知识 1 电路组成

图 3-1 所示是一个共发射极基本放大器，它的核心元件是一个 NPN 型三极管。信号经过电容器 C_1 从三极管基极 b 输入，从集电极经电容器 C_2 输出，发射极为接地端（接地端不一定真的与大地相连接，只是表明该点为电位参考点）。因此基极为输入端，集电极为输出端，发射极为公共端。一般称这种接法为共发射极接法，称共发射极接法的放大器为共发射极放大器。

电路组成元器件有：三极管 V、直流电源 V_{CC} 集电极电阻 R_c，基极偏置电阻及 R_b、耦合电容器 C_1、C_2。

应该提醒读者注意的是，交流信号源和负载电阻不是放大器的组成部分。

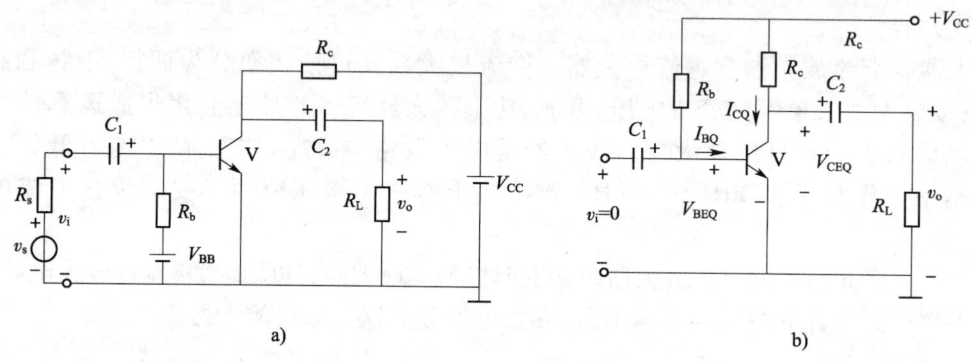

图 3-1 三极管放大电路图

知识 2 各元器件在电路中的作用

1. 三极管 V

三极管是整个放大电路的核心部件，起电流放大作用。

当三极管基极电流发生微小变化时，集电极电流就会有较大变化量。因此三极管可将微小的基极电流变化量转换成较大的集电极电流变化量。反映了三极管的电流放大作用。

2. 直流电源 V_{CC}

直流电源 V_{CC} 的正极通过电阻 R_c 和 R_b 分别与三极管的集电极 c 和基极 b 连接，负极与三极管发射极 e 连接（即接地），在画电路图时往往省去电源的图形符号，而用其电位的极性及数值来表示，如图 3-1b) 所示。

直流电源 V_{CC} 有两个作用：一是使三极管发射结正偏，集电结反偏，确保三极管工作于放大状态；二是给整个电路提供能量，放大器输入信号能量小，输出信号能量大，这些增加的能量是由直流电源 V_{CC} 提供的。另外，电路中电阻、电容等元件都要消耗能量，三极管不仅不能产生能量，还要消耗能量，这些能量都是由直流电源供给的。

3. 集电极电阻 R_c

集电极电阻的作用是将集电极电流的变化量转化成集电极电压的变化量。从而获得电压放大，R_c 大小一般为几千欧。

4. 基极偏置电阻 R_b

基极偏置电阻 R_b，V_{CC} 经 R_b 供给三极管合适的基极偏置电流，从而确定三极管的直流工作状态。

5. 耦合电容器 C_1、C_2

C_1、C_2 的作用有两个：一是隔断直流，使三极管中的直流电流不受输入端之前的信号源和输出之后的负载影响；二是传导交流信号。容量足够大时，它们对交流信号呈现的容抗很小，可近似认为短路，这样可使交信号顺利通过。所以当信号在低频范围内时，C_1、C_2 应选用容量较大的电容器，一般为几至几十微法。

应该注意的是：信号源和负载电阻不是放大器的组成部分，但它们对放大器有影响。

如用 PNP 型三极管构成放大器时，应将电源极性反接，电容器极性对调。

另外，直流电源 V_{CC} 供给电路直流电压和电流，放大器工作时交流信号源供给电路交流电压和电流。所以，电路中既有直流电压、直流电流，又有交流电压、交流电流。电路中电压、电流是交、直流成分的叠加。对直流分量和交流分量，作如下规定：

(1) 用大写字母带大写下标表示直流分量。

(2) 用小写字母带小写下标表示交流分量。

(3) 用小写字母带大写下标表示直流分量与交流分量的叠加。

(4) 用大写字母带小写下标表示交流分量的有效值。

任务二　共发射极基本放大器的分析

学习目标

(1) 能画出共发射极基本放大器的直流通路、交流通路，并根据直流通路求静态工作点。

(2) 弄清共发射极基本放大器动态时的工作原理。

(3) 能够估算电压放大倍数、输入电阻、输出电阻。

知识 1　画直流通路与交流通路

放大信号中，即有直流成分又有交流成分。

1. 直流通路的画法

(1) 定义：放大器的直流电流流通的回路，包括输入直流通路和输出直流通路。

(2) 画法：将电容器视为开路，其他不变，如图 3-2b）所示。

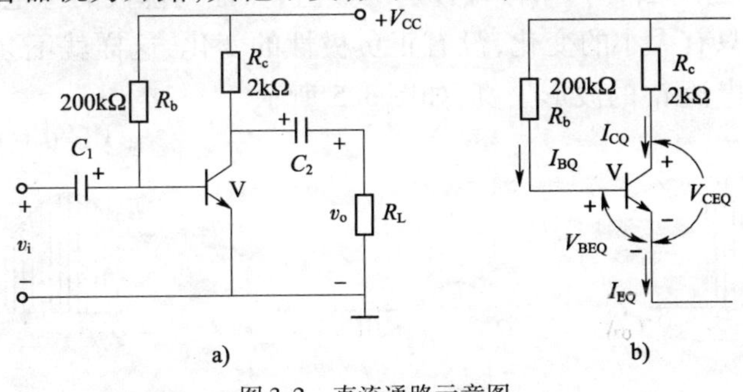

图 3-2　直流通路示意图

2. 交流通路的画法

(1)定义:放大器的交流信号电流的流通回路,包括输入交流通路和输出交流通路。

(2)画法:将容量较大的电容器视为短路;将直流电源视为短路,其他元件照画。

上述所示电路的交流通路如图 3-3 所示。

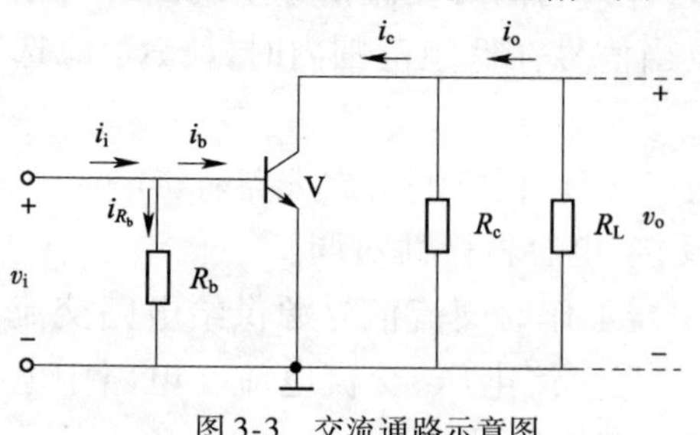

图 3-3 交流通路示意图

知识 2 放大器的静态工作点

1. 静态工作点

单电源供电的放大电路如图 3-2 所示。

静态:放大器无信号输入时的直流工作状态称为静态。

静态工作点:在静态下电流电压共同确定的点称为静态工作点,用 Q 表示。一般描述静态工作点的量用 V_{BEQ}、I_{BQ}、V_{CEQ} 和 I_{CQ} 表示。

$$I_{BQ}=\frac{V_{CC}-V_{BEQ}}{R_b}$$

$$I_{CQ}=\beta I_{BQ}$$

$$V_{CEQ}=V_{CC}-I_{CQ}R_c$$

V_{BEQ}:硅管一般为 0.7V,锗管为 0.3V。

一个放大器的静态工作点的设置是否合适,是放大器能否正常工作的重要条件。

2. 静态工作点对放大器工作状态的影响

若除掉 R_b,图 3-2 电路如图 3-4 所示,则 $I_{BQ}=0$,输入电流 i_b 随 v_i 变化。在信号负半周,输入电流 i_b 等于零,波形将产生失真。

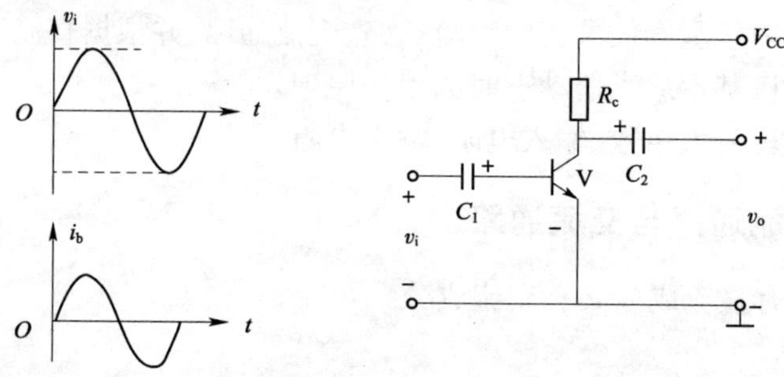

图 3-4 失真时电路及波形图

若保留 R_b,且阻值适当,则 I_{BQ} 将有合适的数值,保证则基极的总电流 I_{BQ} + + i_b 始终是单方向的电流,即它只有大小的变化,没有正负极性的变化,这样就不会使发射结反偏而截止,从而避免了输入电流 i_b 的波形失真,如图 3-5 所示。

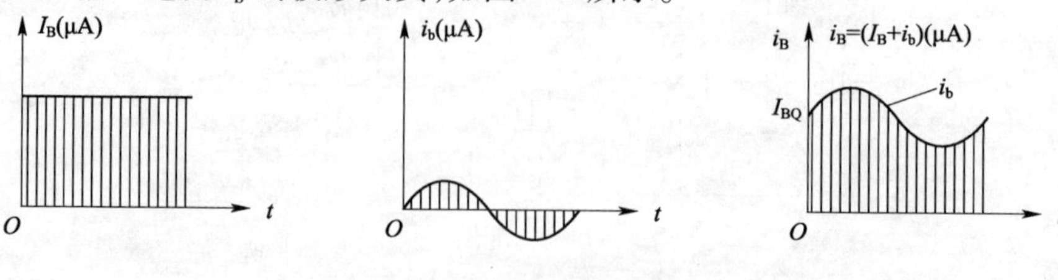

图 3-5 不失真工作波形图

知识3　放大器的动态工作情况(放大原理)

1. 放大电路

放大电路如图3-6所示。

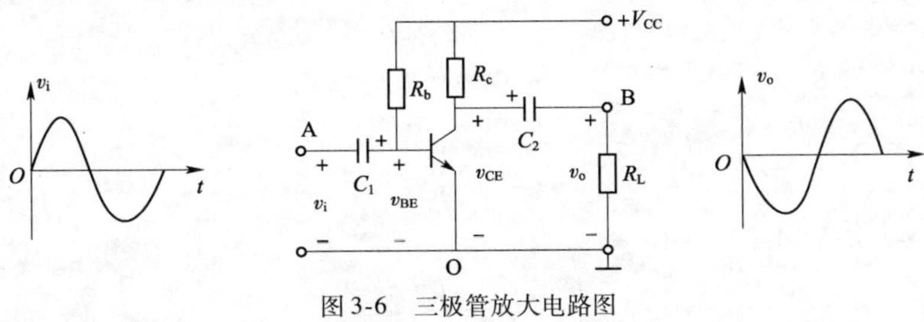

图3-6　三极管放大电路图

输入:从基极和发射极之间输入。

输出:从集电极和发射极之间输出。

2. 放大原理

v_i 的变化将产生基极电流 i_b 的变化,使基极总电流发生变化,集电极电流 i_c 将在集电极电阻上产生压降,使放大器的集电极电压 $v_{ce}=V_{CC}-i_CR_c$ 随之变化。通过 C_2 耦合,隔断直流,输出信号电压 v_o 也随之变化。只要电路参数能使三极管工作在放大区,则 v_o 的变化幅度将比 v_i 的变化幅度大很多倍。电路中,v_{BE}、i_B、i_c、v_{CE}随 v_i 变化,变化作用如下:

$$v_i \rightarrow v_{BE} \rightarrow i_B \rightarrow i_C \rightarrow v_{CE} \rightarrow v_o$$

3. 波形

放大器输入正弦电压 v_i 后三极管各极电流电压波形如图3-7所示。

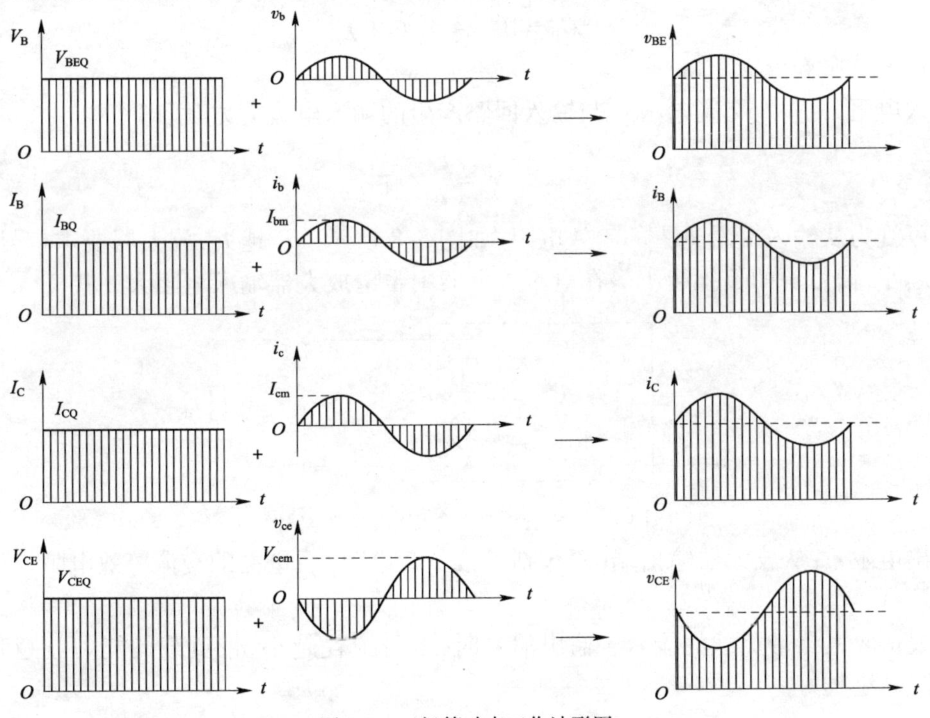

图3-7　三极管动态工作波形图

输出电压与输入电压相位相反,又称这种共发射极的单管放大电路为反相放大器。

知识4　基本放大电路的分析方法

放大器常用指标如下。

1. 放大倍数

(1)电压放大倍数 A_v:

$$A_v = \frac{v_o}{v_i}$$

(2)电流放大倍数 A_i:

$$A_i = \frac{i_o}{i_i}$$

(3)功率放大倍数 A_p:

$$A_p = \frac{p_o}{p_i}$$

2. 放大器的增益

增益 G:用分贝表示放大倍数。单位为分贝(dB)。

(1)电压增益 G_v:

$$G_v = 201gA_v \quad (dB)$$

(2)电流增益 G_i:

$$G_i = 201gA_i \quad (dB)$$

(3)功率增益 G_P:

$$G_P = 101gA_P \quad (dB)$$

3. 输入电阻和输出电阻

输入电阻 r_i:输入交流电压 v_i 与输入回路产生的输入电流 i_i 之比,即

$$r_i = \frac{v_i}{i_i}$$

也可视为从输入端看进去的等效电阻,如图3-8所示。r_i 越大,放大器要求信号源提供的电流越小,信号源的负担越小。在电压放大器中希望放大器输入电阻大一些。

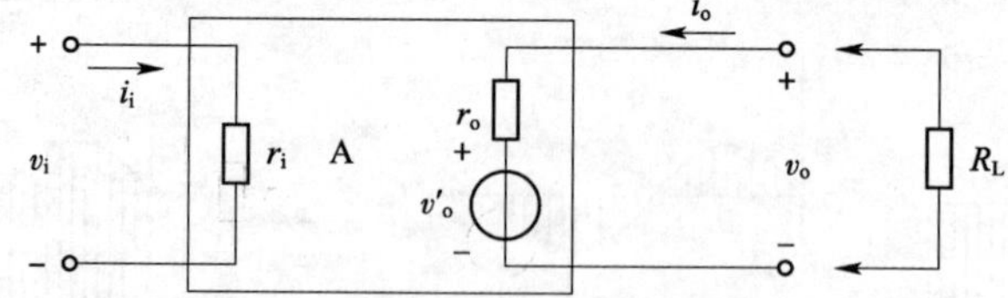

图3-8　三极管放大器输入输出等效电路图

输出电阻 r_o:从放大器输出端(不包括外接负载电阻)看进去的交流等效电阻。如图3-8所示 r_o

r_o 表示放大器带负载的能力。输出信号时,自身损耗越小,带负载的能力就越强,所以输出电阻越小越好。

4. 通频带

放大器在放大不同频率的信号时，其放大倍数是不一样的，放大电路在不同频率下的放大倍数如图 3-9 所示。

中频区：在一定频率范围内，放大器的放大倍数高且稳定，这个频率范围为中频区。

下限截止频率 f_L：信号频率下降到使放大倍数为中频时的 0.707 所对应的频率。

上限频率 f_H：信号频率上升到使放大倍数为中频时的 0.707 所对应的频率。

通频带：f_L 与 f_H 之间的频率范围称为通频带。记作 BW，即：$BW = f_H - f_L$。

【例 3-1】　放大器的直流通路中，$V_{CC} = 12V$，三极管 $\beta = 50$，其余元件参数如图 3-10 所示，估算静态工作点，并分析电路。

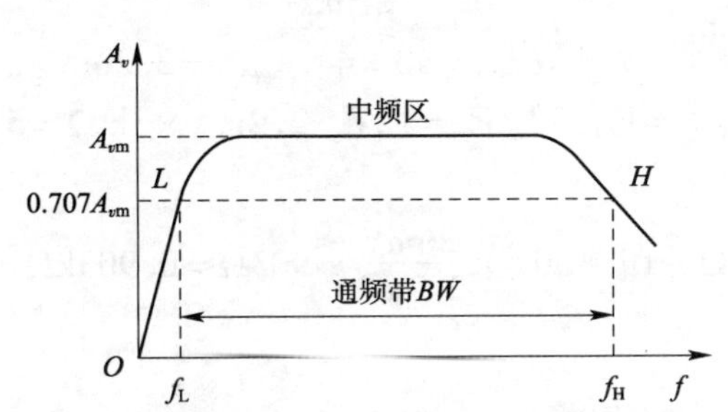

图 3-9　放大器频率、放大倍数关系图

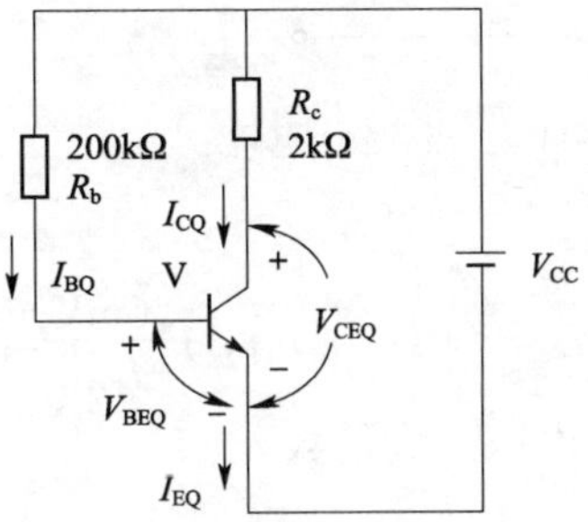

图 3-10　放大器直流通路示意图

解：(1) 估算静态工作点。

$$I_{BQ} = \frac{V_{CC} - V_{BEQ}}{R_b} \approx \frac{V_{CC}}{R_b} = \frac{12V}{200k\Omega} = 60\mu A$$

$$I_{CQ} = \beta I_{BQ} = 50 \times 60\mu A = 3mA$$

$$V_{CEQ} = V_{CC} - I_{CQ}R_c = 12V - 3mA \times 2k\ \Omega = 6V$$

(2) 输入电阻和输出电阻的估算。

①三极管输入电阻 r_{be} 的估算公式。

三极管基极和发射极之间存在一个等效电阻，称为三极管的输入电阻，用 r_{be} 表示。在低频小信号时，用下式估算：

$$r_{be} = 300\Omega + (1 + \beta)\frac{26mV}{I_{EQ}}$$

②放大器的输入电阻 r_i 和输出电阻 r_o 的估算：

$$r_i = R_b // r_{be}$$

一般 $R_b \gg r_{be}$，所以

$$r_i = r_{be}$$

r_o 是从放大器输出端(不包括外接负载电阻)看进去的交流等效电阻。

$$r_o \approx R_c$$

(3) 放大器放大倍数的估算。

放大器输出端外接负载电阻 R_L 时，等效负载电阻 $R'_L = R_c // R_L$，$v_o = -i_c R'_L$，故

$$A_v = \frac{v_o}{v_i} = \frac{-\beta i_b R'_L}{i_b r_{be}} = -\frac{\beta R'_L}{r_{be}}$$

负号表示输出电压 v_o 的相位与输入电压 v_i 相位相反。

【例 3-2】 在图 3-11 所示的电路中,设三极管 $\beta = 50$,其余参数见图 5-11。试求:

(1)静态工作点;

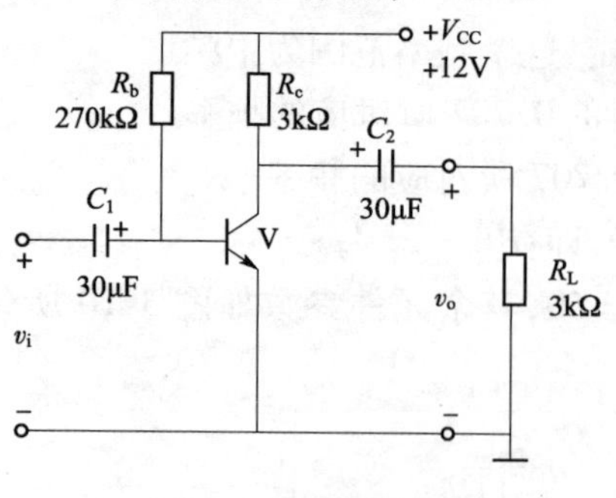

图 3-11 三极管放大电路

(2)r_{be};

(3)A_v;

(4)r_i;

(5)r_o。

解:(1)求静态工作点。

$$I_{BQ} \approx \frac{V_{CC}}{R_b} = \frac{12V}{270k\Omega} \approx 44.4\mu A$$

$$I_{CQ} = \beta I_{BQ} = 50 \times 44.4\ \mu A = 2.2mA$$

$$V_{CEQ} = V_{CC} - I_{CQ}R_c = 12V - 2.2mA \times 3k\ \Omega = 5.4V$$

(2)r_{be}:

$$r_{be} = 300\Omega + (1+\beta)\frac{26mV}{I_{EQ}} = 300\Omega + (1+50) \times \frac{26mV}{2.2mA} \approx 903\Omega = 0.903k\Omega$$

(3)求电压放大倍数 A_v。

$$A_v = -\frac{\beta R'_L}{r_{be}}$$

$$R'_L = \frac{R_c R_L}{R_c + R_L} = 1.5k\Omega$$

$$A_v = -50 \times \frac{1.5}{0.9} \approx -83.3$$

(4)求输入电阻 r_i。

$$r_i = R_b // r_{be} = 0.9k\Omega$$

(5)求输出电阻 r_o。

$$r_o \approx R_c = 3k\Omega$$

任务三 具有稳定工作点的放大电路

学习目标

(1)知道分压式偏置放大器稳定静态工作点的原理。

(2)会计算分压式射极偏置放大器静态工作点。

(3)会计算分压式射极偏置放大器的电压放大倍数、输入电阻、输出电阻。

知识 1 分压式偏置放大电路及其稳定静态工作点的原理

温度变化会引起放大器的静态工作点发生偏移,使放大器工作时进入饱和或截止状态,从而出现失真,所以必须提高静态工作点的稳定性。在放大电路中通常采用分压式偏置放大电路来提高静态工作点的稳定性。

1. 电路结构

分压式偏置电路如图 3-12 所示。

R_{b1}:上偏流电阻,R_{b2}:下偏流电阻,R_e:发射极电阻,C_e:发射极旁路电容。

基极电压 V_{BQ} 由 R_{b1} 和 R_{b2} 分压后得到,即

$$V_{BQ} \approx V_{CC} \cdot \frac{R_{b2}}{R_{b1}+R_{b2}}$$

由此,V_{BQ}的大小与三极管的参数无关。

2. 稳定工作点原理

温度变化时,三极管的参数 I_{CBO}、β、V_{CEQ} 将发生变化,导致工作点偏移。分压式偏置电路稳定工作点的过程可表示为:

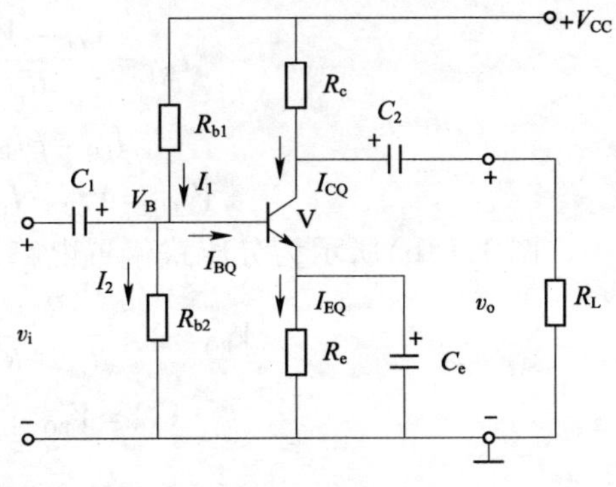

图 3-12　分压式偏置电路

$$T(温度)\uparrow(或\beta\uparrow)\rightarrow I_{CQ}\uparrow\rightarrow I_{EQ}\uparrow\rightarrow V_{EQ}\uparrow\rightarrow V_{BEQ}\downarrow\rightarrow I_{BQ}\downarrow\rightarrow I_{CQ}\downarrow$$

其中 C_e 的作用是提供交流信号的通道,减少信号的损耗,使放大器的交流信号放大能力不因 R_e 而降低。

知识 2　静态工作点的计算

分压式偏置电路,先计算 I_{CQ},再计算 I_{BQ}最后计算 V_{CEQ}。

$$I_{CQ} \approx I_{EQ} \approx \frac{V_{EQ}}{R_e} = \frac{V_{BQ}-V_{BEQ}}{R_e} \approx \frac{V_{BQ}}{R_e}$$

$$I_{BQ} = \frac{I_{CQ}}{\beta}$$

$$V_{CEQ} = V_{CC} - I_{CQ}R_c - I_{EQ}R_e \approx V_{CC} - I_{CQ}(R_c + R_e)$$

【例 3-3】　在图 3-13 所示的两个放大电路中,已知三极管 $\beta = 50$,$V_{BEQ} = 0.7\text{V}$ 电路其他参数如图 3-13 所示。

(1)试求两个电路的静态工作点。

(2)若两个三极管的 $\beta = 100$,则各自的工作点怎样变化?

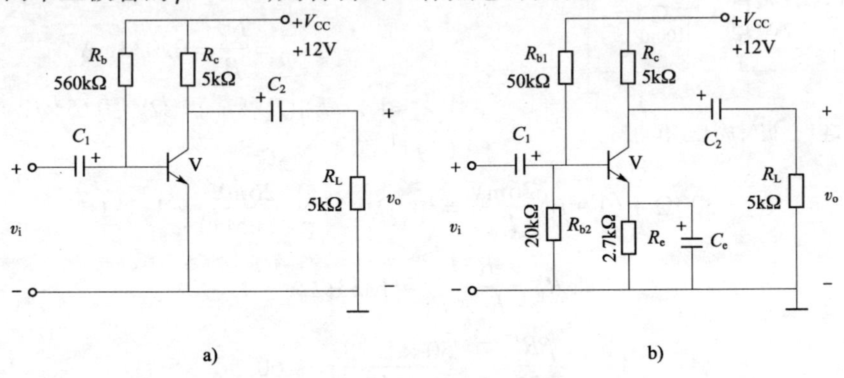

图 3-13　三极管放大电路图

解:(1)先计算两个电路的静态工作点。

图 3-13a)所示为固定偏置电路,有

$$I_{BQ}=\frac{V_{CC}-V_{BEQ}}{R_b}=\frac{12V-0.7V}{560k\Omega}=0.02mA$$

$$I_{CQ}=\beta I_{BQ}=50\times0.02mA=1mA$$

$$V_{CEQ}=V_{CC}-I_{CQ}R_c=12V-1mA\times5k\Omega=7V$$

图 3-13b)所示为分压式偏置电路,有

$$V_{BQ}=V_{CC}\frac{R_{b2}}{R_{b1}+R_{b2}}=12V\times\frac{20k\Omega}{20k\Omega+50k\Omega}=3.4V$$

$$V_{EQ}=V_{BQ}-V_{BEQ}=3.4V-0.7V=2.7V$$

$$I_{CQ}\approx I_{EQ}=\frac{V_{EQ}}{R_e}=\frac{2.7V}{2.7k\Omega}=1mA$$

$$V_{CEQ}\approx V_{CC}-I_{CQ}(R_c+R_e)=12V-1mA\times(5k\Omega+2.7k\Omega)=4.3V$$

(2)两个三极管 $\beta=100$ 时:

$$I_{CQ}=\beta I_{BQ}=100\times0.02mA=2mA$$

$$V_{CEQ}=V_{CC}-I_{CQ}R_c=12V-2mA\times5k\Omega=2V$$

可见,β 增大,导致 I_{CQ}增大,使 V_{CEQ}降低。

在图 3-13b)中,β 增大一倍,V_{CEQ}不变,I_{BQ}减小一半。

知识 3　电压放大倍数、输入电阻和输出电阻的计算

【例 3-4】　已知三极管 $\beta=50$,$V_{BEQ}=0.7V$,电路其他参数如图 3-14 所示。试计算:

(1)静态工作点;

(2)电压放大倍数 A_v、输入电阻 r_i 和输出电压 r_o。

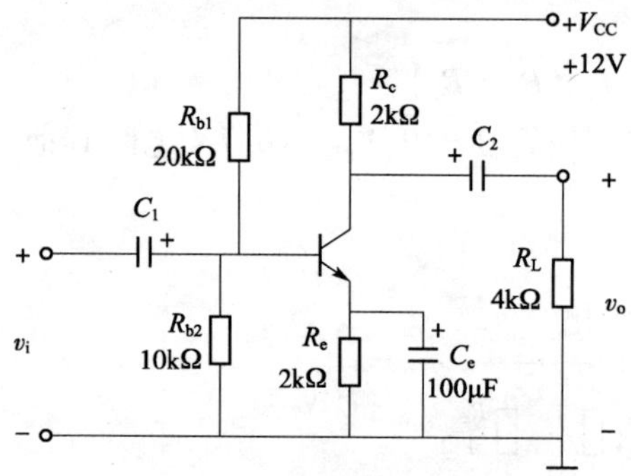

图 3-14　三极管放大工作电路

解:(1)计算静态工作点。

$$V_{BQ}=V_{CC}\cdot\frac{R_{b2}}{R_{b1}+R_{b2}}=12\times\frac{20}{20+10}V=4V$$

$$V_{EQ}=V_{BQ}-V_{BEQ}=4V-0.7V=3.3V$$

$$I_{CQ}\approx I_{EQ}=\frac{V_{EQ}}{R_e}=\frac{3.3V}{2k\Omega}=1.65mA$$

$$I_{BQ}=\frac{I_{CQ}}{\beta}=0.033mA$$

$$V_{CEQ}\approx V_{CC}-I_{CQ}(R_c+R_e)=12V-0.65\times(2+2)V=5.4V$$

(2)计算 A_v、r_i、r_o。

$$r_{be}=300\Omega+(1+\beta)\frac{26mV}{I_{EQ}}=300\Omega+51\times\frac{26mV}{1.65mA}\approx1.1k\Omega$$

$$R'_L=\frac{R_c\ R_L}{R_c+R_L}\approx1.33k\Omega$$

$$A_v=-\frac{\beta R'_L}{r_{be}}=-\frac{50\times1.33}{1.1}\approx-60.5$$

$$r_i=R_{b1}//R_{b2}//r_{be}=0.94k\Omega$$

$$r_o\approx R_c=2k\Omega$$

任务四　共集电极放大器

学习目标

(1)弄清共集电极放大器的电路及特点。

(2)知道共集电极放大器的用途。

知识1　共集电极放大器电路组成

图3-15所示为共集电极放大器,为其交流通路,由交流通路可以看出,在共集电极放大器中,信号从基—集极输入,从射—集极输出。输入、输出的公共端是集电极,所以称共集电极放大器。因信号从发射极输出,因而又称射极输出器。

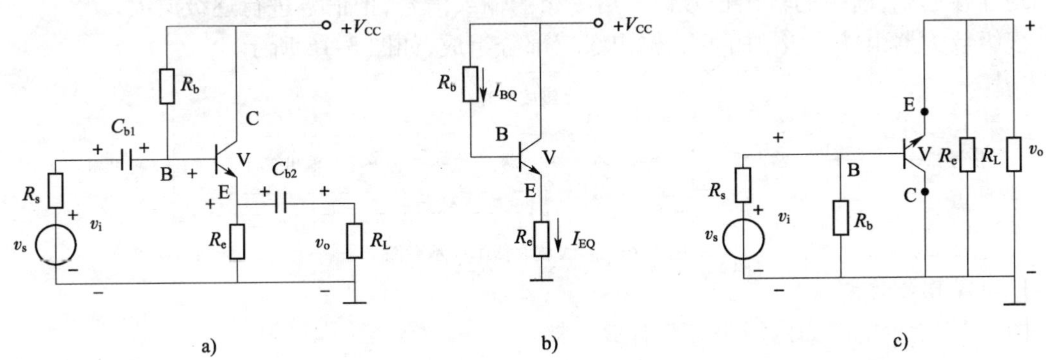

图3-15　共集电极放大器

知识2　共集电极放大器的特点

(1)电压放大倍数小于1,且接近于1。

(2)输出电压与输入电压大小相等,相位相同。所以称射极输出器有电压跟随性,射极输出器又称射极跟随器,简称射随器。

(3)输入电阻大,输出电阻小。所以射极输出器是一种阻抗变换器。

尽管射极输出器的电压放大倍数略小于1,但其输出电流为输入电流的$(1+\beta)$倍,所以具有电流放大作用,从而具有一定的功率放大能力。

知识3　共集电极放大器的应用

(1)因其输入电阻大,可用于多级放大器的输入级,以减轻信号源的负担。

(2)因其输出电阻小,可用于多级放大器的输出级,以提高带负载能力。

(3)用作中间级,因其具有电压跟随作用,且输入电阻大,对前级的影响小,输出电阻小对后级影响也小。将其用作中间级可起到缓冲作用。

任务五 多级放大器

(1)知道多级放大器的电路组成。

(2)弄清多级放大器的级间耦合方式及各耦合方式的特点。

(3)会计算多级放大器的电压放大倍数、输入电阻、输出电阻。

知识1 级间耦合方式

在实际应用中把微弱的信号放大几千倍、几万倍,甚至更大,单级放大器是不能满足要求的。因此,实际放大器一般由多级放大器组成。所谓多级放大器就是把几个单级放大器适当地连接起来,前级的输出信号作为后一级的输入信号,把信号进行逐级放大。

多级放大器由输入级、中间级、输出级三部分组成,如图3-16所示。

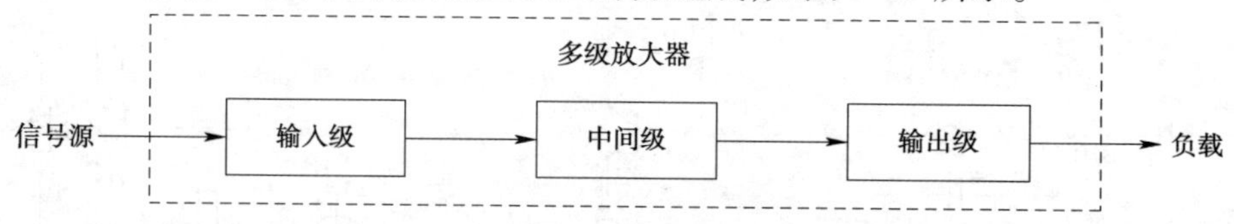

图3-16 多级放大器组成示意图

1. 阻容耦合放大器

图3-17所示电路为两级阻容耦合放大器。

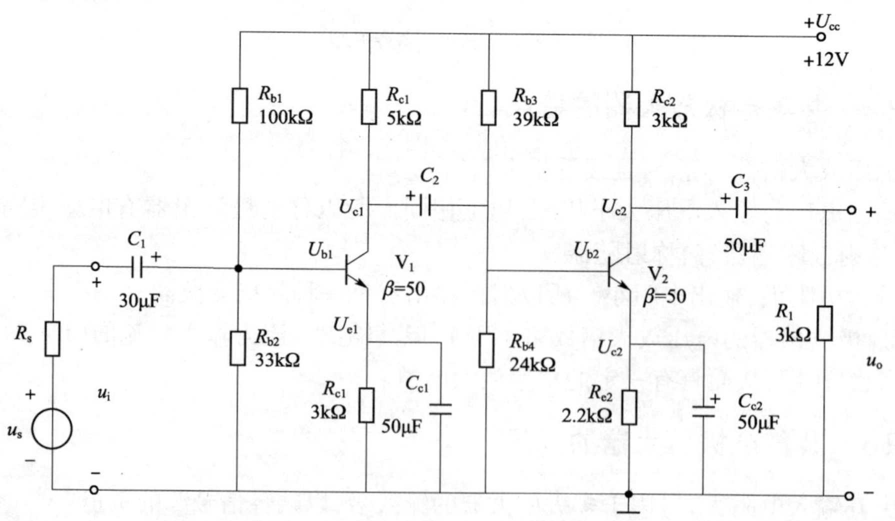

图3-17 两级阻容耦合放大器电路

第一级放大器和第二级放大器之间是通过电阻、电容传递信号的,所以称阻容耦合放大器。

阻容耦合放大器的特点如下。

(1)结构简单,因而应用广泛。

(2)由于电容 C_2 有隔直流作用,前后两级放大器的静态工作点互不干扰,彼此独立,这给电路的分析、调试和维修等带来了方便。

(3)其缺点是只能传递交流信号。

2. 变压器耦合放大器

图 3-18 所示为变压器耦合的放大器,该电路通过变压器进行级间连接,变压器把第一级的输出信号通过电磁感应传送到后级。

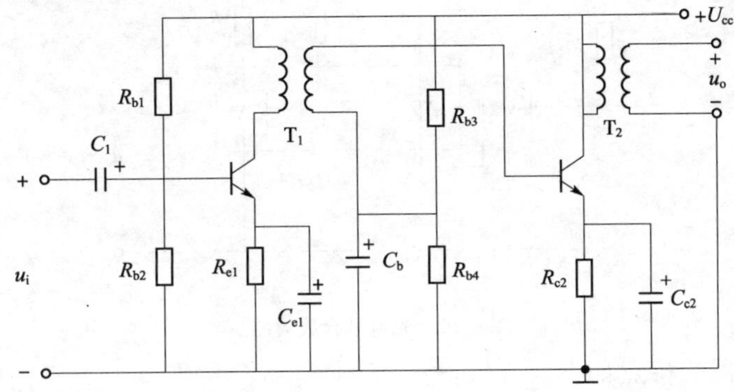

图 3-18　变压器耦合放大器

变压器耦合放大器特点如下。

(1)变压器有隔直流作用,前后两级的静态工作点彼此独立,互不干扰。

(2)耦合变压器有变换阻抗的作用,有利于提高放大器的输出功率。

(3)由于变压器体积大、低频特性差,并且无法集成,因此一般应用于高频调谐放大器或功率放大器中。

(4)只能传输交流信号。

3. 直接耦合放大器

图 3-19 所示为直接耦合放大器,该电路无耦合元件,信号通过导线直接传递。

直接耦合放大器的特点如下。

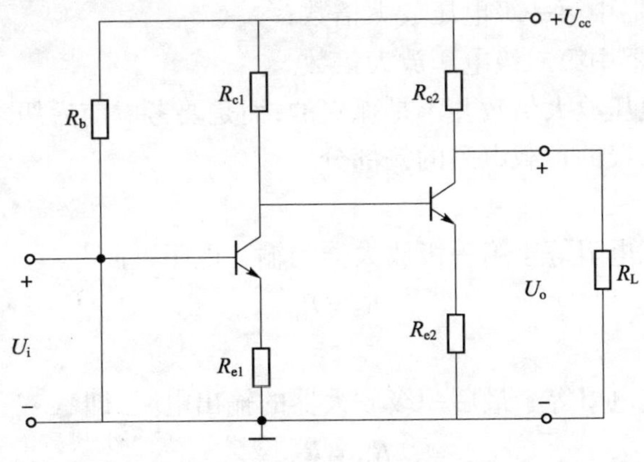

图 3-19　直接耦合放大器

(1)既可传输直流信号,又可传输交流信号。直流放大器必须采用这种耦合方式。

(2)直接耦合便于集成化,广泛应用于集成电路中。

(3)前、后级静态工作点互相影响,给电路设计、调试增加了难度。

4. 光电耦合放大器

图3-20所示为光电耦合放大器,它通过光电耦合器来实现信号的耦合和传输,前级的输出信号通过发光二极管转换成光信号,再由光电三极管将此光信号还原为电信号,经放大后输出。

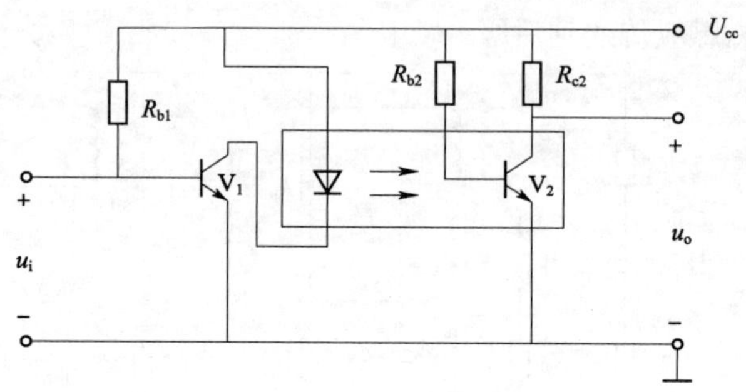

图3-20 光电耦合放大器

光电耦合放大器的特点如下。

(1)既可传输交流信号又可传输直流信号。

(2)抗干扰能力强。

(3)易于集成化。

知识2 多级放大器的电压放大倍数、输入/输出电阻

1. 电压放大倍数 Au

可以证明,多级放大器的电压放大倍数 Au 等于各级电压放大器的电压放大倍数之积,即

$$Au = Au_1 \cdot Au_2$$

式中:Au——两级放大器的总电压放大倍数;

Au_1——两级放大器中第一级电压放大倍数;

Au_2——两级放大器中第二级电压放大倍数。

这里所说的各级电压放大倍数并不是孤立的,而是要考虑前后级之间的影响,后一级放大器的输入电阻是前一级的负载电阻的一部分。

2. 输入电阻 R_i

多级放大器的输入电阻等于第一级放大器的输入电阻,即

$$R_i = R_{i1}$$

3. 输出电阻 R_O

多级放大器的输出电阻等于最后一级放大器的输出电阻,即

$$R_O = R_{ON}$$

式中:R_O——最后一级放大器的输出电阻。

任务六　安装与测试共射极放大器

学习目标

(1)学会调整和测量放大电路静态工作点的方法。

(2)弄清电压放大倍数、输入电阻、输出电阻的测量方法。

(3)观察饱和失真和截止失真波形。

实训所需器材

(1)常用电子组装工具一套。

(2)仪器和仪表:信号发生器、双踪示波器、晶体管毫伏表、万用表、稳压电源。

1.原理电路

共射极放大器如图3-21所示。

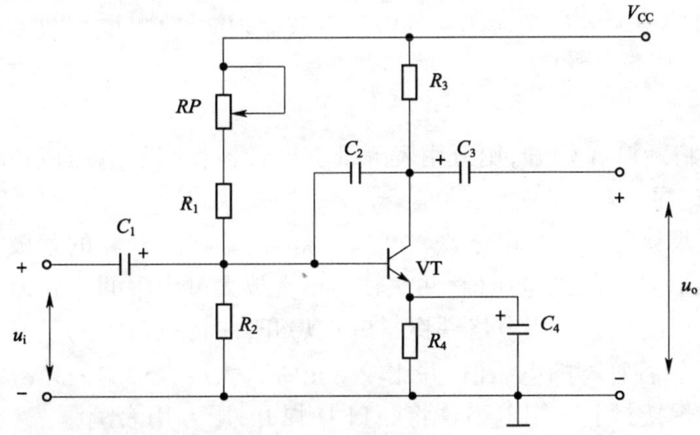

图3-21　共射极放大器

2.共射极放大器元器件清单

共射极放大器元器件清单见表3-1。

共射极放大器元器件清单　　表3-1

序　号	符　号	名　称	参　数
1	VT	晶体三极管	3DG6
2	C_1、C_3	电解电容	10pF/16V×2
3	C_2	圆片电容	300pF
4	C_4	电解电容	100μF/10V
5	R_1	电阻	10kΩ
6	R_2	电阻	5.1kΩ
7	R_3	电阻	3.3kΩ
8	R_4	电阻	1kΩ
9	RP	电阻	100kΩ

3. 共射极放大器元件装配图

共射极放大器元件装配如图 3-22 所示。

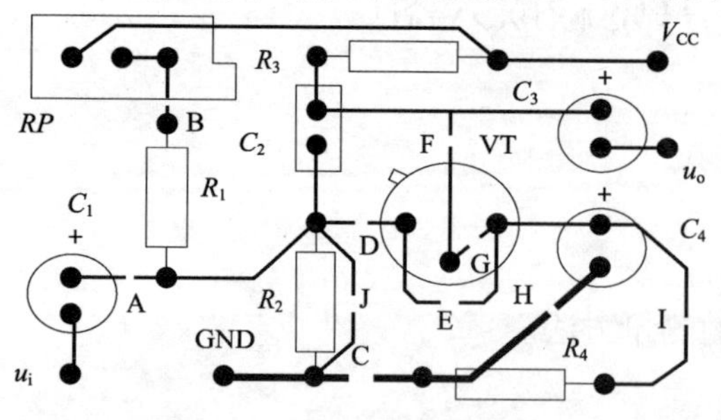

图 3-22　共射极放大器元件装配图

4. 安装、调试与检测

(1)根据电路原理图,设计装配图,装配示意图如图 3-22 所示。

(2)按照装配图正确安装元器件。安装过程中要注意:三极管的管脚连接和电容的极性要正确。可以用万用表来测量判断。

(3)仔细核对检查元器件安装无误后,用电烙铁将电路焊接起来,并注意将断口 A、B 和 C 也焊接起来。

(4)接通电源 V_{CC},电压为 +12V。再调整放大电路的静态工作点。调节偏置电阻 *RP*,使 VT 发射极电压约为 1.5V,用万用表测量三极管各管脚对地的直流电压值,并计算出集电极电流,并将测量结果记录。

(5)低频信号发生器中输出 1000Hz、10mV 的正弦信号,接入放大电路的输入端。再用毫伏表测量放大电路中输入端和输出端的电压有效值,并计算出电压放大倍数,并将结果记录下来。

5. 技能训练

(1)用电烙铁将断口 A 焊开,用万用表测量三极管各管脚的电压值,并比较与正常放大过程中的差异,并记录。

(2)将断口 A 焊接封上。用电烙铁将断口 B 焊开,即将三极管的基极上偏置电阻断开,用万用表测量三极管各管脚的电压值,并比较与正常放大过程中的差异,并记录。

(3)将断口 B 焊接封上。用电烙铁将断口 C 焊开,即将三极管的基极下偏置电阻断开,用万用表测量三极管各管脚的电压值,并比较与正常放大过程中的差异,并记录。

(4)将断口 C 焊接封上。用电烙铁将断口 D 焊开,用万用表测量三极管各管脚的电压值,并比较与正常放大过程中的差异,并记录。

(5)将断口 D 焊接封上。用电烙铁将断口 E 封好,即相当于将三极管的 b—e 被击穿,用万用表测量三极管各管脚的电压值,并比较与正常放大过程中的差异,并记录。

(6)将断口 E 焊开。用电烙铁将断口 F 焊开,即相当于将三极管的 b—e 断开,用万用表测量三极管各管脚的电压值,并比较与正常放大过程中的差异,并记录。

(7)将断口 F 焊接封上。用电烙铁将断口 G 焊接封上,即相当于将三极管的 c—e 被击穿,用万用表测量三极管各管脚的电压值,并比较与正常放大过程中的差异,并记录。

(8)将断口 G 焊开。用电烙铁将断口 H 焊开,即将三极管的发射极电阻 R_4 断开,用万用表测量三极管各管脚的电压值,并比较与正常放大过程中的差异,并记录。

(9)将断口 H 焊接封上。用电烙铁将断口 I 焊开,即将三极管的射极电阻的耦合电容 C_4断开,用万用表测量三极管各管脚的电压值,并比较与正常放大过程中的差异,并记录。

(10)将断口工焊接封上。用电烙铁将断口了封好,即将三极管的基极下偏置电阻短接,用万用表测量三极管各管脚的电压值,并比较与正常放大过程中的差异,并记录。

(11)将断口J焊开。将安装调试过程中出现的现象和解决方法记录下来。

任务七　安装与测试电子助记器

学习目标

(1)正确组装电子助记器。

(2)弄清其工作原理及测试方法。

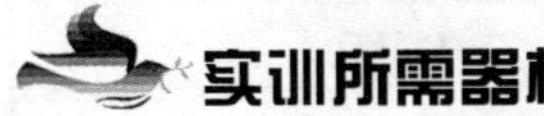

实训所需器材

(1)工具:电子组装工具一套。

(2)仪器、信号发生器、双踪示波器、晶体管毫伏表、万用表、稳压电源。

(3)所需元器件见清单。

1. 工作原理

电子助记器在使用的时候只要对话筒轻轻发出声音,在耳机中就听到洪亮的声音,因而有助于加强记忆。其原理可以看作是一个小功率的音频放大器,这类电路很多,可以用三极管或集成电路制作。下面介绍一种简单的电子助记器电路,如图3-23所示。话筒Mic将微弱音频信号转换为电信号,并经三极管逐级放大,最后送到耳机Y放音。话筒可选用微型驻极体话筒,引出线要用屏蔽线,以减小干扰噪声。

电子助记器原理电路如图3-23所示。

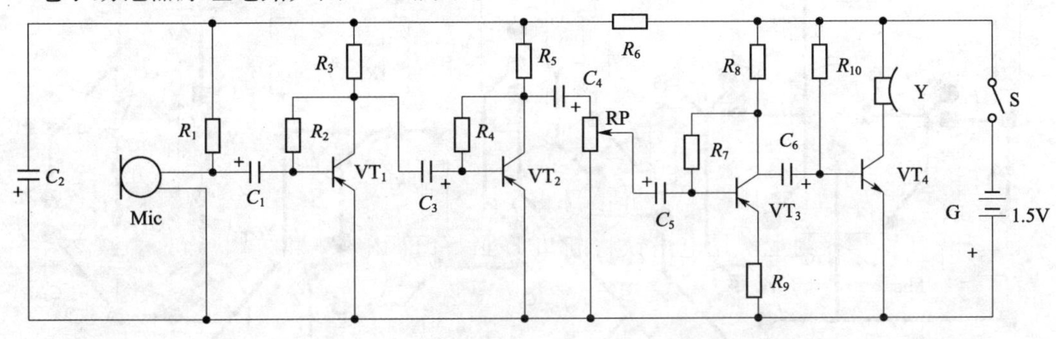

图3-23　电子助记器电路图

2. 电子助记器元器件清单

电子助记器元器件清单见表3-2。

电子助记器元器件清单　　表3-2

序　号	符　号	名　称	参　数
1	VT_1 ~ VT_4	三极管	3AX31×4
2	C_1	电解电容	1μF/16V
3	C_2	电解电容	10μF/16V
4	C_3 ~ C_6	电解电容	3.3μF/16V

续上表

序号	符号	名称	参数
5	R_1	电阻	4kΩ
6	R_2	电阻	51kΩ
7	R_3	电阻	1.5kΩ
8	R_4	电阻	33kΩ
9	R_5	电阻	1.5kΩ
10	R_6	电阻	300kΩ
11	R_7	电阻	33kΩ
12	R_8	电阻	1.5kΩ
13	R_9	电阻	100kΩ
14	R_{10}	电阻	33kΩ
15	RP	电位器	10kΩ
16	S	开关	
17	话筒 Mic	微型驻极体话筒	
18	电池 G	1.5V	
19	屏蔽线		

3. 电子助记器元件装配图

电子助记器元件装配如图 3-24 所示。

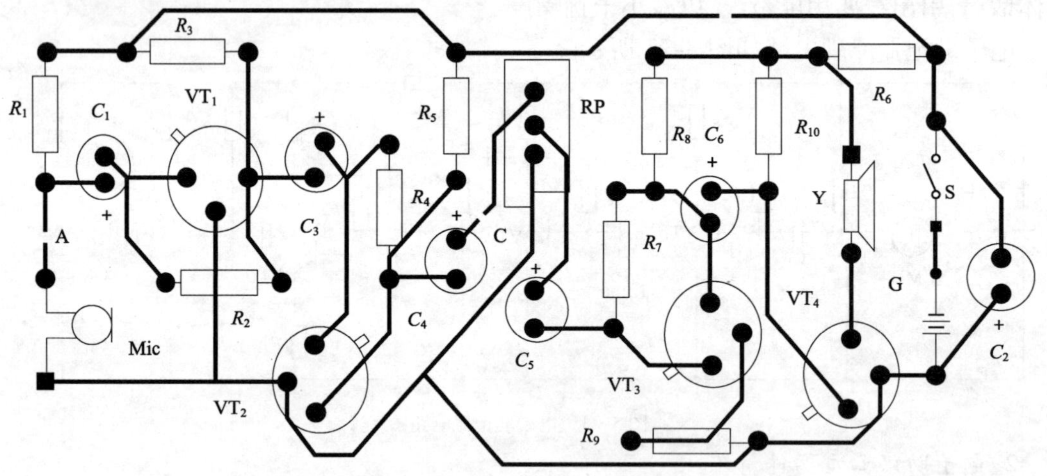

图 3-24 电子助记器元件装配图

4. 安装、调试及检测

(1)根据电路原理图,设计装配图,装配示意图如图 3-24 所示。

(2)按照设计好的装配图正确安装元器件。安装过程中要注意:三极管、电池和电容的极性要正确。可以用万用表来测量判断。

(3)仔细核对检查元器件安装无误后,用电烙铁焊接电路。并注意将断口 A、B 和 C 也焊接起来。焊接话筒,驻极话筒的两根引线是不同的,用颜色分开,或用同心电线区分。

(4)检查电路板,确认正确无误,接上开关、电源。插入耳机,轻轻敲摸话筒,耳机中能听到清晰的声响。

5. 技能训练

(1)用电烙铁将断口 A 焊开,相当于 R_1 开路,造成驻极体话筒供电回路不畅,对驻极体话筒喊话,把听到的结果记录下来;用万用表测三量极管各极对地电压值并记录。

(2)将断口 A 焊接封上。用电烙铁将断口 B 焊开,相当于 R_6 开路,对驻极体话筒喊话,把听到的结果记录下来;用万用表测量三极管各极对地电压值并记录。

(3)将断口 B 焊接封上。用电烙铁将断口 C 焊开,相当于 C_4 开路,对驻极体话筒喊话,把听到的结果记录下来;用万用表测量三极管各极对地电压值并记录。

(4)将断口 C 焊接封上。将安装调试过程中出现的问题和体会记录下来。

在电子助记器电路中,容易出现故障的问题在于多级放大电路,因此在出现故障的时候要逐级检查,用万用表检查直流通路,用信号注入法检查信号通路,从而可快速找到故障原因。

快乐学习一点通

同学们,本项目的学习结束了,还记得组装、调试电子助记器时出现的问题吗?这一训练给我们带来的乐趣离不开放大器这一大功臣啊!下面这六个知识点可都与放大器相关哦!

1. 放大器的主要功能是将输入信号不失真地放大,其核心器件是三极管。本项目主要介绍共发射极放大器。

2. 分析放大器的方法有估算法,本项目主要介绍估算法。根据直流通路可求放大器静态工作点,根据交流通路,可求电压放大倍数、输入电阻、输出电阻。

3. 在实际应用当中,为了稳定静态工作点,常采用分压式射极偏置电路。

4. 共集电极放大器没有电压放大作用,但其输入电阻大,输出电阻小,常用于多级放大器的输入级、中间级、输出级。

5. 多级放大器有四种耦合方式,即阻容耦合、变压器耦合、直接耦合、光电耦合。

6. 多级放大器的电压放大倍数等于各单级放大器电压放大倍数的乘积,输入电阻等于第一级的输入电阻,输出电阻等于最后一级的输出电阻。

牛刀小试显身手

一、填空题

1. 共发射极基本放大器兼有____和____作用。

2. 画放大器的直流通路时把____视为开路;画交流通路时把____和____视为短路。

3. 对于一个放大器,为提高它带负载的能力,其输出电阻要____为减轻信号源的负担,其输入电阻要____。

4. 在共射基本放大器中（NPN 管），若静态工作点设置偏高，易产生____失真，减小饱和失真的方法是使 R_b ____，Q 点____；静态工作点设置偏低，以引起____失真，此时，i_c 的____半周出现平顶，u_{ce}的____半周出现平顶。

5. 共集电极放大器又称____，它的特点是：电压放大倍数小于____而接近于____，输出电压与输入电压相位____，输入电阻____输出电阻____。

6. 在多级放大器中____耦合和____耦合，能使各级的静态工作点相互独立，为使前后级能实现阻抗匹配，应采用____耦合，如需放大直流信号，应采用____耦合。

二、判断题（对的画√，错的画×）

1. 放大器的输出电阻与负载电阻有关。（　）
2. 计算放大器的电压放大倍数，必须是在不失真的情况下。（　）
3. 放大器工作时，电路中同时存在直流分量和交流分量。（　）
4. 放大器的静态工作点稳定后，就不会受外界因素的影响。（　）
5. 共射基本放大器中（NPN 管）u_i 为正弦信号时，U_O 负半周出现平顶，表明放大器出现截止失真。（　）
6. 采用分压式偏置放大器，主要目的是为了提高输入电阻。（　）
7. 射极输出器电压放大倍数小于 1，接近于 1，所以射极输出器不是放大器。（　）
8. 两级阻容耦合放大器的电压放大倍数，等于两个单级放大器单独工作时的电压放大倍数的乘积。（　）
9. 直流放大器各级间耦合，可采用变压器耦合。（　）
10. 共发射极电路既有电压放大作用，也有电流放大作用。（　）
11. 共集电极放大电路，输入信号与输出信号相位相同。（　）
12. 多级放大电路，要求信号在传输的过程中；失真要小。（　）

三、选择题

1. 电压放大器的空载是指（　）。

A. $R_O=0$　B. $R_L=0$　C. $R_L=\infty$

2. 放大器的交流通路是指（　）。

A. 电压回路　B. 电流回路　C. 交流信号流过的路径

3. 某放大器的电压放大倍数 $A_O=-100$，其负号表示（　）。

A. 同相放大　B. 反相放大　C. 衰减

4. 在放大器中，为了使工作于饱和状态的三极管进入放大状态，可采用（　）。

A. 减小 I_b　B. 提高 U_{CE} 的绝对值　C. 减小 R_C 的值

5. NPN 型三极管放大器中，当集电极电流增大时，则晶体三极管（　）。

A. 基极电流不变

B. 集电极与发射极间电压 U_{CE} 下降

C. 集电极与发射极间电压 U_{CE} 上升

6. 放大器的静态工作点是指输入信号（　）三极管的工作点。

A. 为零时　B. 为正时　C. 为负时　D. 很小时

7. 放大器与负载之间要做到阻抗匹配，应采用(　　)耦合。

A. 阻容　　B. 变压器　　C. 直接

8. 阻容耦合放大器(　　)。

A. 只能传递直流信号　　B. 只能传递交流信号

C. 直流信号交流信号都能传递

9. 直接耦合放大器(　　)。

A. 只能传递直流信号　　B. 只能传递交流信号

C. 直流信号交流信号都能传递

四、简答题

1. 什么是放大器的直流通路？什么是放大器的交流通路？
2. 简述分压式偏置电路稳定静态工作点的原理。
3. 根据射极输出器的特点，简述其在电子电路中的应用。
4. 在多级放大器中，射极输出器如用于第一级或最后一级，各起什么作用？

项目四　分析、安装、调试振荡电路

大家想不想自己做一个声控音乐门铃呀？或者做一个熄火报警电路？

本项目要制作熄火报警电路和声控音乐门铃。实质它们都是一个音频信号自激振荡器。与前面介绍的放大器不同的是，自激音频振荡器不需外加音频信号，而是振荡器本身就能自己激发、产生音频信号，推动扬声器发出声音。

制作这两个电路，用到了“正反馈”电路，就需要了解“反馈”及“负反馈”、“正反馈”的知识概念。反馈技术是电子电路中应用比较广泛的电子技术，读者应该很好地掌握这一知识和技术。

1. 知道反馈的概念。
2. 学会正反馈和负反馈的判断方法。
3. 知道正反馈和负反馈在电路中的应用。
4. 弄清自激振荡器的有关知识。

技能目标

1. 正确判别相关元器件及其参数。
2. 学会使用电烙铁焊接及锡焊技术。
3. 学会电子熄火报警电路和声控音乐门铃的组装与调试。

任务一　反馈的基本概念

(1)知道什么是反馈。

(2)会判断正反馈和负反馈。

知识 1　反馈的基本概念

反馈：在放大电路中，从输出端把输出信号的部分或全部通过一定的方式回送到输入端的过程称为反馈。反馈放大器构成如图 4-1 所示。

反馈电路：用于反向传输信号的电路称为反馈电路或反馈网络。

反馈放大电路：凡带有反馈环节的放大电路称为反馈放大电路。

净输入信号:输入信号与反馈信号叠加得到净输入信号。

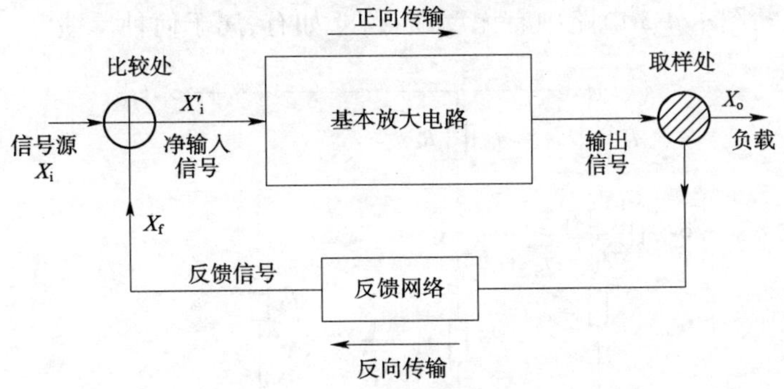

图 4-1　反馈放大器结构示意图

反馈放大器与基本放大器的区别:

(1)输入信号是信号源和反馈信号叠加后的净输入信号。

(2)输出信号在输送到负载的同时,还要取出部分或全部再回送到原放大器的输入端。

(3)引入反馈后,使信号既有正向传输也有反向传输,电路形成闭合环路。

知识 2　反馈的基本类型

1. 正反馈和负反馈

正反馈:反馈信号起到增强输入信号的作用。

负反馈:反馈信号起到削弱输入信号的作用。

采用瞬时极性法判断是正反馈还是负反馈。

瞬时极性法:先在放大器输入端设定输入信号对地的极性为"+"或"-",再依次按相关点的相位变化情况推出各点信号对地的交流瞬时极性,再根据反馈到输入端的反馈信号对地的瞬时极性判断,若使原输入信号减弱是负反馈,使原输入信号增强是正反馈。

【例 4-1】　试判断图 4-2 所示电路的反馈是正反馈还是负反馈。

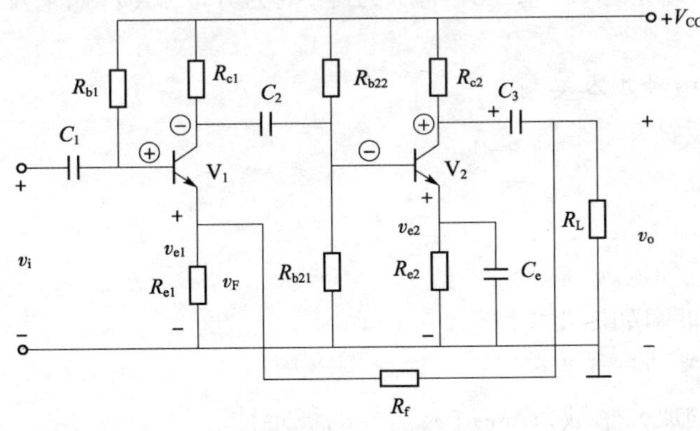

图 4-2　反馈放大器电路图

解:假定两级放大器输入端信号极性为上正下负,即 V_1 基极对地的极性为"+",集电极倒相后对地极性为"-",即 V_2 集电极输出为"+",通过 R_f 反馈至 R_{e1} 的电压对地极性为

“+”,则净输入量 $v_{be}=v_i-v_f=v_i-v_{e1}$ 减小,可判断该反馈为负反馈。

【例 4-2】 判断图示 4-3 电路中有无反馈存在,如有,属于何种反馈?

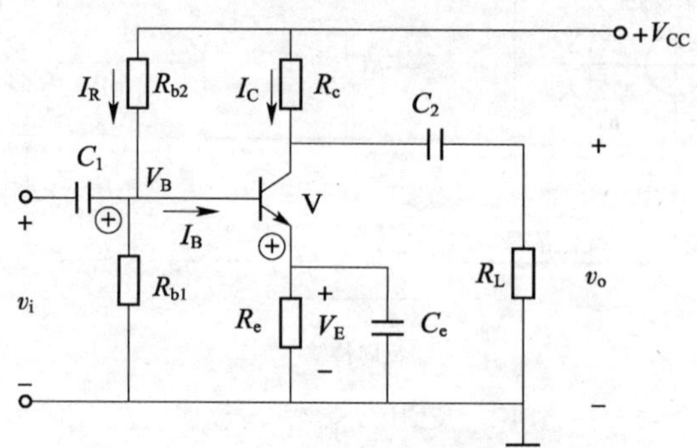

图 4-3 反馈放大器电路图

解:反馈元件 R_e 并联了旁路电容 C_e,为交流信号提供了通路,消除了交流反馈的条件,所以放大器只有直流反馈。

用瞬时极性法判断如下:设 V_B 某一时刻上升,则

$$\rightarrow V_{BE}\uparrow \rightarrow I_C\uparrow \rightarrow I_E\uparrow \rightarrow V_E\uparrow \xrightarrow{V_B\text{不变}} V_{BE}\downarrow$$。故为负反馈。

2. 电压反馈与电流反馈

电压反馈:反馈信号取自输出电压,并与输出电压成正比。

电流反馈:反馈网络的输出信号与输出电流成正比。

判断方法:设想把输出端短路,如果反馈信号消失,则为电压反馈。如反馈信号依然存在,则为电流反馈。

3. 串联反馈和并联反馈

串联反馈:放大器的净输入电压 X_i' 是由信号源电压 X_i 与反馈电压 X_f 串联得到的。

并联反馈:放大器的净输入电压 X_i' 是由信号源电压 X_i 与反馈电压 X_f 并联得到的。

判断方法:把输入端短路,如果反馈电压为零,则为并联反馈;如果反馈电压仍存在,则为串联反馈。

4. 反馈放大器的四种基本类型

(1)电压串联负反馈。

(2)电压并联负反馈。

(3)电流串联负反馈。

(4)电流并联负反馈。

四种反馈电路的框图如图 4-4 所示。

5. 负反馈对放大器的性能影响

(1)降低放大器的放大倍数,提高放大信号的稳定性。

(2)减小非线性失真。

(3)展宽频带。

(4)对输入电阻和输出电阻的影响。

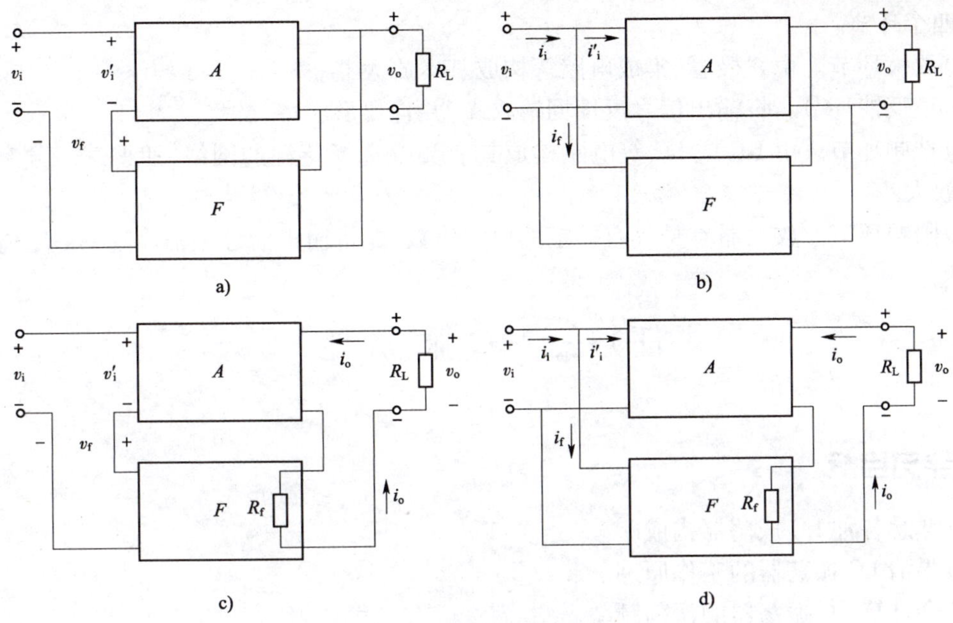

图 4-4　反馈放大电路框图

任务二　自激振荡器的基本知识

学习目标

(1)知道自激振荡必须满足的两个条件。

(2)弄清自激振荡器应具备的四个环节。

知识 1　自激振荡器必须满足的两个条件

正反馈的一个重要用途是产生自激振荡,制作振荡器。

振荡器是一种能量转换装置,它无须外加信号就能自动把直流电能转换成具有一定频率、一定振幅、一定波形的交流信号,这种装置又称为自激振荡器。

在反馈放大器组成框图中,如果引入的是正反馈,而且反馈环节中包含有选频电路,就构成自激振荡。

放大器要形成自激振荡,需满足下面两个条件。

(1)相位平衡条件:自放大器输出端反馈到输入端的信号要和原输入信号同相位,要求是正反馈。

(2)振幅平衡条件:反馈信号电压的幅值应等于原输入信号的幅值,即 $AF = \mathrm{I}$,其中 A 为基本放大器的放大倍数,F 为反馈网络的反馈系数。这就要求电路有足够的放大倍数和反馈量。

起振时要求 AF > I

知识 2　自激振荡器应具备的四个环节

自激振荡器的自激条件应在相位和幅值两个方面得到满足,为此,一个自激振荡器要包括下面四个环节。

(1)放大环节。由三极管、集成电路等构成基本放大器。

(2)正反馈环节。将输出信号反馈回输入端,并且要形成正反馈。

(3)选频环节。由RC或LC等电路构成具有频率选择特性的网络,使得某一频率信号被选择放大。

(4)限幅环节。放大器本身具有一定的放大倍数,能将输出信号振幅控制在一定值。

任务三 LC振荡器

(1)熟悉各种LC振荡器构成。

(2)弄清LC振荡器的工作原理。

(3)会计算LC振荡器的振荡频率。

知识1 变压器反馈式LC振荡器

1. 电路结构

变压器反馈式LC振荡器电路结构如图4-5所示。

反馈网络由二次线圈 L_2 和 C_b 组成,C_b 为隔直流的耦合电容。

2. 工作原理

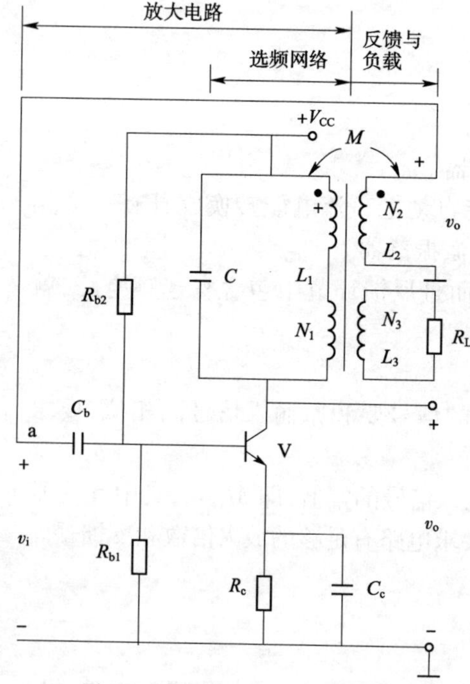

图4-5 变压器反馈式LC振荡器电路

(1)振荡器接通电源瞬间,电路各处电流电压都产生一个冲击,这个"电冲击"可以产生一个包含频率范围很宽的微弱信号。

(2)设某一瞬时基极电压极性为正,则集电极应为负,L_2 上端电压极性为正,反馈回基极的电压极性为正,满足相位平衡条件。只要变压器 L_1 与 L_2 匝数比恰当,即满足振幅起振条件。

以上是共射集电极调谐变压器反馈式振荡电路,此外还有共射基极调谐、共基射极调谐两种电路。

3. 特点

变压器反馈式振荡电路容易起振,振荡频率一般为几百赫至几千赫。

知识2 电感反馈式LC振荡器

1. 电路结构

三极管的三个电极分别与LC回路中 L 的三个点相连,故而得名,电路如图4-6所示。

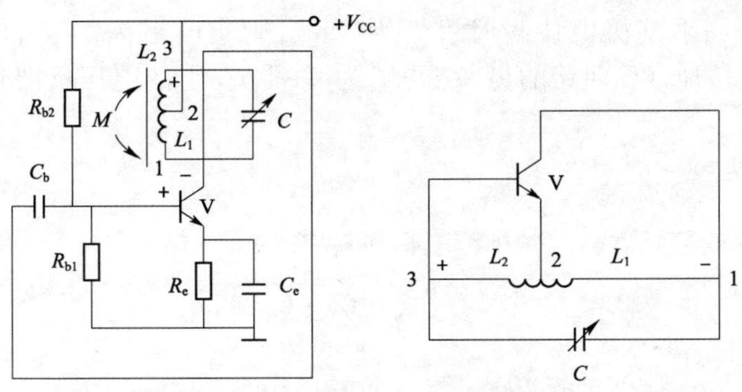

图 4-6　电感反馈式 LC 振荡器电路图

2. 工作原理

振幅条件:电感抽头位置选择适当,就能满足振幅起振条件。

相位条件:设基极电压瞬时极性为“+”时,则集电极为“-”,LC 回路另一端为“+”,反馈回基极为“+”,满足相位平衡条件。

电路能够起振,电路振荡频率为

$$f_0 = \frac{1}{2\pi\sqrt{(L_1 + L_2 + 2M)C}}$$

式中:M——线圈 L_1 与 L_2 之间的互感系数。

3. 特点

这种振荡电路易起振且振幅大,振荡频率可达几十兆赫。缺点是振荡波形失真较大。

知识 3　电容反馈式 LC 振荡器

电容三点式振荡电路如图 4-7 所示,在图 4-7b)的交流通路中,三极管的三个电极与电容支路的三个点相接,故而得名。

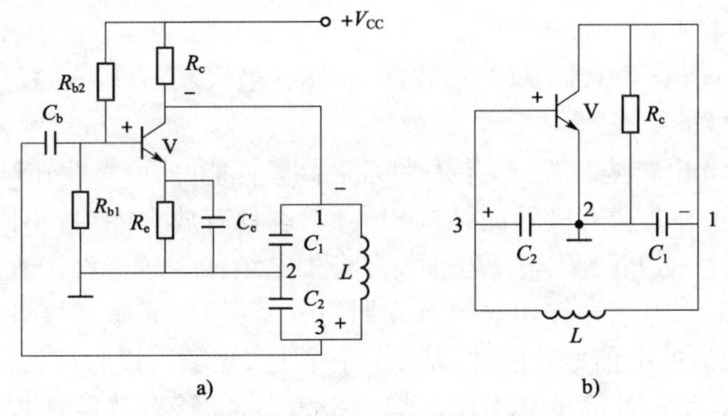

图 4-7　电容三点式振荡电路

1. 电路结构

与电感反馈式的区别:一是 LC 回路中,将电感支路与电容支路对调,且在电容支路中将电容 C_1、C_2 接成串联分压形式,通过 C_2 将电压反馈到基极;二是在集电极加接电阻 R_c,用以提供集电极直流通路。

2. 工作原理

振幅起振条件:适当的选择 C_1、C_2 的数值,改变反馈量,即可满足条件。

相位平衡条件：如果基极电位瞬时极性为“+”，则集电极为“-”，LC回路“1”端为“-”，C_1、C_2连接点接地，LC回路的另一端“3”为“+”，C_2上的电压反馈到基极为正，满足相位条件。

电路振荡频率为：

$$f_0=\frac{1}{2\pi\sqrt{L\frac{C_1C_2}{C_1+C_2}}}$$

3. 特点

该振荡电路的输出波形好，振荡频率可高达100MHz以上，缺点是频率范围较小。

三点式振荡器的组成法则：接在发射极与集电极，发射极与基极之间的电抗必须为同性质电抗，接在集电极与基极之间的电抗必须为异性质电抗。此法则可用来检查实际的三点式振荡电路是否正确。

任务四　制作熄火报警电路

(1)识别、检测、判断电子元件的能力。

(2)学会分析、安装、测试振荡电路。

(3)进一步熟悉仪表、工具的使用。

实训所需器材

(1)常用电子组装工具一套。

(2)仪器和仪表：信号发生器、双踪示波器、晶体管毫伏表、万用表、稳压电源。

1. 工作原理及电路

光敏器件是一种光电转换装置，具有灵敏度高、高频性能好、可靠性好和使用方便等优点。

其中，光敏三极管和普通三极管的结构相类似，也具有放大能力，不同之处是光敏三极管必须有一个对光敏感的PN结作为感光面，常将集电结作为感光结。在无光照射时，光敏三极管处于截止状态，无电信号输出。当有光照射其基极时，光敏三极管将导通，并从发射极或集电极输出放大后的电信号。因此，基于这种特性，光敏三极管广泛应用于各种光控电路中。如图4-8所示，是一种简单又实用的熄火报警器，能够有效监视炉火燃烧情况，在炉火熄灭时，自动发出强烈的报警信号。

该电路主要由光控开关部分和音频振荡报警部分组成。当燃气正常燃烧的时候，光敏电阻受火焰照射内阻很小，呈低阻状态，使VT_2、VT_3管均截止，这样就“封锁”了音频振荡电路而停振，扬声器不报警。当炉火熄灭，光敏三极管失去火焰照射而内阻大增，致使VT_2、VT_3管导通，使音频振荡器起振，输出音频振荡信号，经三极管VT_5放大后，直接推动扬声器发出响亮的报警声。

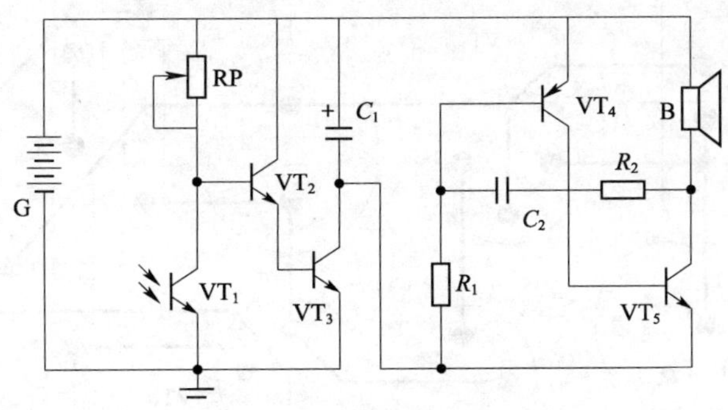

图 4-8　熄火报警器电路原理图

2. 熄火报警器元件清单

熄火报警器元件清单见表 4-1。

熄火报警器元件清单　　表 4-1

序　号	符　号	名　称	参　数
1	G	电源	1.5V×4
2	VT_1	光敏三极管	3DU
3	VT_2	三极管	9011
4	VT_3	三极管	9013
5	VT_4	三极管	3AX83
6	VT_5	三极管	9013
7	C_1	电解电容	100μF/10V
8	C_2	电容	0.033μF
9	R_1	电阻	47kΩ
10	R_2	电阻	1kΩ
11	RP	微调电位器	100kΩ
12	B	扬声器	8Ω

3. 元件装配图

熄火报警器元件装配图如图 4-9 所示。

4. 安装、调试与检测

(1)根据原理图,设计装配图,装配示意图如图 4-9 所示。

(2)按照装配图正确安装元器件。安装过程中要注意:三极管的管脚连接和电容的极性要正确。可以用万用表来测量判断。

(3)仔细核对检查元器件安装无误后,将各元件的引线刮净、上锡待用。用电烙铁焊接电路,注意将断口 A 和 B 也焊接起来。

(4)电路检查无误后,就可以通电测试,使用时将光敏三极管正对炉火或者是白炽灯,相距 30cm 左右,此时电路进入监视状态。一旦炉火或者白炽灯熄灭,报警器就会立即发出声音报警信号。

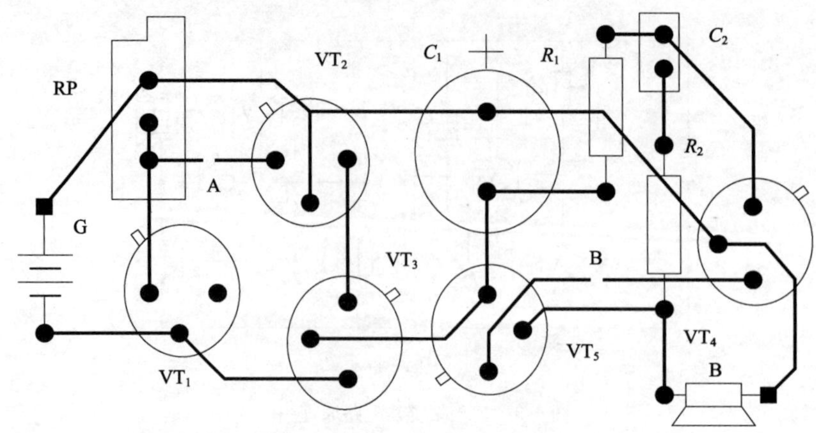

图4-9　熄火报警器元件装配图

5. 技能训练

(1)用电烙铁将断口A焊开,观察电路故障现象,并记录。

(2)将断口A焊接封上。用电烙铁将断口B焊开,观察电路故障现象,并记录。

(3)将断口B焊接封上。光敏三极管有光照和无光照的情况下,用万用表测量各三极管的管脚对地电压值,并将结果记录。

(4)将安装调试过程中出现的现象和解决方法记录下来。

6. 注意

(1)光敏三极管的选用不允许其电参数超过最大值,否则会缩短光敏三极管的使用寿命甚至烧毁三极管。

(2)所选光敏三极管的光谱响应范围必须与入射光的光谱范围相互匹配,以获得最佳的响应特性。

任务五　制作声控音乐电子门铃

学习目标

(1)识别、检测、判断电子元器件。

(2)学会分析实际应用电路。

(3)正确装接电路,提高焊接工艺。

(4)正确使用工具、仪表,检测并排除故障。

实训所需器材

(1)万用表一块。

(2)25W电烙铁一把,焊锡、松香少许。

(3)尖嘴钳、扁嘴钳、镊子各一把。

(4)万能电路板一块。

1. 工作原理及电路

声控音乐门铃电路原理图如图 4-10 所示，该电路由传感器、放大器和音乐门铃三部分电路组成。传感器 B_1 采用压电陶瓷片，它能将接收到的声音信号转换成电信号。电信号经过三极管 V_1 和三极管 V_2 两级放大后，V_2 的导通电流相当大，使音乐集成块触发端 2 接收到信号电流，音乐门铃开始工作。调节 R_1、R_2 可提高声控灵敏度。该电路不需要用继电器控制开关，只用三极管就可以控制音乐集成块触发器。

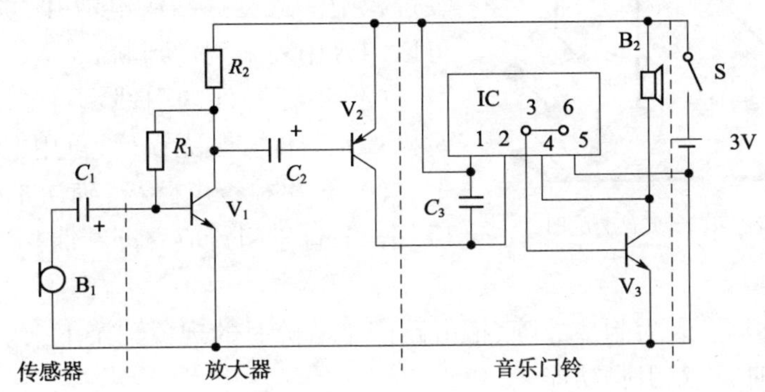

图 4-10 声控音乐门铃电路原理图

2. 声控音乐门铃元件清单

声控音乐门铃元件清单见表 4-2。

声控音乐门铃元件清单 表 4-2

序号	符号	名称	参数
1	B_1	压电陶瓷片	YF-27
2	C_1	电解电容	1μF/6.3V
3	C_2	电解电容	1μF/6.3V
4	C_3	瓷介电容	CTl 型 0.1μF
5	V_1、V_3	三极管	CS9013
6	V_2	三极管	CS9015
7	R_1	电阻器	560kΩ
8	R_2	电阻器	5.6kΩ
9	S	小型拨动开关	
10	IC	音乐集成片	
11	B_2	扬声器	8Ω
12	电源	3V	
13	助音腔	自制	

为了提高压电陶瓷片的灵敏度，可将它装在助音腔上。自制助音腔时可将压电陶瓷片和塑料瓶盖黏合，用聚苯乙烯溶液作黏结剂。绝缘板和塑料瓶盖的合拢，可用螺钉固定。

3. 元件装配图

声控音乐门铃元件装配图如图4-11所示。

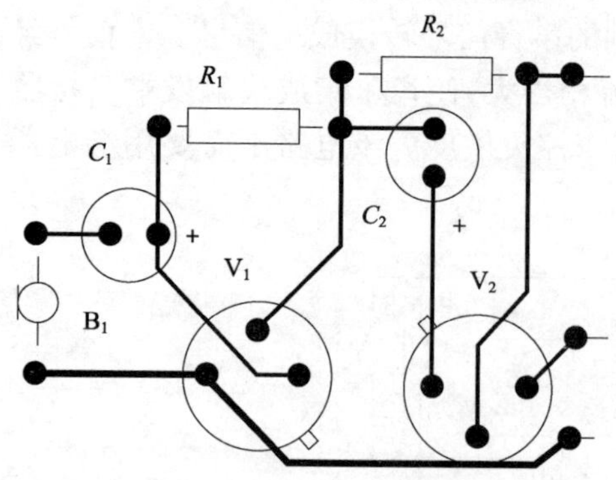

图4-11 声控音乐门铃元件装配图

4. 安装、调试及检测

(1)根据电路原理图,设计装配图,装配示意图如图4-11所示。

(2)按照设计好的装配图正确安装元器件,安装过程中注意:三极管、电池和电容的极性要正确。可以用万用表来测量判断。

(3)将各元件的引线刮净、上锡待用。仔细核对检查元器件安装无误后,再用电烙铁焊接。

(4)再次检查电路板,确认正确无误,装上电池后,击掌,音乐门铃应立即奏曲。

5. 技能训练

在印制电路板上,人为制造故障,把电路产生故障时的现象记录下来。

集成块安装时,注意引脚功能。

快乐学习一点通

同学们,本项目的学习结束了,我们是否还在回味声控音乐电子门铃给我们带来的美的享受?猜猜这里面谁的功劳最大?当然要属正反馈啦!别忘了记住以下知识点哦。

1. 反馈是电子电路中应用比较广泛的,所谓反馈是指将输出量送回到输入端,并对输入量产生影响的过程。

2. 在反馈放大器中,依据反馈信号使得"净输入信号"增大或者减小,将反馈分为正反馈和负反馈。

3. 正反馈和负反馈的判断,使用"瞬间极性法",经由反馈电路反馈回的信号瞬间极性如果使得输入端信号被增强,为正反馈;经由反馈电路反馈回的信号瞬间极性如果使得输入端信号被减弱,则为负反馈。

4. 正反馈主要用来产生自激振荡,获得一定波形、一定振幅和一定频率的输出信号;负反馈主要用来改善放大器的各项性能指标。

5. 振荡器要产生自激振荡,必须满足相位平衡和振幅平衡两个条件。为此,振荡器电路应具备放大、正反馈、选频和限幅四个环节。

6. LC振荡器是应用比较广泛的振荡器,由LC谐振电路构成选频和正反馈环节。根据LC谐振电路的不同组成,可分为变压器耦合式振荡器、电感三点式和电容三点式等几种电路形式。其振荡频率是LC谐振电路的谐振频率。

7. 熄火报警器/声控音乐门铃电路是自激振荡器的两个应用实例。通过组装电路,加深对振荡器电路的理解,也能进一步掌握工具、仪表的使用方法;掌握元器件的识别、判断方法及电子电路简单故障的处理方法与思路。

牛刀小试显身手

一、填空题

1. 放大器中的反馈是指将____量(电压或电流)的一部分或全部,通过____送回到输入端,并与____进行____的过程。

2. 放大器的特征是电路中存在____电路,反馈电路联系着放大器的____,并影响放大器的输入。

3. 在反馈放大器中,依据叠加而成的“净输入信号”的增大或者减小,将反馈分为____和____。

4. 正反馈和负反馈的判断,使用“____法”,经由反馈电路反馈回的信号瞬间极性如果使得输入端信号被____,为正反馈;经由反馈电路反馈回的信号瞬间极性如果使得输入端信号被____,则为负反馈。

5. 正反馈主要用来产生____,获得一定波形、一定振幅和一定频率的____;负反馈主要用来____放大器的各项性能指标。

二、选择题

1. 反馈放大电路中(　　)。
   A. 输入与输出之间有信号通路
   B. 存在反向传输的信号通路
   C. 除放大电路外,还有反向传输的信号通路

2. 负反馈放大电路中,反馈信号对原输入信号有(　　)作用。
   A. 增强　　B. 减弱　　C. 增强或者减弱

3. 自激振荡器必须满足(　　)条件。
   A. 相位平衡　　B. 振幅平衡　　C. 相位平衡和振幅平衡

4. 振荡器电路应具备(　　)环节。
   A. 放大和负反馈　　B. 选频和限幅　　C. 放大、正反馈、选频和限幅

5. LC 振荡器电路的选频环节,由(　　)构成。
   A. 电容器 C　　B. 电感器 L　　C. LC 选频网络

6. LC 振荡器中,为容易起振而引入的反馈属于(　　)。
   A. 负反馈　　B. 正反馈　　C. 电压反馈　　D. 电流反馈

三、简答题

1. 什么是反馈?

2. 什么是正反馈? 什么是负反馈?

3. 正、负反馈各有何用途?

4. 简述正、负反馈的判断方法?

项目五　分析、安装、调试集成运算放大器应用电路

大家在电路板上常看到一些小黑快，叫集成电路，它有什么功效呢，这个项目咱们来研究一下。

前面所讲的放大电路，都是用来放大一定频率范围的交流信号。但在电子技术中常需放大缓慢变化的信号。例如，为测量某一物体的温度，先用传感器将被测物体温度转换成电信号，由于温度的变化十分缓慢，转换成的相应电信号也是一个缓慢变化的信号。一般来说，转换成的电信号十分微弱，必须加以放大，才能推动测量仪器、记录机构或控制执行元器件的动作。这类信号不能用阻容耦合或变压器耦合的方式来放大，因为频率很低的信号将被电容或变压器所阻断，这时必须采用直接耦合的直流放大器。但在直接耦合放大电路中存在着“零点漂移”，而差分放大器就是一种能够有效地抑制零点漂移的直流放大器。本项目主要介绍直流放大器和集成运算放大器。

知识目标

1. 知道什么是直流放大器。
2. 弄清直接耦合放大器存在的两个特殊问题及能采用哪些措施得以改善。
3. 弄清差分放大器的工作原理。
4. 知道集成运算放大器的组成。
5. 学会复杂电路的分析方法。

技能目标

1. 能按电路图焊接组装电路。
2. 学会查阅手册，并通过电路分析查找故障点。
3. 熟练掌握仪器仪表的使用方法。
4. 弄清集成运算放大器管脚片排列顺序的识别方法。
5. 学会查阅资料，分析查找电路的故障点。
6. 能根据集成运放的功能特点设计实际电路。

任务一　直流放大器概述

学习目标

（1）弄清直接耦合放大器存在的两个特殊问题及在技术上采取的措施。

(2)知道什么是零点漂移及产生的原因、克服办法。

知识1　直流放大器与交流放大器的区别

直流放大器:用来放大缓慢变化的信号或某个直流量的变化的放大电路。

直流放大器的幅频特性如图5-1所示。阻容耦合放大器的幅频特性如图5-2所示。可见,直流放大器比阻容耦合放大器在低频端有更好的幅频特性。直流放大器也可放大交流信号。

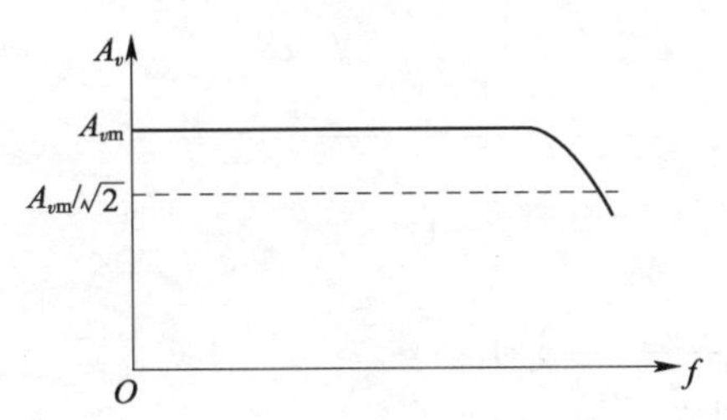

图5-1　直流放大器的幅频特性曲线

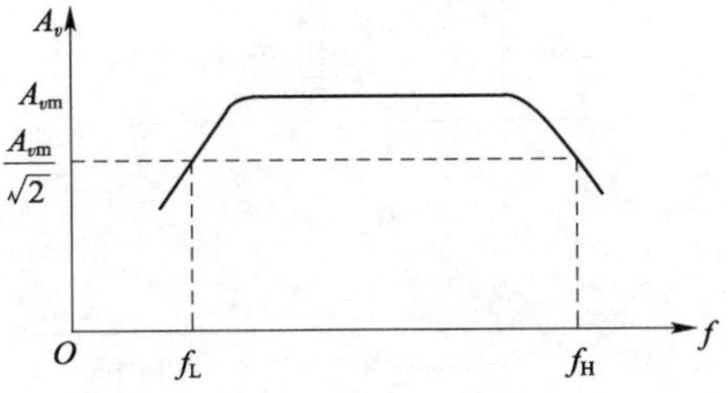

图5-2　阻容耦合放大器的幅频特性曲线

知识2　直流放大器前后级静态工作点的相互影响

两级直接耦合放大器工作点相互影响如图5-3所示。

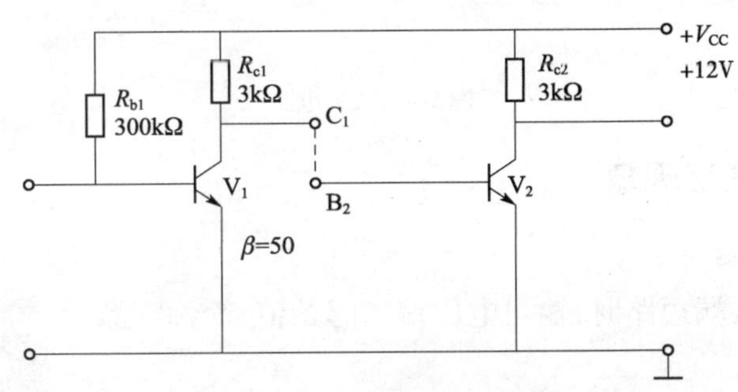

图5-3　两级直接耦合放大器

(1)C_1、B_2断开。计算放大器的静态工作点。V_1管处于放大状态。

$$I_{BQ1} \approx \frac{V_{CC}}{R_{b1}} = \frac{12\text{V}}{300\text{k}\Omega} = 40\mu\text{A}$$

$$I_{CQ1} = \beta I_{BQ1} = 50 \times 40\mu\text{A} = 2\text{mA}$$

$$V_{CEQ1} = V_{CC} - I_{CQ1}R_c = (12 - 2 \times 3)\text{V} = 6\text{V}$$

(2)C_1、B_2连接。$V_{BE2}=0.7\text{V}$,迫使$V_{CE1}=V_{BE2}=0.7\text{V}$。$V_1$管处于饱和状态,失去放大功能,而$V_2$处于深饱和状态。

改善电路如图5-4所示。

图5-4a)中在射极上加了电阻,可抬高V_2管的射极电位,因$V_{CE1}=V_{BE2}+V_{E2}$,这样,前级的V_{CE1}提高了。后级的V_{BE2}也有了合适的值,信号就可以放大并耦合到后级,不过,由于引入了电流负反馈,使放大器增益下降。

图5-4b)采用硅稳压管代替电阻，其电流负反馈作用很小。

图5-4c)采用NPN管和PNP管组成互补耦合电路，也能改善前后级工作点互相牵制。

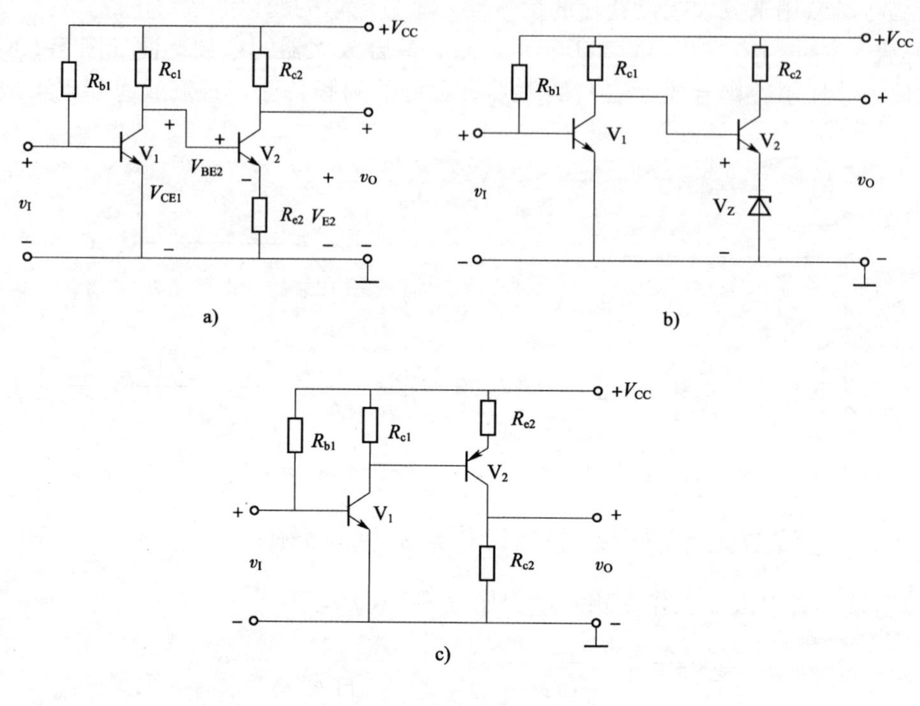

图5-4 改善电路

知识3 零点漂移现象

1. 什么是零点漂移

零点漂移：在输入端短路时，输出电压偏离起始值，简称零漂。

结论：

(1)第一级零漂所产生的作用最显著，因为它受到后面各级放大器放大。要减小零漂必须着重解决第一级。

(2)放大器总的放大倍数越高，输出电压的漂移越严重。

2. 零点漂移的表示方法

输入零漂：把输出端零点漂移电压除以放大器放大倍数，得到的数就是等效到输入端的零点漂移电压，简称输入零漂。

输入零漂确定了直流放大电路正常工作时，所能放大的有用信号的最小值。

3. 抑制零漂的措施

(1)选用稳定性能好的硅三极管作放大管。

(2)采用单级或级间负反馈来稳定工作点，以减小零点漂移。

(3)采用直流稳压电源，减小由于电源电压波动所引起的零点漂移。

(4)采用差分放大电路抑制零漂。

任务二 差分放大电路

学习目标

(1)知道差分放大电路组成及元件的作用。

(2)弄清该电路抑制零点漂移原理。

知识 差分放大电路的组成及工作原理

1. 对共模信号的抑制作用

差分放大电路如图 5-5 所示。

特点:左右电路完全对称。

原理:温度变化时,两集电极电流增量相等,即 $\Delta I_{C1}=\Delta I_{C2}$,使集电极电压变化量相等,$\Delta V_{CQ1}=\Delta V_{CQ2}$,则输出电压变化量 $\Delta V_O=\Delta V_{C1}-\Delta V_{C2}=0$,电路有效地抑制了零点漂移。若电源电压升高时,仍有 $\Delta V_O=\Delta V_{C1}-\Delta V_{C2}=0$,因此,该电路能有效抑制零漂。

共模信号:大小相等,极性相同的输入信号称为共模信号。

共模输入:输入共模信号的输入方式称为共模输入。

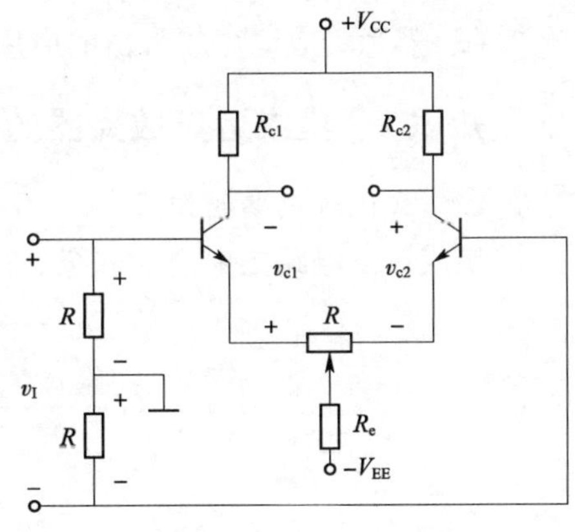

图 5-5 差分放大电路

2. 对差模信号的放大作用

基本差分放大电路如图 5-5 所示。

差模信号:大小相等,极性相反的信号称为差模信号。

差模输入:输入差模信号的输入方式称为差模输入。

在图 5-5 中:

$$v_{I1}=-v_{I2}=\frac{1}{2}v_I$$

$$v_{C1}=-v_{C2}=\frac{1}{2}A_v v_I$$

放大器双端输出电压为

$$v_o=v_{C1}-v_{C2}=\frac{1}{2}A_v v_I-(-\frac{1}{2}A_v v_I)=A_v v_I$$

差分放大电路的电压放大倍数为

$$A_{vd}=\frac{v_O}{v_I}=\frac{A_v v_I}{v_I}=A_v=-\beta\frac{R_c}{r_{be}}$$

可见它的放大倍数与单级放大电路相同。

3. 共模抑制比

共模抑制比 K_{CMR}:差模放大倍数 A_{vd} 与共模放大倍数 A_{vc} 的比值称为共模抑制比。

$$K_{CMR}=\frac{A_{vd}}{A_{vc}}$$

缺点:第一,要做到电路完全对称是十分困难的。第二,若需要单端输出,输出端的零点漂移仍能存在,因而该电路抑制零漂的优点就荡然无存了。

在两管发射极接入稳流电阻 R_e。使其即有高的差模放大倍数,又保持了对共模信号或零漂强抑制能力的优点。

任务三　集成运算放大器概述

(1)知道集成运算放大器的基本概念和使用常识。
(2)弄清集成运算放大器的基本运算电路。
(3)熟悉集成运算放大器的应用电路。

知识 1　集成运算放大器的基础知识

1. 集成运放电路的组成

集成运放电路主要由输入级、中间级、输出级和偏置电路四部分组成,如图 5-6 所示。

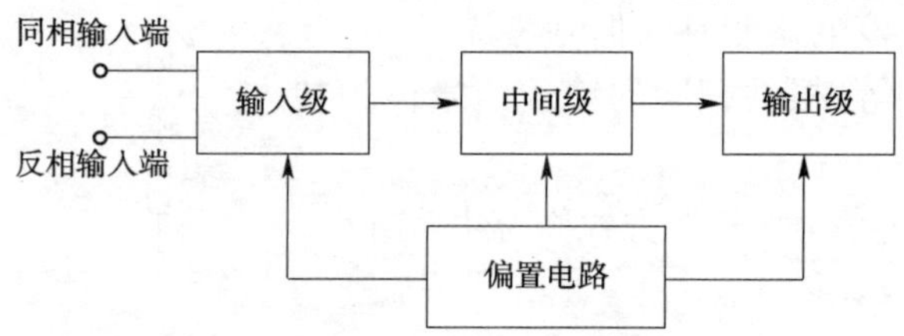

图 5-6　集成运放电路组成示意图

(1)输入级:由差分放大电路组成,有两个输入端。
①同相输入端:输入信号在该端输入时,输出信号与输入信号相位相同。
②反相输入端:输入信号在该端输入时,输出信号与输入信号相位相反。
(2)中间级:由高增益的电压放大电路组成。
(3)输出级:由三极管射极输出器互补电路组成。
(4)偏置电路:为集成运放各级电路提供合适而稳定的静态工作点。

2. 集成运放电路符号

集成运放电路符号如图 5-7 所示。

3. 集成运放的主要参数

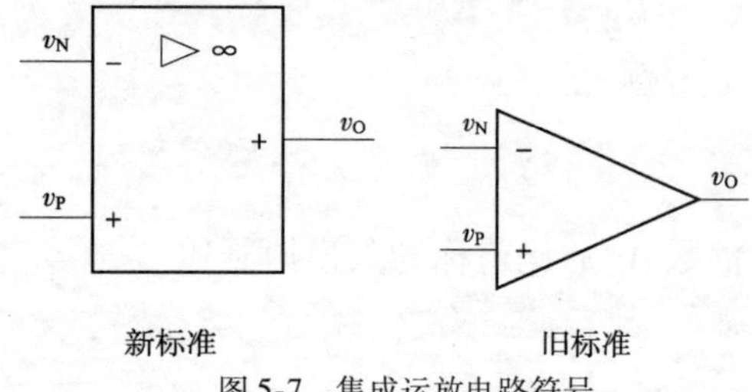

图 5-7　集成运放电路符号

(1)开环差模电压放大倍数 A_{VO}。无反馈时集成运放的放大倍数。

(2)输入失调电压 V_{IO}。当输入电压为零时,为了使放大器输出电压为零,在输入端外加的补偿电压,反映了运放的失调程度。V_{IO}越小,输入级对称性越好。

(3)输入失调电流 I_{IO}。输入信号为零时,运放两输入端的基极静态电流不相等,其差值称为输入失调电流 I_{IO}。数值越小,表明输入级管子 β 的对称性越好。

(4)共模抑制比 K_{CMR}。开环情况下,差模放大倍数 A_{VD} 与共模放大倍数 A_{VC} 之比,K_{CMR} 越大,运放对零漂的抑制能力越强。

(5)输出电压峰 - 峰值 V_{OPP}。放大器在空载情况下,输出的最大不失真电压的峰值。

4. 理想集成运放

理想运放的条件:

(1)开环电压放大倍数 $A_{VD}=\infty$。

(2)输入电阻 $r_i=\infty$。

(3)输出阻抗 $r_o=0$。

(4)共模抑制比 $K_{CMR}=\infty$。

5. 结论

(1)理想运放的两输入端电位差趋于零。

(2)理想运放的输入电流趋于零。

知识 2　集成运算放大器构成的基本运算电路

1. 反相比例运算放大器

(1)电路结构。反相比例运算放大器电路及其等效电路如图 5-8 所示。

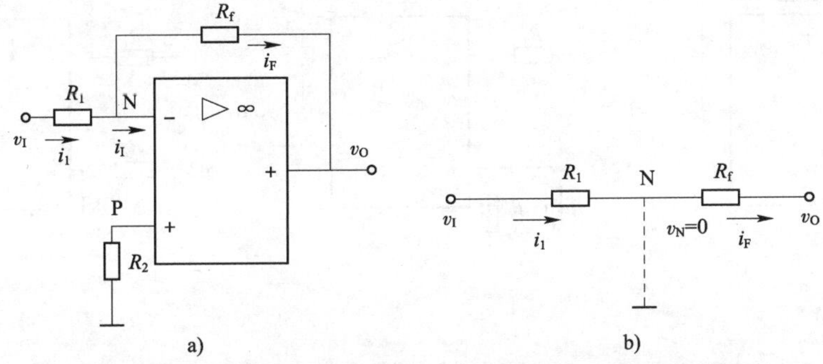

图 5-8　反相比例运算放大器电路及其等效电路图

R_f 引入电压负反馈。

虚短:N、P 两点电位相同,相当于短路,但内部并未短路,称为“虚假短路”。

虚地:N 端称“虚地”;并非真正“接地”,是反相输入运放的一个重要特点。

(2)闭环放大倍数 A_{VF}:

$$A_{VF}=\frac{v_O}{v_I}=-\frac{R_f}{R_1}$$

(3)结论:反相输入比例运算电路的闭环放大倍数 A_{VF} 只取决于外接反馈电阻 R_f 与输入端电阻 R_1 之比,与集成运放本身参数无关;输出电压与输入电压成比例关系,相位相反。

2. 同相比例运算放大器

电路结构。同相比例运算放大器电路如图 5-9 所示。

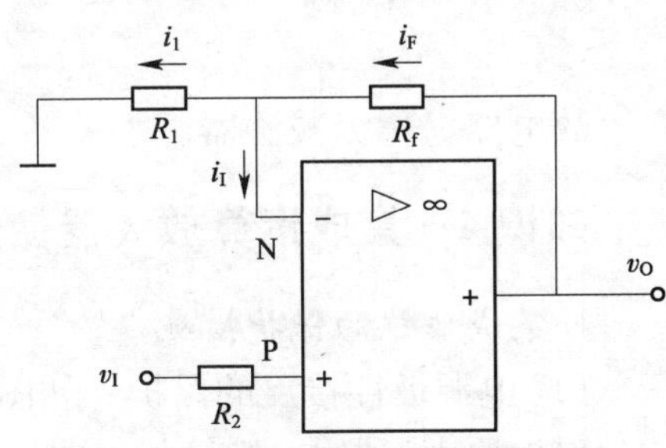

图 5-9　同相比例运算放大器电路图

知识3　集成运算放大构成的应用电路

1. 加法运算电路(加法器)

(1)电路组成如图5-10所示。

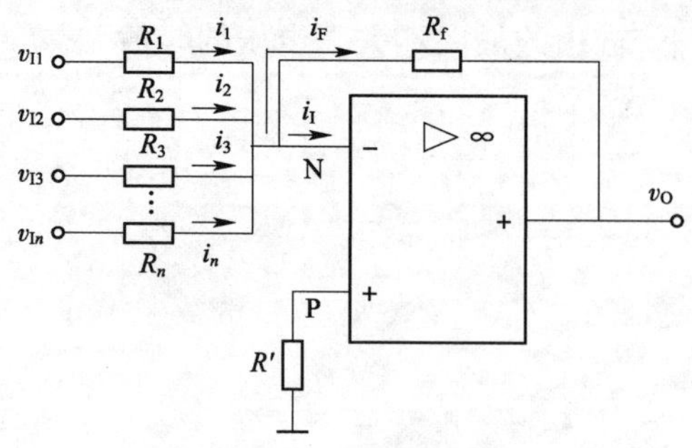

图5-10　加法运算电路图

(2)加法运算关系。在虚地点N,因 $i_I=0$,所以有

$$i_F=i_1+i_2+i_3+\cdots+i_n$$

整理可得

$$v_O=-R_f\left(\frac{v_{I1}}{R_1}+\frac{v_{I2}}{R_2}+\frac{v_{I3}}{R_3}+\cdots+\frac{v_{In}}{R_n}\right)$$

若取 $R_1=R_2=R_3=\cdots=R_n=R$,则

$$v_O=-\frac{R_f}{R}(v_{I1}+v_{I2}+v_{I3}+\cdots+v_{In})$$

如果 $R_f=R$,则

$$v_O=-(v_{I1}+v_{I2}+v_{I3}+\cdots+v_{In})$$

(3)结论:电路的输出电压等于各输入电压之和,完成了加法运算。

2. 减法运算电路(减法器)

(1)电路组成如图5-11所示。

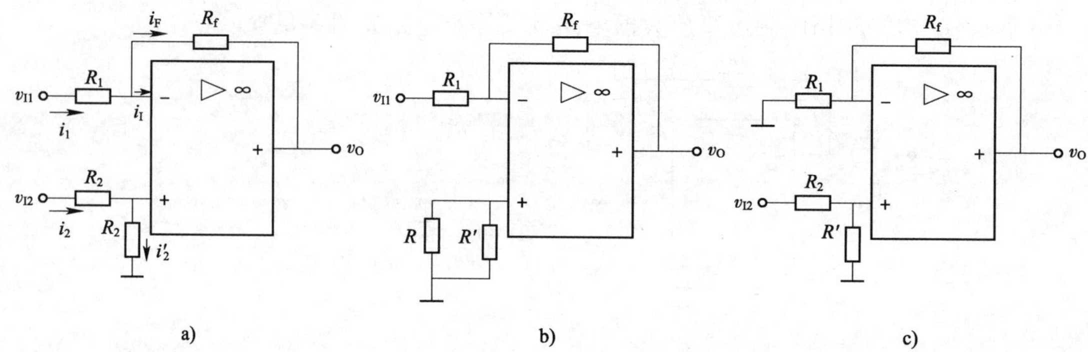

图5-11　减法运算电路图

减法运算电路是一个既有反相输入信号又有同相输入信号的双端输入的运算放大器电路。

(2)结论:输出电压正比于两个输入电压之差,该电路完成了减法运算。

该电路又可以看成差分运放电路。可由图5-11b)、c)输出电压可看成是两个输入电压分别作用于差分式减法运算器又叠加而成。

如果 $R_f=R_1$,则

$$v_O=v_{I1}-v_{I2}$$

故电路又称为减法器。

知识4　集成运算放大器使用常识

1. 集成运放的保护措施

(1)电源极性接反的保护。如图5-12所示,主要用于高电源电压的场合。

保护原理:利用二极管的单向导电性,当电源极性为正时,它正常导通;一旦电源极性接反，二极管反偏截止，电源不通，保护了运放。

(2)输入保护。保护如图 5-13 所示。

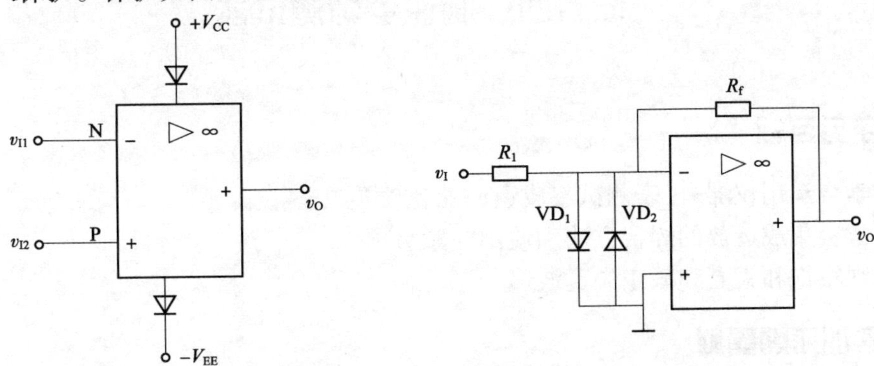

图 5-12　集成运放电源极性接反的保护电路　　　图 5-13　集成运放输入保护电路

无论输入信号的极性是正是负只要超过二极管导通电压，则 VD_1 或 VD_2 中就会有一个导通，导通压降为 0.7V 从而限制了输入信号的幅度，起到了保护作用。

2. 集成运放常见故障分析

(1)不能调零。出现这种故障是输出电压处于极限状态，或接近正电源，或接近负电源。如果这是开环调试，则属正常情况。当接成闭环后，若输出电压仍在某一极限值，调零也不起作用，则可能是接线错误、电路上有虚焊点或运放组件损坏。

(2)阻塞。

现象：运放工作于闭环状态下，输出电压接近正电源或负电源电压极限值，不能调零，信号无法输入。

原因：输入信号过大或干扰信号过强，使运放内的某些管子进入饱和或截止状态。

排除方法：断开电源再重新接通，或将两个输入端短接一下即能恢复正常。

(3)自激。

现象：工作不稳定，当人体或金属物靠近它时，表现更为显著。

原因：RC 补偿元件参数不恰当，输出端有容性负载或接线太长等。

排除方法：可重新调整 RC 补偿元件参数，加强正、负电源退耦合或在反馈电阻两端并联电容等。

3. 常见集成运放外形

常见集成运放外形如图 5-14 所示。

a)圆周封装

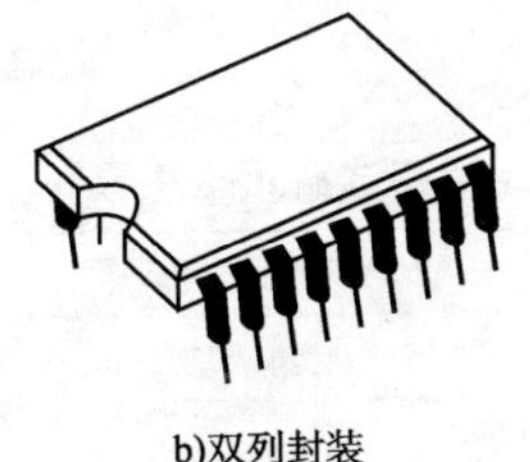

b)双列封装

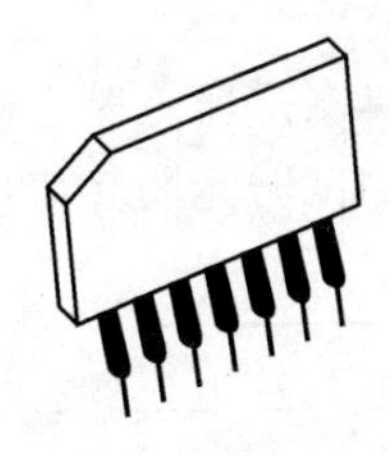

c)单列封装

图 5-14　常见集成运放外形图

任务四　制作逻辑测试器

学习目标

(1)学会运用仪器、仪表测试集成运放的各项参数。

(2)学会集成运放的焊接方法和使用注意事项。

(3)观察饱和失真和截止失真波形。

实训所需器材

(1)常用电子组装工具一套。

(2)仪器和仪表:信号发生器、双踪示波器、晶体管毫伏表、万用表、稳压电源。

1. 工作原理及电路

逻辑测试器用于检测电路中某点的高低电平状态。逻辑测试器的电路原理图如图5-15所示,调节 RP_1、RP_2 和 RP_3,使集成运放块 IM324 相应管脚得到不同的电压。用红绿2只发光二极管显示逻辑状态。当开关S选择高电平时,红色发光二极管亮,显示当前状态为逻辑1;当开关S选择低电平时,绿色发光二极管亮,显示当前状态为逻辑“0”。

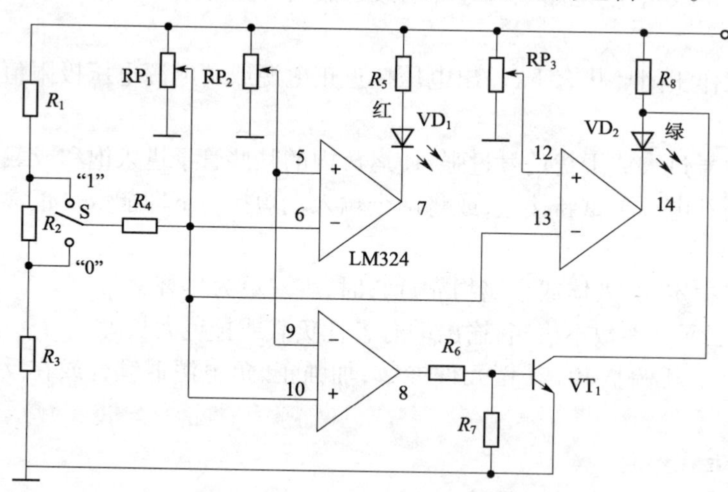

图5-15　逻辑测试器的电路原理图

2. 逻辑测试器元器件清单

逻辑测试器元器件清单见表5-1。

逻辑测试器元器件清单　　表5-1

序　号	符　　号	名　　称	参　　数
1	IC	集成块	LM324
2	RP_1	微调电位器	10kΩ
3	RP_2	微调电位器	15kΩ

续上表

序 号	符 号	名 称	参 数
4	RP_3	微调电位器	10kΩ
5	RP_1	微调电位器	10kΩ
6	VT_1	三极管	9013
7	VD_1	发光二极管	红色
8	VD_2	发光二极管	绿色
9	R_1	电阻	2.4kΩ
10	R_2	电阻	6.8kΩ

3. 安装、调试与检测

(1)根据电路原理图,设计装配图。

(2)按照设计好的装配图正确安装元器件。安装过程中要注意:三极管和电容的极性要正确。可以用万用表来测量判断。

(3)仔细核对检查元器件安装无误后,用电烙铁焊接电路。

(4)再次检查电路板,确认正确无误,接通5V电源。

(5)调节 RP_1、RP_2 和 RP_3,使集成块的第6脚电压为3V,第5脚为2V,第12脚为0.7V。

(6)把开关S拨在“0”处,绿色发光二极管应发光,表明显示逻辑“0”。

(7)把开关S拨在“1”处,红色发光二极管应发光,表明显示逻辑“1”。

4. 技能训练

(1)用万用表测量集成块LM324各管脚对地电压值,并将测量数据记录。

(2)用万用表测量集成块LM324各管脚对地电阻值,并将测量数据记录。

快乐学习一点通

同学们,第五个项目的学习结束了,回顾一下觉得有难度了吧,我们要敢于接受挑战,在享受挑战带来幸福的同时,不要忘记按照下面的知识要点进行反复练习哦。

1. 通过学习本项目能更好地理解和掌握差分放大器的工作原理。弄清差动放大器的共模信号、差模信号、共模放大倍数、差模放大倍数、共模抑制比。理想运放的特点和基本运算电路及电路的制作,分析运放电路的基本原则。

2. 基本运算电路:集成运放引入负反馈后可以实现模拟信号的比例、加减等基本运算。在分析基本运算电路时一般会用到“节点电流法”“迭加原理”及“虚断”和“虚短”等基本原理和概念,这些是分析电路的基础。

3. 电路制作:电路制作是一项对所学知识要求比较高的环节,它既要求读者对所学理论知识有感性方面的认识,同时又要求读者有很强的动手能力,因此它是综合能力的体现。

4. 熟练掌握直流稳压电源和信号发生器的使用方法;会用万用表测量两管的对地电压和用示波器观测波形。

5. 熟悉元器件装配工艺,学会排除电路的简单故障。

牛刀小试显身手

一、判断题(对的画√,错的画×)

1. 直流放大器能放大直流信号和交流信号。 ( )

2. 放大器的零点漂移是指输出信号不能稳定于零电压。 ( )

3. 直流放大器抑制零点漂移的主要措施是使用差分放大器。 ( )

二、填空题

1. 造成直流放大器零点漂移的两个主要原因是____和____。

2. 差模输入是指____,共模输入是指____,差分放大电路的共模抑制比____。共模抑制比越小,抑制零点漂移的能力越____。

3. 对差分放大电路而言,零点漂移可等效为输入____,有用的输入信号可视为____。

4. 根据所处理信号的不同,集成电路可分为____电路。

5. 理想集成运放的条件是____、____、____和____。

6. 集成运放构成的基本运算电路有____、____、____和____。

三、选择题

1. 直流放大器中的级间耦合通常采用( )。

A. 阻容耦合　　B. 变压器耦合　　C. 直接耦合　　D. 电感抽头耦合

2. 差分放大电路的作用是( )。

A. 放大差模信号,抑制共模信号　　B. 放大共模信号,抑制差模信号

C. 放大差模信号和共模信号　　D. 放大差模信号和共模信号都不放大

四、画图题

用一个理想运放和输入电阻 $R_1 = 15\text{k}\Omega$ 以及平衡电阻 R_2 和反馈电阻 R_f 组成一个放大倍数 $A_f = -5$ 的比例运放,请画出该电路图并计算 R_2 和 R_f。

项目六　分析、安装、调试功率放大器

大家想过没有，我们开会时，对着喇叭讲话，声音就大了，喇叭里有什么神器能把声音变大呢？这个项目咱们就研究一下，自己做一个放大器，好不好呀。

前面已介绍了许多电子电路，经过这些电路处理后的信号常常要送到负载去驱动一定装置。如使扩音机、扬声器发音，使电动机旋转，使继电器动作。这时要考虑的不仅是输出电压、电流的大小，而且还要有一定的输出功率。本项目主要讨论低频功率放大器。

知识目标

1. 了解对功率放大器的一般要求及其工作状态。
2. 会分析互补对称功率放大器。
3. 会用集成功率放大器。

技能目标

1. 学会对集成功率放大器管脚判别。
2. 会使用万用表测电压和用示波器观测波形。

任务一　功率放大器概述

学习目标

(1)熟悉功率放大器。
(2)了解功率放大器的基本要求。
(3)知道功率放大器的分类。

知识 1　低频功率放大器

前面讨论的低频电压放大器主要任务是把低频电压放大，输出功率不一定大。在现实生活中，常常要求多级放大器的末级能输出足够功率以驱动负载工作，这种以输出功率为主要目的的放大电路称为功率放大电路。在功率放大电路中使用的半导体功率三极管称为功率放大管，简称功放管。

知识 2　功率放大器基本要求

只要是放大器，都是能量转换电路，但不同放大电路的任务和要求不同。对电压放大电路要求是负载得到不失真电压波形,讨论的主要指标是电压放大倍数、输入电阻、输出电阻,而对功率没有特定要求。而对低频功率放大器则不同,它主要要求获得一定的不失真(或轻度失真)的输出功率。因而对它有如下一些特殊要求。

1. 要有较大的输出功率

为了有较大的输出功率,功放管的电压、电流都要有足够大的输出幅度,功放管往往在接近极限状态下工作,因而功率放大电路是一种大信号工作放大电路。

2. 效率要高

由于输出功率大,因而直流电源消耗的功率也大,效率问题就成为一个重要问题。所谓效率就是负载得到的有用信号功率 P_O 与电源供给的直流功率 P_E 之比,用 η 表示,这个比值越大效率越高,即相同直流功率条件下得到更多的交流有用功率。

3. 非线性失真要小

由于功放管工作于大信号状态,不可避免地产生非线性失真。对同一功放管,输出功率越大非线性失真越严重。但是在不同场合对非线性失真要求是不同的,例如,在测量系统和电声设备中对非线性失真有很高要求。而在控制电动机旋转方面则要求输出较大功率,对非线性失真就降为次要问题。

4. 功放管散热要好

在功率放大电路中,由于有相当大的功率消耗在管子的集电结上,结温和管壳温度会变得很高,因而要求功放管要有良好的散热措施。

知识3　功率放大器的工作状态

按功放管静态工作点的设置,功率放大器的工作状态可分为甲类放大状态、乙类放大状态、甲乙类放大状态,如图6-1所示。

1. 甲类放大状态

功放的静态工作点设置在三极管输出特性线性区,交流负载线中点,如图6-1a)所示,功放管在输入信号整个周期都处于放大状态。输出信号不失真,但效率太低,最高不超过50%,目前的功放几乎不采用这种工作状态。

2. 乙类放大状态

把功放的静态工作点设置在交流负载线上的截止区与放大区交界处,如图6-1b)所示,功放管仅在输入信号的半个周期内导通,输出为半波信号。如果采用两只功放管组合起来交替工作,则可以让它们的输出信号在负载上合成一完整全波信号。乙类功放几乎没有静态电流,管耗极小,所以效率高,可达75%以上,但由于乙类功放失真严重,目前采用的也不多。

3. 甲乙类放大状态

把功放的静态工作点沿交流负载线下移到接近截止区而仍在放大区,如图6-1c)所示。功放管导通时间略大于半个周期,输出波形比乙类失真小,输入信号为零时有较小的静态电流通过功放管,即有较小管耗,它的效率仍然较高。常采用互补对称电路或推挽电路来克服失真大的缺点,它是目前应用较广泛的一种电路。

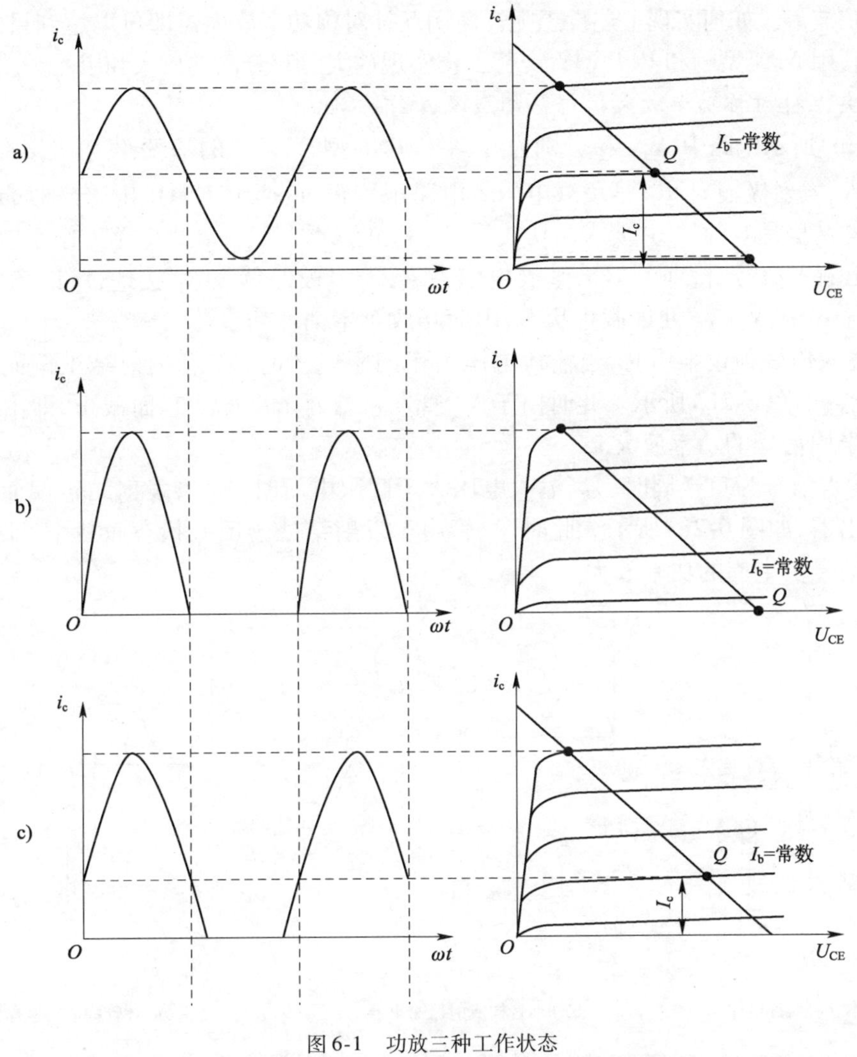

图 6-1　功放三种工作状态

任务二　互补对称功率放大器

(1)会分析乙类互补对称功率放大电路。
(2)知道产生交越失真原因。
(3)熟悉甲乙类、单电源互补对称功率放大电路。

知识 1　乙类互补对称功率放大器

如何消除乙类放大中的失真问题？一个有效的办法是，先用 2 只管子，使之都工作在乙类放大状态，但一只在正弦信号的正半周工作，而另一只在负半周工作，从而在负载上得到一个完整的正弦波形。如何实现上述设想呢？使用互补对称功率放大器即可以达到目的。这里的互补就是利用 NPN 型管和 PNP 型管交替工作实现放大。它分乙类放大和甲乙类放大两种。

1. 乙类互补对称功率放大器电路组成及工作原理

图 6-2a）所示电路中，V_1、V_2 分别为 NPN 和 PNP 型管，两管的基极、发射极接在一起，信号由基极输入，发射极输出，R_L 是负载电阻。电路采用正、负两组电源供电，分别加到两管集电极。电路的结构是对称的，并要求两功放管 V_1、V_2 的参数尽量一致。电路工作原理如下所述。

（1）无输入信号时，即 $u_i = o$，基极电位为零，发射极经负载 R_L 接地，所以功放管 V_1、V_2 发射结处于零偏，V_1、V_2 处于截止状态，因而功放管不消耗功率。

（2）输入信号为正半周时，当输入电压大于门限电压时，V_1 管发射结正偏而导通，成为射极输出器，如图 6-2b）所示。此时由于 V_2 管发射结处于反偏状态而截止，即由 V_1 管实现对输入正半周信号的功率放大。

（3）输入信号为负半周时。当输入电压大于门限电压时，V_2 管发射结正偏而导通，也成为射极输出器，如图 6-2c）所示。此时 V_1 管由于发射结处于反偏状态而截止，即由 V_2 管实现对输入信号负半周的功率放大。

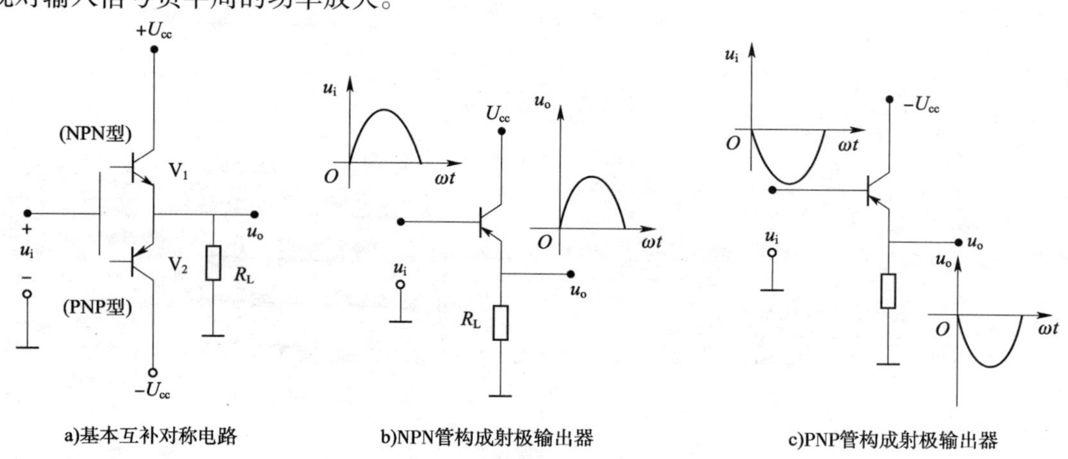

图 6-2　乙类互补对称功率放大原理图

这种由 NPN 型管和 PNP 型管相互配合，交替工作使负载获得几乎不失真的完整信号的电路，称乙类互补对称功率放大器。

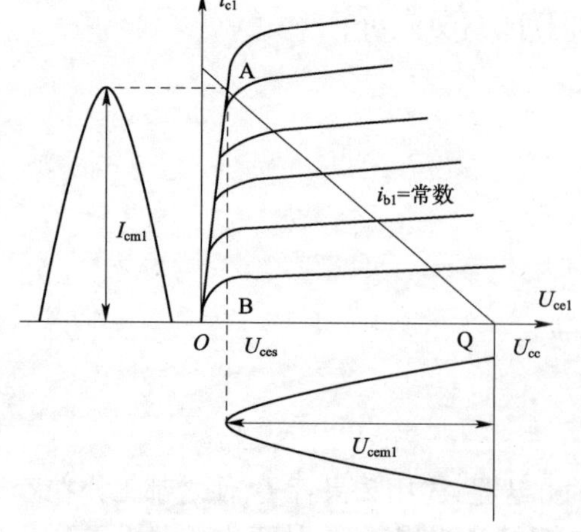

图 6-3　乙类功放工作波形图

2. 电路的分析

对于乙类功放，输入信号幅度可能很大，因而只能采用图解法分析，由于在互补对称功率放大电路中 V_1、V_2 交替对称地各工作于输入正弦信号的半个周期，因而分析 V_1 或 V_2 工作的半周情况，就可推知整个电路的电压、电流波形，现以 V_1 工作的半周为例进行分析，当 $u_i = 0$ 时，$i_{b1} = i_b = 0$，$i_{c1} = i_c = 0$ 和 $U_{ce1} = U_{ce}$ 电路工作于 Q 点，如图 6-3 所示。如输入信号足够大，则可求电流和电压的最大幅度。

知识2　甲乙类互补对称功率放大器

1. 交越失真

实际上乙类互补对称功放并不能使输出 u_o 很好地反映输入 u_i 的变化，由于没有直流偏置，三极管的 i_b 必须在 $u_i(t)$I 大于门限电压时才出现基极电流，功放才会有信号输出。即输入正弦信号在正负半周的交替过程中，两功放管都处于截止状态，输出信号的波形不跟随输入信号的波形变化而出现了失真现象，这种失真称交越失真，如图 6-4 所示。

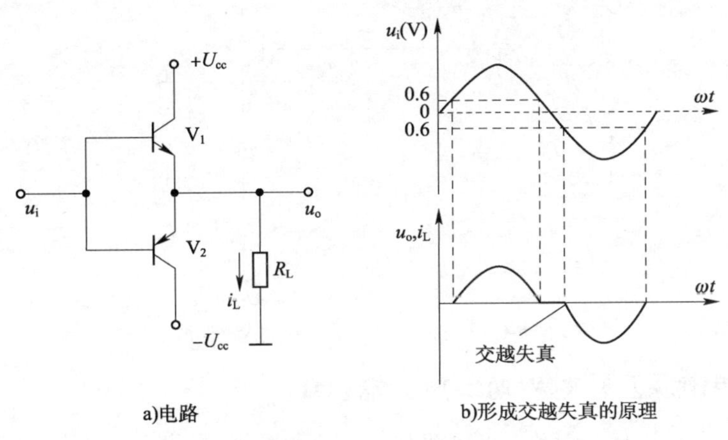

图 6-4　甲乙类互补对称功率放大电路及波形

2. 甲乙类互补对称功率放大器(OCL)

为消除交越失真而在乙类互补对称功放基础上设置一个偏置电路，在输入信号为 0 时使功放管在微导通状态，这种功放称甲乙类互补对称功放，如图 6-5 所示。三极管 V_3 与电阻 R_c、R_e 构成了功放管的前置放大级，它工作在甲类放大状态。D_1、D_2 是偏置电路，供给 V_1、V_2 两管一定的正向偏置电压，确保两管在静态时处于微导通状态，V_1、V_2 是互补对称的功放管。

静态时，V_3 管工作在甲类放大状态，有电流流过 R_c、D_1、D_2 和 V_3 的集电极。二极管 D_1、D_2 上的正向导通管压降恰好等于功放管 V_1、V_2 的发射结电压，使它们处于微导通状态。由于电路对称，V_1、V_2 的静态电流相等，因负载上无静态电流，输出为零。

当输入信号为正半周时，由于 V_3 的反相作用，集电极电位随之下降，使 V_1 发射结反偏而截止，V_2 发射结正偏而导通，集电极电流随之变化，此时输出信号为负半周。

当输入信号为负半周时，V_3 管集电极电位随之升高，V_2 发射结反偏而截止，V_1 发射结正偏而导通，集电极电流随之变化，此时输出信号为正半周。

由以上分析知，该电路基本清除了交越失真。这种电路更便于集成化。但由于电路采用直接耦合方式，若静态工作点失调或某些元器件虚焊，功放管就会有很大的集电极电流，因而要在输出回路中，接入熔断器，这样可以保护功放管和负载。

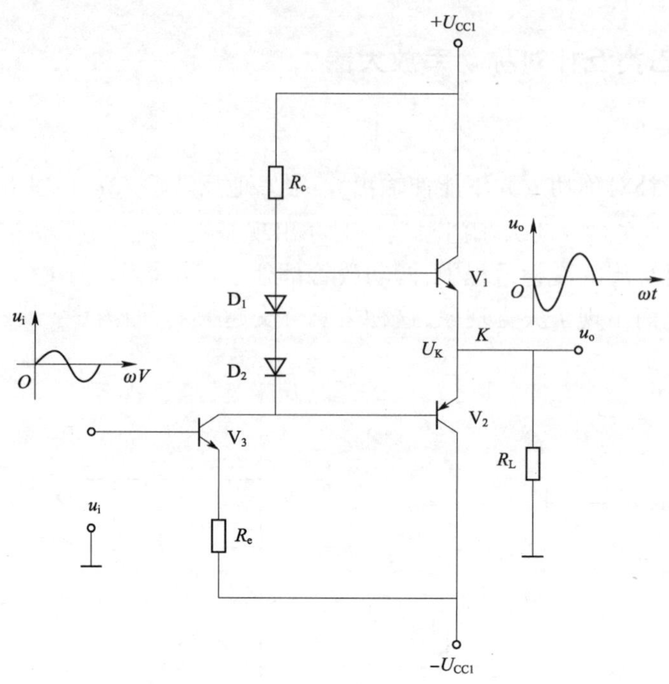

图 6-5　甲乙类互补对称功率放大电路图

知识 3　单电源互补对称功率放大器(OTL)

前面介绍了甲乙类互补对称功放要两组电源供电,为简化电源而提出了单电源互补对称功放电路。

图 6-6 所示为单电源互补对称电路,与双电源互补对称电路相似,图中 V_3 组成前置级放大,V_1、V_2 组成互补输出极。D_1、D_2 是偏置电路,目的是为清除交越失真而设置。一般只要 R_{b1}及 R_{b2}的阻值选择适当,就可使 $u_i = o$ 时 U_{b1}、U_{b2}达到所需大小,为 V_1、V_2 提供合适的偏置,而处于微导通状态,同时使 K 点电位 U_k 等于 U_{cc}的一半,C_b 是输入耦合电容,C 是输出端耦合电容,起到直流电源作用。R_1 是负载。

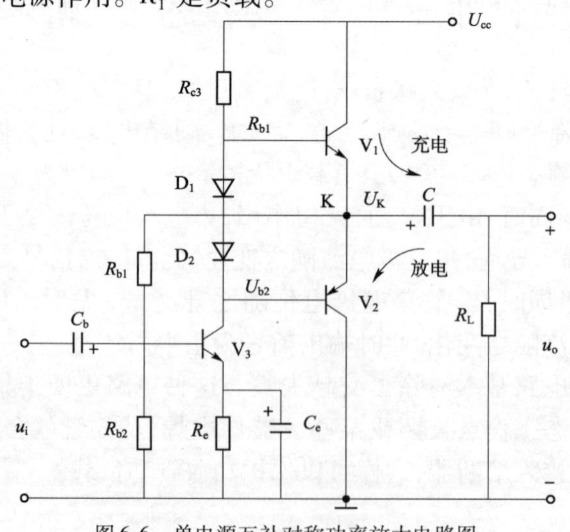

图 6-6　单电源互补对称功率放大电路图

在输入信号 u_i 为正半周时，V_2 管发射结正偏而导通，V_1 管发射结反偏而截止，切断了电源 U_{cc} 与负载 R_L 的联系。此时电容 C 放电，代替电源供给电能，有电流流过负载，这时负载上获得负半周信号。

在输入信号 u_i 为负半周时，V_2 管发射结反偏而截止，V_1 管发射结正偏而导通，V_1 的集电极电流随之变化，此时有电流通过负载，负载获得正半周信号。这时电容 C 充电，补充输出负半周时放电损失的电能。

由以上分析可知，在输入信号整个周期内，功放管 V_1、V_2 交替工作，负载上可得不失真的输出信号。

任务三　集成功率放大器

(1)知道集成功率放大器的特点。

(2)弄清集成功率放大器管脚排列及应用。

知识1　单片集成功率放大器8FY386

集成功率放大器与分立元器件组成的功率放大器相比，不仅体积小、质量轻、成本低、使用方便，而且在性能上也十分优越，其温度稳定性好、功率低、失真小、效率高，还具有多种保护性措施，可以防止电路和器件的损坏。集成功率放大器的品种较多，有单片集成功率组件，输出功率在1W左右；有由集成功率驱动器外接大功率管组成的混合功率放大器，输出功率可达几十瓦；近期产品又有VMOS功率场效应管，输出功率可达100W。

图6-7所示为8FY386外引线排列示意图，其中1和8脚为电压增益控制端，2和3为反相和同相输入端，4脚接地，5脚为输出端，6脚接电源 U_{cc}，7脚外接去耦电容端。

图6-8所示为8FY386的典型接线图，它接成OTL甲乙类功率放大器，带宽可达数百千赫兹，它广泛应用于收音机、对讲机和信号发生器中。

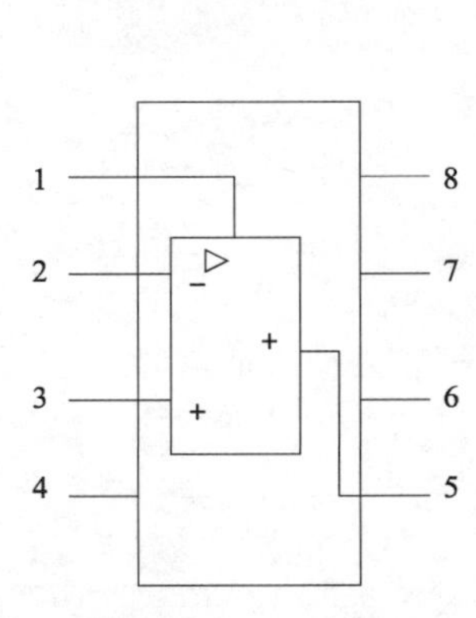

图6-7　8FY386外引线排列示意图

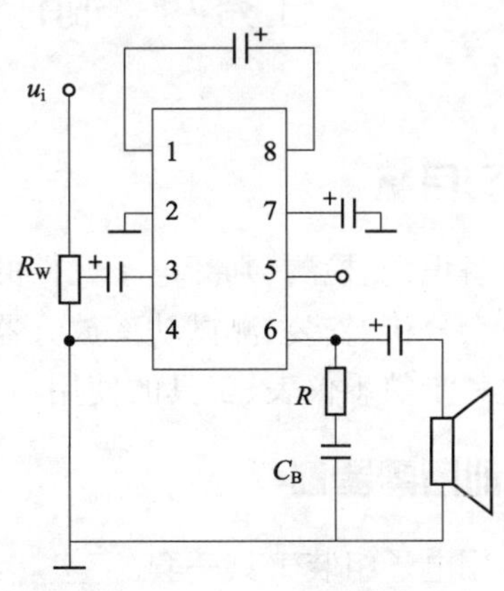

图6-8　8FY386的典型接线图

知识 2　用 TDA2030 组成的 OCL 电路

TDA2030 的外形和引脚排列如图 6-9 所示，它有 5 只引脚，外引线和外接元器件少，接线简单。它既可采用双电源组成的 OCL 电路，也可采用单电源供电构成 OTL 电路。集成电路内部有独特的短路和过热保护电路，能适应长时间连续工作。许多高质量音响设备都选用它作为音频功放电路。

图 6-10 所示为用 TDA2030 组成的应用 OCL 电路。输入信号 u_i 经输入耦合电容 C_1 送入同相输入端。R_1、R_2 构成负反馈。C_2 为反相输入端隔直电容。C_3、C_5 和 C_4、C_6 为电源滤波电容，防止电源引线太长时造成低频自激。R_4、C_7 为相位补偿网络，用于抵消负载中感抗分量。

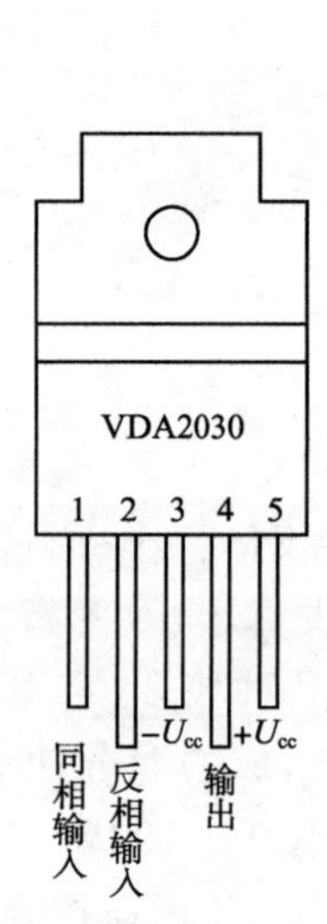

图 6-9　TDA2030 的外形和引脚排列示意图

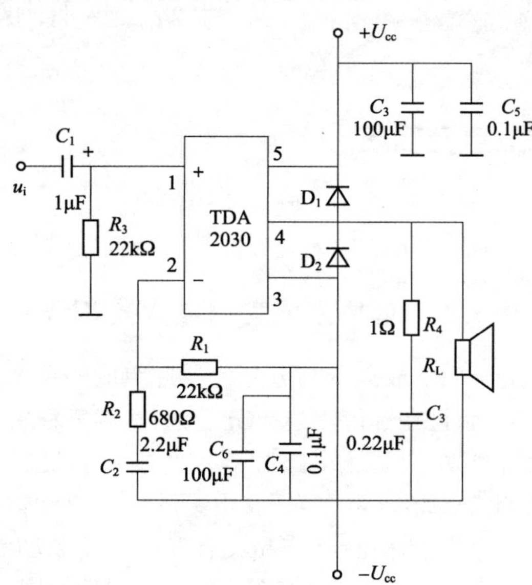

图 6-10　TDA2030 组成的应用 OCL 电路图

任务四　制作 OTL 低频功率放大器

学习目标

(1) 具备识别、检测、判断电子元件的能力。

(2) 学会分析、安装、测试功率放大器。

(3) 进一步熟悉仪表、工具的使用。

实训所需器材

(1) 常用电子组装工具一套。

(2) 仪器和仪表：信号发生器、双踪示波器、晶体管毫伏表、万用表、稳压电源。

1. 工作原理及电路

OTL 低频功率放大器是一种没有输出变压器的功率放大器，电路原理图如图 6-11 所示。

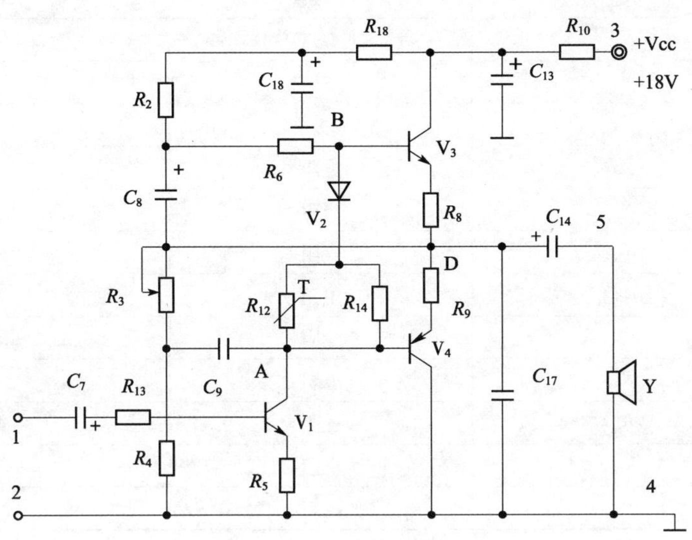

图 6-11　OTL 低频功率放大器

V_1 是推动管，V_3、V_4 是互补对称推挽功率放大管，实际上是两个共集电极组态的射极跟随器，其电压增益小于 1，功率增益主要靠它的电流增益来保证。互补对管的 β 值可在 50 ~ 250 内任意选择使用。OTL 功放电源是整流滤波后的 +18V 直流电压。C_9、C_{17}是防止高频自激的电容，C_{14}是输出耦合电容，一般容量较大。R_{10}、C_{13}、C_{18}组成滤波电路，使电路工作更稳定。

V_2、R_{12}、R_{14}为 V_3、V_4 提供直流偏置，V_{BA}在 1V 左右。R_{12}、R_{14}越大，V_{BA}越大，I_c 也就越大。R_2、C_8 组成自举电路，可以提高功率增益，减少失真。R_3、R_4 是 V_1 的上下偏置电阻。调节 R_3 可改变中点电压 V_D，使 V_D 为电源电压的一半，即 +9V。调节 R_{12}、R_{14}可消除交越失真。

2. OTL 低频功率放大器元件清单

OTL 低频功率放大器元件清单见表 6-1。

OTL 低频功率放大器元件清单　　表 6-1

序　号	符　号	名　称	参　数
1	C_7	电解电容器	4.7μF/16V
2	C_8	电解电容器	47μF/25V
3	C_{18}	电解电容器	100μF/25V
4	C_{14}	电解电容器	220μF/16V
5	C_{13}	电解电容器	220μF/25V
6	R_{12}	热敏电阻	330Ω
7	R_3	微调电位器	50kΩ
8	C_9	电容器	100pF
9	C_{17}	电容器	0.047μF

续上表

序 号	符 号	名 称	参 数
10	V_2	二极管	2CK84A
11	V_1	三极管	3DG1008
12	V_3	三极管	3DD325
13	V_4	三极管	3CD511
14	R_8、R_9	电阻	1Ω
15	R_5	电阻	15Ω
16	R_{10}	电阻	22Ω
17	R_{14}	电阻	62Ω
18	R_{18}	电阻	100Ω
19	R_2	电阻	390Ω
20	R_6	电阻	470Ω
21	R_{13}	电阻	2kΩ
22	R_4	电阻	5.1kΩ

3. 元件装配图

OTL 低频功率放大器元件装配图如图 6-12 所示。

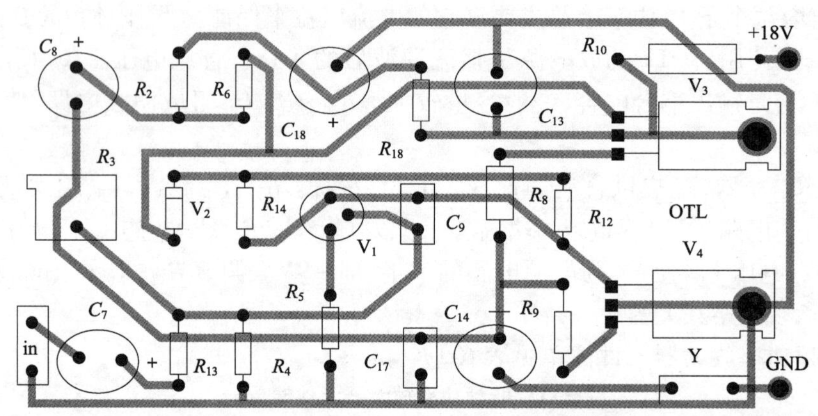

图 6-12 OTL 低频功率放大器元件装配图

4. 安装、调试与检测

(1)根据电路原理图,设计装配图。

(2)按照装配图正确安装元器件。安装过程中要注意:三极管和电容的极性要正确。可以用万用表来测量判断。

(3)仔细核对检查元器件安装无误后,用电烙铁焊接电路。要注意防止漏焊、错焊和搭锡。

(4)对照电路图和印制电路板,仔细核对元器件的位置是否正确,极性是否正确。

(5)短接输入端 1、2,接上 8Ω/2W 的负载电阻代替扬声器。

(6)接通电源(+18V),用万用表测量 V_3、V_4 中点 D 对地电压 V_D,调节 R_3,使该点电压

为 $0.5U_{cc}$。

(7)调整电阻 R_{14},在 V_3 的集电极电路接入万用表,用万用表测量该功放静态电流 I_c 为 5~20mA。

(8)用万用表测量低频功放各晶体管的静态工作电压并记录下来,正常后,拆去负载电阻,接上扬声器。

5. 技能训练

(1)用 8Ω/2W 电阻 R_L 代替扬声器。

(2)调节低频信号发生器,输出 1kHz/100mV 正弦音频信号。

(3)调节低频信号发生器的输出电压缓慢增大,直至放大器输出信号在示波器上的波形刚要产生切峰失真而又未产生失真时为止。用毫伏表测出输入电压和输出电压的大小,并记录下来。

快乐学习一点通

同学们,制作电路很有趣吧,现在你对功率放大器已经具有了初步认识,为了更好地了解各种功率放大器的应用及特点,体会自制 OTL 低频功率放大器时的惊喜,下面的这些知识点可是你最好的选择呦!如果我们理论知识扎实,就像游戏高手玩游戏掌握了技巧一样,我们制作的电路不用多次调试,就很容易成功。

1. 功率放大器是一种向负载提供大信号功率的电路。它具有输出功率大、工作效率高、非线性失真小的特点。由于功放管工作在大信号状态,所以分析方法常采用图解法。

2. 互补对称功率放大器是目前应用较为广泛的电路,它利用 NPN 和 PNP 型管,两管参数对称,特性互补。在输入信号作用下两管轮流导通,向负载提供相反方向电流,使输出电压形成完整正弦波形。消除交越失真,一般它给功放管加上适当偏置电路。互补对称功率放大器有两种形式,即 OTL 电路和 OCL 电路。

3. 集成功率放大器具有体积小、质量轻、成本低、安装调试简单、使用方便,在电路性能上也十分优越。

牛刀小试显身手

一、填空题

1. 对功率放大的要求主要有____、____、____、____。

2. 功率放大器的工作状态主要有____、____、____。

二、选择题

1. 对功率放大器最基本的要求是(　　)。

A. 输出信号电压大　　　　B. 输出信号电流大

C. 输出信号电压、电流均大　　　　D. 输出信号电压大、电流小

E. 输出信号电压、电流乘积大

2. 推挽功率放大器在正常工作过程中，晶体管工作在(　　)状态。

A. 放大　　B. 饱和　　C. 截止　　D. 放大或截止

三、简答题

1. 什么叫功率放大器？

2. 什么叫交越失真？如何消除？

3. 集成功率放大器的优点是什么？

项目七　分析、安装、调试串联型直流稳压电源

大家知道，有的用电器比如我们小时候玩的电子琴，用几节电池能工作，插到220V交流电源上也能工作，这是为什么？这个项目里咱们就来找一下原因。

交流电在产生、输送和使用方面有很多优点，因此发电厂所提供的电能几乎全是交流电，但在某些场合，必须使用直流电。如电解、电镀、直流电动机运行、交流发电机励磁、电子仪器、电信设备、自动控制、继电保护等。用干电池、蓄电池、直流发电机等或成本高，或体积大，或稳定度达不到要求。解决这个矛盾最经济简便的措施是将电力系统提供的交流电变换为所需的直流电。本项目研究广泛应用、性能良好、可调的串联型直流稳压电源。

知识目标

1. 知道串联型直流稳压电源组成。
2. 弄清串联型直流稳压电源原理。
3. 熟悉集成稳压器的型号及管脚排列。

技能目标

1. 会查阅资料选择元件。
2. 会用集成稳压器。

任务一　简单的串联型稳压电路

学习目标

(1)知道简单串联型直流稳压电源组成。
(2)弄清简单串联型直流稳压电源原理。

知识　简单的串联型稳压电路组成及原理

1. 电路组成

负载与起调整作用的三极管相串联，故称串联型稳压电路，如图7-1a)所示。

三极管V：NPN型，相当于一只受基极电流控制的可变电位器，利用其电压的变化来实现稳压。

2. 工作原理

假定输出电压V_O由于某种原因升高，因V_Z是稳定值，所以三极管的V_{BE}将减小，使I_B

减小，三极管集—射电压 V_{CE} 增大，由于 $V_O = V_I - V_{CE}$，因而抑制了输出电压 V_O 的升高，使其趋于稳定。

稳压过程可表示为

$$V_O \uparrow \rightarrow V_{BE} \downarrow \rightarrow I_B \downarrow \rightarrow V_{CE} \uparrow \rightarrow V_O \downarrow$$

若输出电压因某种原因下降时，其变化过程与此相反。

3. 稳压电路工作条件

稳压管 V_Z 的稳定是保证输出电压稳定的前提。可将串联型稳压电路改成典型射极输出器的电路，如图 7-1b）所示。

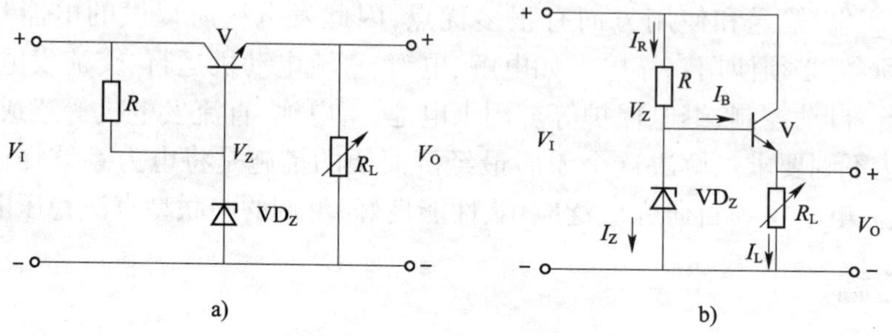

图 7-1　串联型稳压电路原理图

任务二　具有放大环节的串联型可调稳压电路

学习目标

（1）知道带有放大环节串联型直流稳压电源组成。

（2）弄清带有放大环节串联型直流稳压电源原理。

知识 1　具有放大环节的串联型可调稳压电路组成及原理

串联型可调稳压电源框图如图 7-2 所示。

1. 电路及各元件作用

组成：调整部分（调整管 V_1）、取样电路（R_1、R_2、R_P 组成分压器）、基准环节（稳压管 VD_Z 和 R_3 组成的稳压电路）、比较放大级（放大管 V_2 等）。

图 7-2 中，V_1：调整管，起电压调整作用。

V_2：比较放大管。

V_Z：稳压管，与限流电阻 R_3 组成基准电源，为 V_2 发射极提供基准电压。

R_1、R_2、R_P：组成取样电路，将输出电压的一部分取出加到 V_2 管的基极，与基准电压进行比较，其差值电压经过 V_2 放大后，送到调整管的基极，控制调整管的工作。

2. 稳压原理

（1）当电网电压升高或 R_L 增大时：

稳压过程为

$$V_I\uparrow\rightarrow V_O\uparrow\rightarrow V_{B2}\uparrow\rightarrow V_{BE2}\uparrow\rightarrow I_{B2}\uparrow\rightarrow I_{C2}\uparrow\rightarrow V_{B1}\downarrow\rightarrow I_{B1}\downarrow\rightarrow V_{CE1}\uparrow\rightarrow V_O\downarrow$$

可概括为

$$V_O\uparrow\rightarrow V_{CE1}\uparrow\rightarrow V_O\downarrow$$

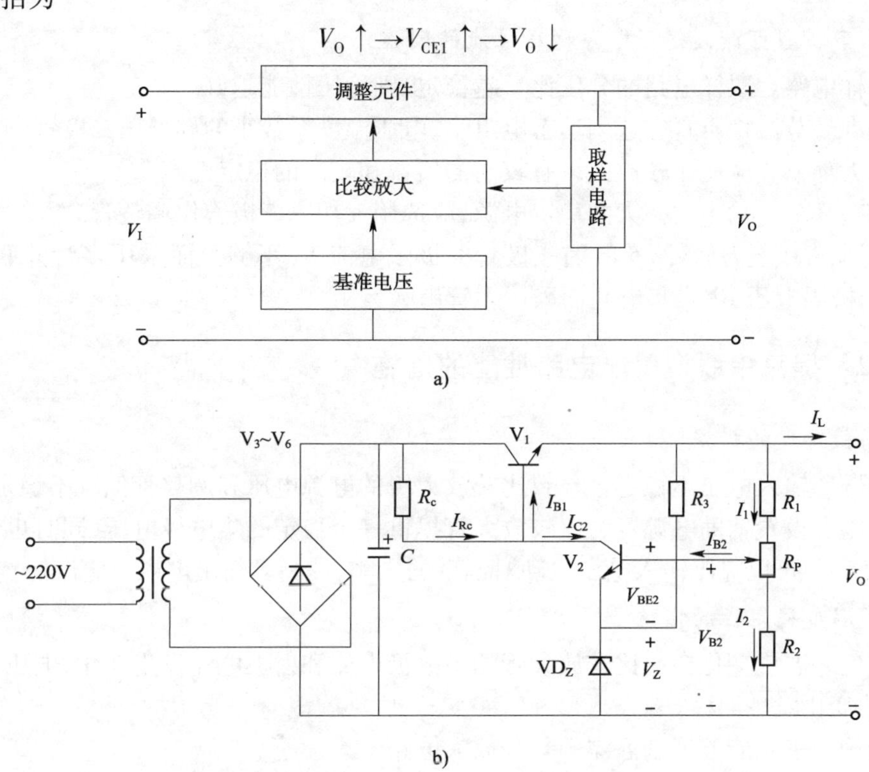

图 7-2　串联型可调稳压电源框图及原理图

(2)当电网电压下降或负载变重时：

稳压过程为

$$V_I\downarrow\rightarrow V_O\downarrow\rightarrow V_{B2}\downarrow\rightarrow V_{BE2}\downarrow\rightarrow I_{B2}\downarrow\rightarrow I_{C2}\downarrow\rightarrow V_{C2}\uparrow\rightarrow I_{B1}\uparrow\rightarrow I_{E1}\uparrow\rightarrow V_{CE1}\downarrow(R_L\downarrow)\rightarrow V_O\uparrow$$

可概括为

$$V_O\downarrow\rightarrow V_{CE1}\downarrow\rightarrow V_O\uparrow$$

3. 输出稳定电压的调节

由图 7-2b)可知，按分压关系，有

$$V_{B2}=\frac{R_2+R_{P(下)}}{R_1+R_2+R_P}V_O$$

整理得

$$V_O=\frac{R_1+R_2+R_P}{R_2+R_{P(下)}}(V_Z+V_{BE2})$$

式中：$R_{P(下)}$——可变电阻抽头下部分阻值。

因 $V_Z\gg V_{BE2}$，则

$$V_O=\frac{R_1+R_2+R_P}{R_2+R_{P(下)}}V_Z$$

式中，$\frac{R_2+R_{P(下)}}{R_1+R_2+R_P}$为分压比，称为取样比，用 n 表示，则

$$V_O = \frac{V_Z}{n}$$

4. 影响串联型可调式稳压电源稳压性能的因素

(1)取样电路。取样电路的分压比 n 越稳定,则稳压性能越好。

(2)基准环节。稳压管应选用动态电阻小、电压温度系数小的硅稳压二极管。

(3)放大环节。应使比较放大级有较高的增益和较高的稳定性。

(4)调整环节。输出功率大的稳定电源,应选用大功率三极管作调整管。

调整管除常用复合管外,有时因三极管的极限电流 I_{CM} 不够大而采用多管并联;或因三极管允许的极限电压 BV_{CEO} 不够高而采用多管串联运用。

知识 2　提高串联型稳压电路性能的措施

1. 提高稳定度的措施

(1)问题。输入电压不稳定会导致比较放大级的电源电压和调整管偏流不稳定。

(2)措施。设置辅助电源可为比较放大管提供一个稳定的集电极电压,同时也为调整管提供稳定偏流。可以克服输入电压波动对两者的影响,提高了输出电压稳定度。

2. 提高温度稳定性的措施

(1)温度。温度变化会使比较放大管的集电极电流和射极电流发生变化,电压输出电压将随温度的变化发生漂移。

(2)措施。采用能够抑制温漂的差分放大电路。

任务三　集成稳压器及应用电路

(1)认识各种型号集成稳压器。

(2)会应用各种型号集成稳压器。

知识 1　固定式三端集成稳压器

1. 特点

输出电压固定,外引线有输入、输出和接地三个端子。

2. 型号和规格

W7800 系列是三端固定正电压输出的集成稳压器。

W7900 系列是三端固定负电压输出的集成稳压器。

系列序号的最末两位数表示标称输出电压值。如 W7812。

W7800 和 W7900 系列的外形及管脚排列如图 7-3 所示。

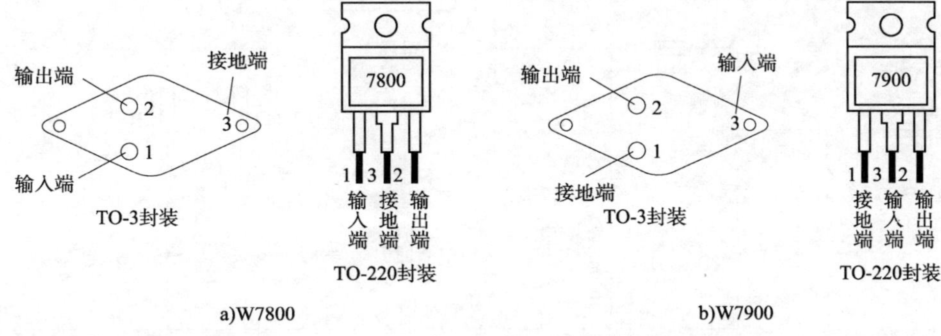

图 7-3　W7800 和 W7900 系列的外形及管脚排列图

3. 主要性能参数(W7800 系列)

(1)最大输入电压 V_{Imax}。稳压器正常工作时所允许输入的最大电压。

(2)输出电压 V_{O}。稳压器正常工作时,能输出的额定电压。

(3)最大输出电流 I_{Omax}。保证稳压器安全工作时允许输出的最大电流。

(4)电压调整率 S_{V}:

$$S_{\mathrm{V}}=\frac{\Delta V_{\mathrm{O}}/V_{\mathrm{O}}}{\Delta V_{\mathrm{I}}}\times 100\%$$

输入电压每变化 1V 时输出电压相对变化值$\Delta V_{\mathrm{O}}/V_{\mathrm{O}}$ 的百分数。此值越小,稳压性能越好。

(5)输出电阻 R_{o}。在输入电压变化量ΔV_{I} 为零时,输出电压变化量ΔV_{O} 与输出电流变化量ΔI_{O} 的比值。

4. 典型应用电路

图 7-4 所示为三端固定式稳压器的一般接法。输入、输出端并联高频旁路电容。接线时,管脚不能接错,公共端不得悬空。

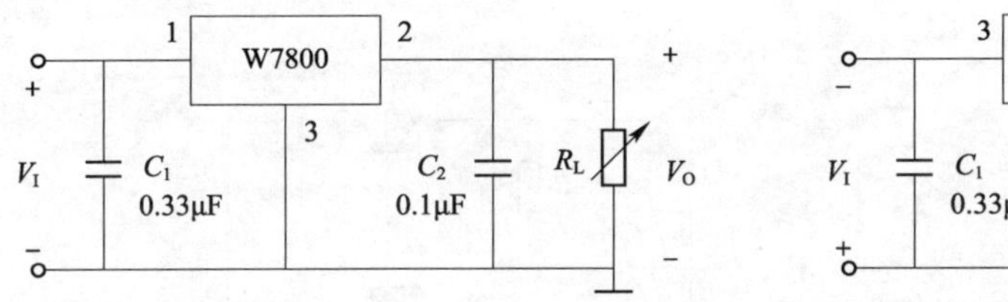

图 7-4　三端固定式稳压器接法示意图

知识 2　可调式三端集成稳压器

(1)该集成稳压器不仅输出电压可调,而且稳压性能指标均优于固定式集成稳压器。调压范围为 1.2～37V,常用的正压系列 W117/217/317,负压系列 W337。其外形和接线如图 7-5 所示。

(2)W317 三端可调集成稳压器的应用电路如图 7-6 所示。该电路是很实用的 3V 便携式收音机用电源。

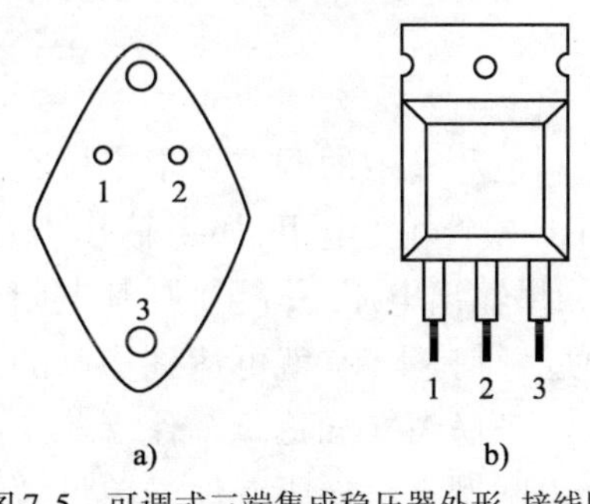

图 7-5　可调式三端集成稳压器外形、接线图

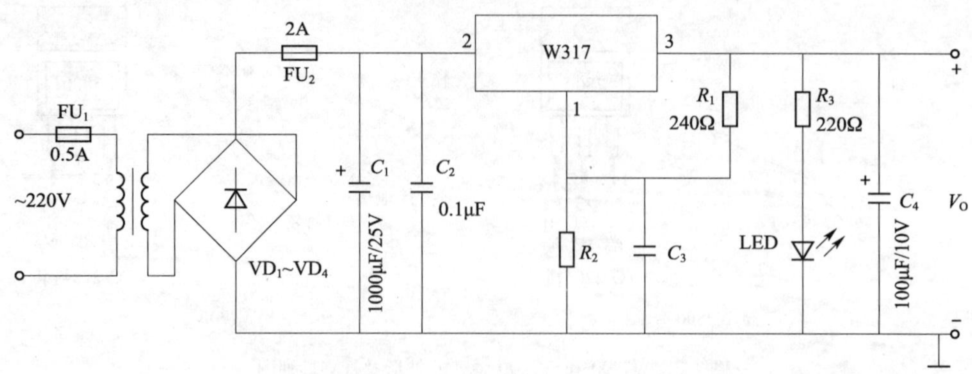

图 7-6　W317 三端可调集成稳压器的应用电路图

任务四　安装、调试简单的串联型直流稳压电源

学习目标

(1)理解简单的串联型直流稳压电源的原理。

(2)会制作串联型直流稳压电源。

1. 原理及电路

稳压管稳压电路实际上是通过并联于负载两端的稳压管中的电流的变化,由压降电阻上的压降来补偿输出电压的变化,从而达到稳压的目的。在负载电路中串联一个可变电阻,并通过改变其阻值来补偿输出电压的变化,这就是串联型晶体管稳压电路的基本原理。将串联的可变电阻改用一只晶体管代替,就构成了最简单的串联型晶体管稳压电路,如图 7-7 所示,其中该晶体管称为调整管。

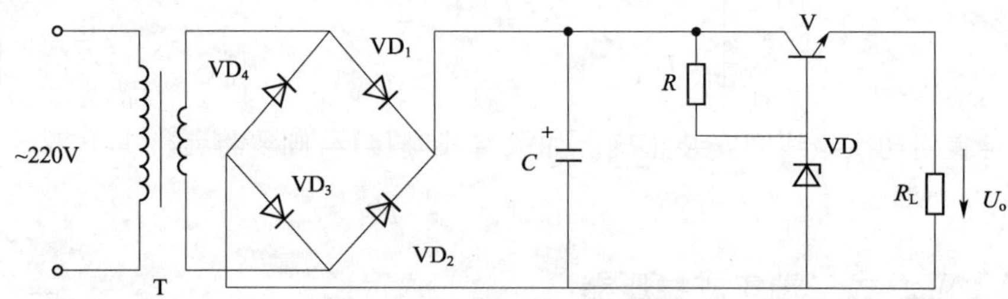

图 7-7　串联型直流稳压电路原理图

调整环节中的调整管是串接在滤波电路和负载之间,故称为串联型稳压电路。调整管相当于一个可变电阻,如果输出电压升高了,则其电阻值相应的增大,使输出电压降低;反之,如果输出电压下降了,则其电阻值相应的减小,使输出电压有所升高。这样调整输出电压,使其维持不变,就可达到稳压的目的。

2. 串联型直流稳压元件清单

串联型直流稳压元件清单见表 7-1。

串联型直流稳压元件清单　　表 7-1

序　号	符　　号	名　　称	参　　数
1	VD	稳压二极管	2CW56
2	$VD_1 \sim VD_4$	整流二极管	1N400 系列 ×4
3	T	变压器	220V/18V
4	V	三极管	9011
5	C	电解电容	470μF/35V
6	R	电阻	10kΩ
7	R_L	电阻	510kΩ

3. 元件装配图

串联型直流稳压电路元件装配图如图 7-8 所示。

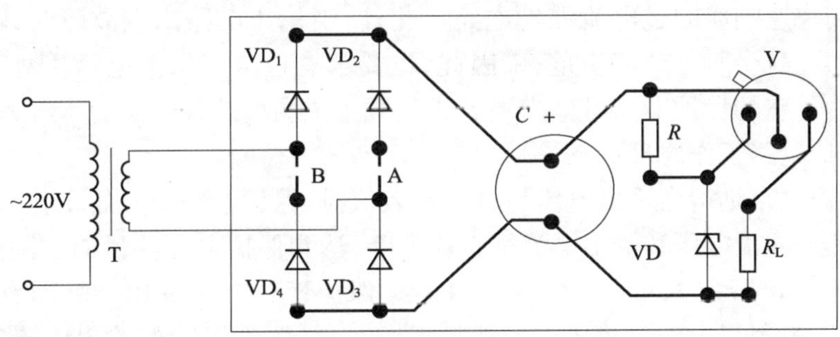

图 7-8　串联型直流稳压电路元件装配图

4. 安装、调试与检测

(1)根据电路原理图,设计装配图,装配示意图如图 7-8 所示。

(2)按照装配图正确安装元器件。安装过程中要注意以下几方面:

①电源变压器的初级线圈和次级线圈要安装正确,可以用万用表的欧姆挡测量电源线插头的两端,其直流电阻为几百欧姆,再测量电路板上的次级线圈的直流电阻,其阻值应为几欧姆,这时表明初次级线圈安装正确。如果将线圈接反,则要将元件拆下来重新安装,并再次检测。

②二极管和电容的极性要正确。可以用万用表的欧姆挡来测量判断二极管和电容是否连接正确。

(3)仔细核对检查元器件安装正确后,用电烙铁将电路焊接起来,并注意将断口 A 和 B 也焊接起来。

(4)接通电源,用调好的示波器依次测量电路中变压器次级线圈的波形、整流端和滤波电容两端的波形,并描绘测得的波形。

5. 技能训练

(1)用电烙铁将断口 A 焊开,用示波器和万用表测量各点波形和电压变化情况,并记录。

(2)将断口 A 焊接封上。用电烙铁将断口 B 焊开用示波器和万用表测量各点波形和电压变化情况,并记录。

(3)将断口 B 焊接封上。

任务五 安装、调试限流式保护串联型直流稳压电源

(1)会安装、调试限流式保护串联型直流稳压电源。

(2)熟练使用仪器仪表。

1. 原理及电路

在直流稳压电源中,当负载电流过载或短路时,调整管就可能因通过电流过大而烧毁。因此,必须采用快速响应的过电流保护电路。此外,当稳压电路出现故障时,输出会出现电压过高的现象,这就会对负载产生危害,因此,也要求有过电压保护电路。对于串联型晶体管稳压电路而言,它的保护电路可分为限流式和截止式两种。

限流式保护电路工作原理如下。

限流式保护电路是指当输出电流超过一定数值时,保护电路便开始工作,使调整管处于不完全截止状态,输出电压和输出电流都相应下降,达到保护电源的目的。限流式保护稳压电源电路原理图如图 7-9 所示,晶体管 VT_3 称为"保护管",电路中 RP_1 和 R_2 组成分压电路,确定保护管 VT_3 发射极电位。稳压电源正常工作时,晶体管 VT_3 的输出电流很小,在 R_4 上的电压降不足以使晶体管 VT_3 导通,因此 VT_3 等保护电路不妨碍电源正常工作。当发生短路或负载变化而使输出电流增大时,R_4 上的电压降也随之增大,使 VT_3 的基极电压升高。当输出电流超过一定数值时,VT_3 导通,使复合调整管 VT_2 和 VT_1 因基极电位降低而趋于截止,从而迅速限制了电流输出,起到保护电路的作用。

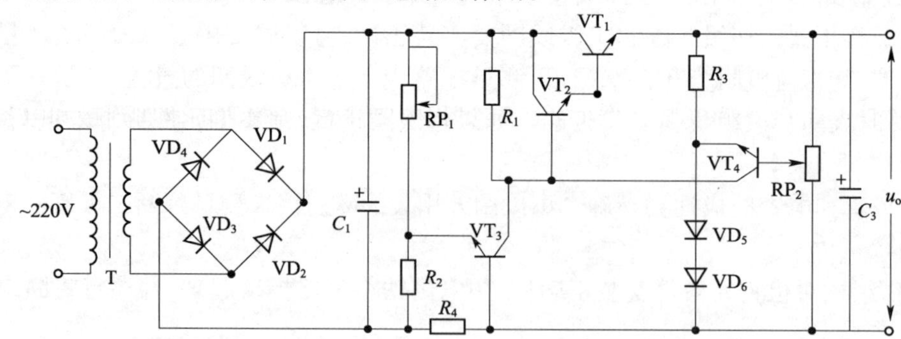

图 7-9 限流式保护稳压电源电路原理图

这种保护电路比较简单,它的工作状态受输出电压影响小,而且当输出过载或短路被排除后,稳压电路便自动地恢复工作,适合在输出电压经常波动的稳压电源中使用。

2. 限流式保护稳压电源元件清单

限流式保护稳压电源元件清单见表 7-2。

限流式保护稳压电源元件清单　　表 7-2

序　号	符　号	名　称	参　数
1	T	电源变压器	200V/9V
2	$VT_1 \sim VT_3$	三极管	9013
3	VT_4	三极管	9011
4	$VD_1 \sim VD_4$	二极管	IN4007
5	VD_5、VD_6	二极管	IN4148
6	C_1	电解电容	47μF/16V
7	C_2	电解电容	100μF/16V
8	R_1	电阻	2kΩ
9	R_2	电阻	160Ω
10	R_3	电阻	680Ω
11	R_4	电阻	3Ω
12	RP_1	微调电位器	10kΩ
13	RP_2	微调电位器	1kΩ

3. 元件装配图

限流式保护稳压电源电路元件装配图如图 7-10 所示。

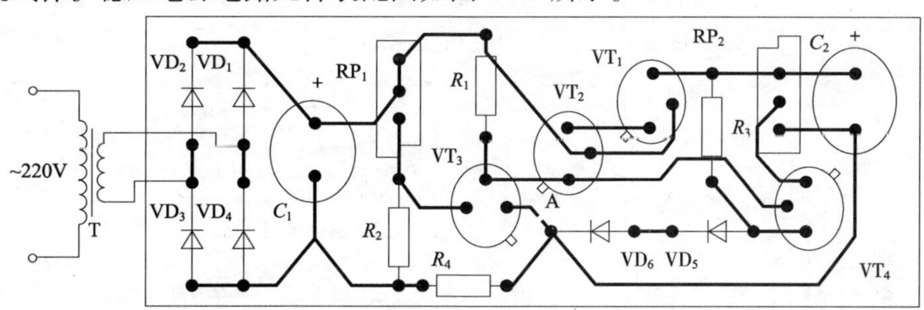

图 7-10　限流式保护稳压电源电路元件装配图

4. 安装调试与检测

(1)根据电路原理图,设计装配图,装配示意图如图 7-10 所示。

(2)按照装配图正确安装元器件。安装过程中要注意:三极管的管脚连接和电容的极性要正确。

(3)仔细核对检查元器件安装无误后,用电烙铁将电路焊接起来,并注意暂时不焊接断口 A 处。

(4)保持 A 点断口处断开状态,把稳压电源调好,将输出电压调到额定值。

(5)将 A 点断口处焊起来。用万用表测量 R_2 两端电压,调整微调电位器 RP_1 的阻值,使万用表读数为 0.2V 左右,这时电源输出电流将被限制在 300mA 以内。保护电路动作的电流规定为输出电流的 2 ~ 3 倍。

(6)让电源处于超载状态,检查保护电路的工作情况。当输出电流很小时,保护电路就起作用,可减小 RP_1,使晶体管 VT_3 发射极电位适当提高。如果电流超出额定值,保护电路仍不起作用,可加大 RP_1,使晶体管 VT_3 发射极电位适当降低。

任务六　安装、调试截止式保护串联型直流稳压电源

学习目标

(1)理解截止式保护串联型直流稳压电源原理。

(2)会安装、调试截止式保护串联型直流稳压电源。

1. 原理及电路

截止式保护电路是当负载过载或短路时，通过保护电路使调整管截止，这时输出电流和电压基本都下降为零，从而起到保护作用。截止式保护电路稍微复杂，保护稳压电源电路原理图如图7-11所示，预先调节好RP_1，确定VT_3的基极电位，使VT_3的基极电位比发射极电位略低一点，这时保护管VT_3处于截止状态，稳压电路正常工作时，它的电位保持稳定，不影响稳压电路的正常工作。当负载短路时，稳压电源输出端正极接“地”，由于保护管VT_3的发射极接在电源输出端，其发射极电位也随之降低，VT_3导通。由于VT_3的集电极与复合调整管VT_2和VT_1的基极相连，使复合调整管截止，切断了输出电流，起到保护电路的作用。这种电路保护动作十分灵敏，而且不影响电源性能，但因保护管的工作状态与输出电压高低有关，所以不适用于输出电压需随时调整的电源电路中。

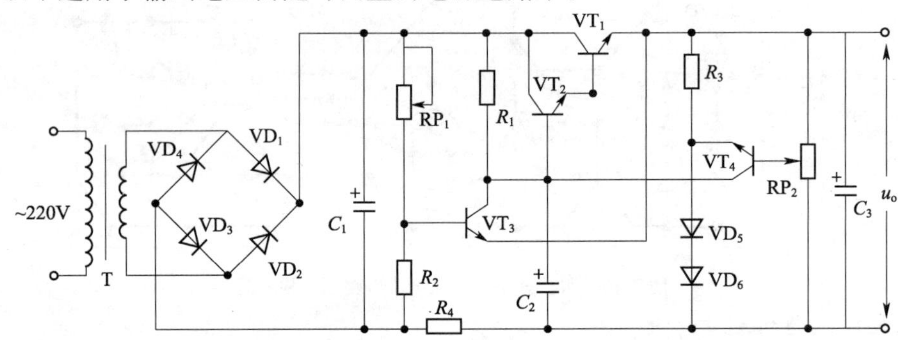

图7-11　截止式保护稳压电源电路原理图

2. 截止式保护稳压电源元件清单

截止式保护稳压电源元件清单见表7-3。

截止式保护稳压电源元件清单　　表7-3

序　号	符　　号	名　　称	参　　数
1	T	电源变压器	200V/9V
2	$VT_1 \sim VT_3$	三极管	9013
3	VT_4	三极管	9011
4	$VD_1 \sim VD_4$	二极管	IN4001
5	VD_5、VD_6	二极管	IN4148
6	C_1	电解电容	470μF/16V
7	C_2	电解电容	47μF/16V

续上表

序　号	符　　号	名　　称	参　　数
8	C_3	电解电容	100μF/16V
9	R_1	电阻	2kΩ
10	R_2	电阻	1.6kΩ
11	R_3	电阻	680Ω
12	RP_1	微调电位器	10kΩ
13	RP_2	微调电位器	1kΩ

3. 元件装配图

截止式保护稳压电源电路元件装配图如图 7-12 所示。

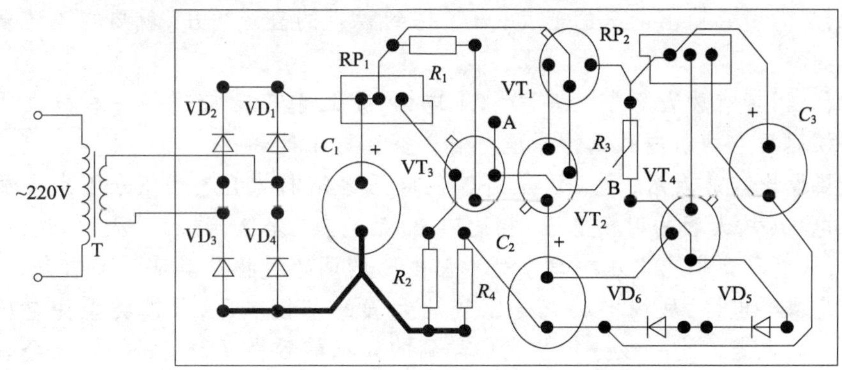

图 7-12　截止式保护稳压电源电路元件装配图

4. 安装调试与检测

(1)根据电路原理图,设计装配图,装配示意图如图 7-12 所示。

(2)按照装配图正确安装元器件。安装过程中要注意:三极管的管脚连接和电容的极性要正确。

(3)仔细核对检查元器件安装无误后,用电烙铁将电路焊接起来,并注意暂时不焊接断口 A 和 B 处。

(4)把稳压电源调好,将输出电压调到额定值。

(5)将 V_1 的发射极点 A 与输出端负极相连,断口 B 保持断开状态。调整微调电位器 RP_1 的阻值,用万用表测量 VT_3 集电极的电压,当下降到 0.3V 以下时,说明 VT_3 已经充分导通。

(6)将 A 点与输出端负极断开,接通断口 B 处,即把发射极接到输出端正极,此时 VT_3 集电极电压恢复到正常状态。

(7)检查保护电路的工作情况。在稳压电源的输出端接一个可变电阻 R_L 作为负载,并串联一只电流表。调节 R_L,使输出电流达到需保护的最低值。调节 RP_1,输出电流突然减小到 10mA 以下时说明保护电路已起作用。如果输出电流达到规定值时保护电路仍不能起作用,应减小 RP_1 阻值;如果输出电流很小的时候保护电路就起作用,则应加大 RP_1 的阻值。

快乐学习一点通

同学们能自己制作了常用的直流稳压电源,一定是幸福满满吧,向家长或朋友展示自己作品时,如果理论知识扎实,再给家人、朋友讲一下工作原理和专业知识,同学的自豪感、骄傲感就一定会油然而生,所以别忘了复习一下知识点哦。

本项目直流稳压电源是第二个项目整流与滤波电路的延续。弄清这个项目的关键是要搞清以下问题。

1. 电路电压不稳定的原因　一是交流电网不稳定,一般约有 ±10% 的波动;二是整流电路有一定的内阻,当负载电流发生变化时(负载重,电流大;负载轻,则电流小),引起内阻压降发生变化,从而引起输出电压的变化,为了得到稳定的直流电压,就要在整流滤波电路后面加接稳压电路。

2. 如何稳压,带有放大环节的串联稳压电路,是目前广泛应用的一种分立元件稳压电源。我们必须理解它的组成和工作原理。着重探究以下问题:

为什么要设比较放大级,这一级是将输出电压经取样电阻分压(分压点在放大管的基极),与基准电压(放大管的射极电压)相比较,然后将其“差值”进行放大后,送到调整管,去调节调整管,从而稳定输出电压。串联型稳压电路的调整过程从其实质而言是一种负反馈。反馈网络就是取样电路,反馈电压就是比较放大管的基极电压,反馈类型为电压串联负反馈。对稳压电源电路的进一步分析使我们学到的知识前后贯穿,相互联系,融会贯通。

3. 掌握了带有放大环节的串联型稳压电源,就不难理解提高该电路的稳压性能的各项措施。学习过程中,必须学会“牵牛鼻子”的学习方法,对于关键问题,重点内容不能满足于一知半解,浅尝辄止,而应反复思考,深刻理解。坚持这种学习方法,就能收到举一反三、触类旁通、事半功倍的效果。

4. 三端式集成稳压器,因其体积小、外围元件少、性能稳定可靠、使用调整方便等突出优点逐步取代分立元件稳压电源,代表了稳压电源的方向,应会用固定输出式和可调式两种类型稳压电源,并理解扩展其功能的电路原理。

牛刀小试显身手

简答题

1. 串联可调稳压电源由哪几部分组成?各部分的作用是什么?

2. 在电网电压不变的情况下,假如负载电流增大(负载变重)时,分析稳压过程;在负载不变的情况下,假如电网电压升高时,试分析稳压过程。

3. 在串联型稳压电路中,为什么有时需用复合管来做调整管?

4. 半导体收音机需 +6V 直流电源,请用三端固定式集成稳压器组成 +6V 稳压源,画出该电源的电路。

5. 如何扩展集成稳压器 W7800 系列的应用范围?试举几例说明之。

项目八　分析、安装、调试晶闸管应用电路

大家在智力竞赛时经常用抢答器,想不想自己做个抢答器?晚上学习时经常用可调光的台灯,想不想知道调光台灯为什么能调光呀?学完这个项目这些问题就都解决了。

晶闸管即硅晶体闸流管,俗称可控硅,它不仅有硅整流管的特性,更重要的是它能以小功率信号去控制大功率系统,从而使电子技术从弱电领域进入了强电领域,高效完成对电能的变换和控制。

晶闸管的应用如下所述:

可控整流:将交流电变为可调节的直流电。用于电解、充电、电镀、直流电动机等。

逆变电源:将直流电变为交流电,可将某一频率的交流电变为其他频率的交流电。

交流调压:改变交流电的大小,用于调温、调光、电动机调速等。

斩波器:将恒定的直流电变换成断续脉冲以改变其平均值。

无触点开关:可迅速切断或接通大功率的交流或直流回路,而不产生火花或拉弧现象。

另外在自动控制设备和脉冲数字系统中,也有广泛的应用。

知识目标

1. 知道晶闸管的结构,了解工作原理。
2. 知道晶闸管的用途,会分析其应用电路。

技能目标

1. 学会晶闸管的测试方法。
2. 能够查手册选用晶闸管。
3. 学会设计组装应用电路。

任务一　单向晶闸管

学习目标

(1)弄清晶闸管的分类、结构、型号、符号。

(2)知道参数和导通条件、工作原理。

知识1　单向晶闸管的结构和符号

1. 外形及型号

单向晶闸管外形有平板型、螺栓型和小型塑封型等几种,如图8-1所示。

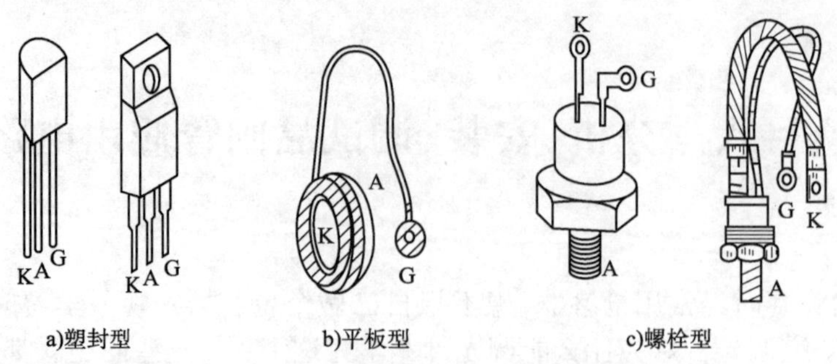

图 8-1 单向晶闸管外形示意图

国产普通型晶闸管的型号有 3CT 系列和 KP 系列,各部分含义如图 8-2 所示。

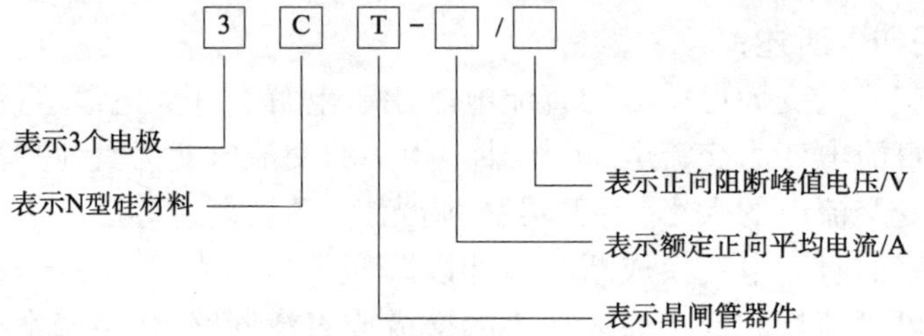

图 8-2 国产普通型晶闸管的型号

例如:3CT－5/500 表示额定电流为 5A,额定电压为 500V 的普通型晶闸管。

2. 符号及内部结构

单向晶闸管符号及内部结构如图 8-3 所示。

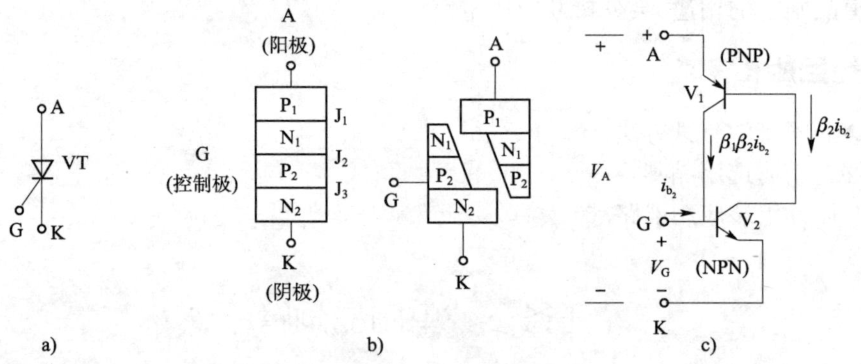

图 8-3 单向晶闸管符号及内部结构示意图

三个电极:阳极 A、阴极 K、控制极 G。

4 层半导体:P_1—N_1—P_2—N_2。

P_2——引出线为控制极;

P_1——引出线为阳极;

N_2——引出线为阴极。

3 个 PN 结(J_1,J_2,J_3)。

文字符号:一般用 SCR、KG、CT、VT 表示。

知识2　单向晶闸管的导通条件

1. 单向晶闸管导通条件

单向晶闸管导通条件示意图如图8-4所示。

(1)正向阻断:A—K加正向电压,G无电压——不导通。

(2)反向阻断:A—K加反向电压,G无论是否加控制电压——不导通。

(3)触发导通:A—K加正向电压,G、K加正向电压——导通。

(4)导通后控制极失去控制作用:晶闸管一旦导通,降低或去掉控制极电压仍导通。

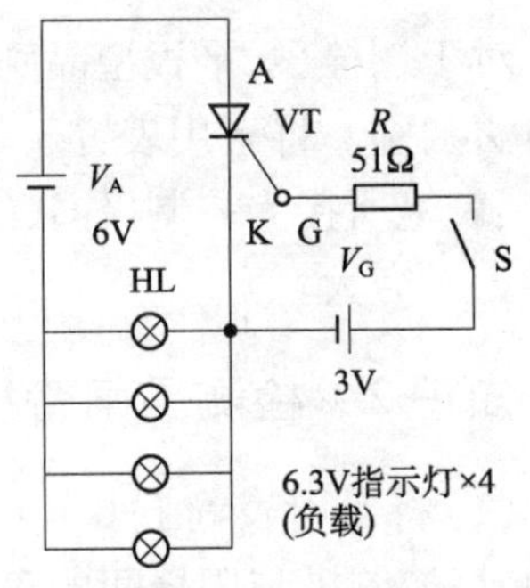

图8-4　单向晶闸管导通条件示意图

2. 工作特点

(1)单向晶闸管导通必须具备两个条件:一是晶闸管阳极与阴极间接正向电压;二是控制极与阴极之间也要接正向电压。

(2)晶闸管一旦接通后,去掉控制极电压时,晶闸管仍然导通。

(3)导通后的晶闸管若要关断时,必须将阳极电压降低到一定程度。

(4)晶闸管具有控制强电的作用,即利用弱电信号对控制极的作用,就可使晶闸管导通去控制强电系统。

知识3　单向晶闸管主要参数

1. 额定正向平均电流

在规定环境温度和散热条件下,允许通过阳极和阴极之间的电流平均值。

2. 维持电流

在规定环境温度、控制极断开的条件下,保持晶闸管处于导通状态所需要的最小正向电流。

3. 控制极触发电压和电流

在规定环境温度及一定正向电压条件下,使晶闸管从关断到导通,控制极所需的最小电压和电流。

4. 正向阻断峰值电压

在控制极开路和晶闸管正向阻断的条件下,可以重复加在晶闸管两端的正向峰值电压。

5. 反向阻断峰值电压

在控制极断开时,可以重复加在晶闸管上的反向峰值电压。

任务二　检测单向晶闸管

学习目标

(1)判别管脚所属电极。

(2)检测晶闸管质量好坏。

知识 1　判别管脚电极

对于螺栓型、平板型晶闸管凭外形即可判断各个电极。对于一些小电流的塑封管按以下方法判别。将万用表置于 R×1k 挡，测量晶闸管任意两脚间电阻，当万用表指示低阻值时，黑表笔所接为控制极 G，红表笔所接为阴极 K，其余一管脚为阳极 A，其他情况下所测电阻均为无穷大。

知识 2　检测晶闸管质量

(1)将万用表置于 R×1k 挡，测量阳极和阴极间的正向电阻和反向电阻，均应为高阻值，测量控制极与阳极间的正向电阻和反向电阻，也均应为高阻值，测量控制极与阴极间的正向电阻和反向电阻应有差别，即正向电阻小。

(2)对小功率的晶闸管可按下述方法进行检测。万用表置于 R×10 挡，黑表笔接晶闸管阳极、红表笔接阴极，表针应接近∞处，用黑表笔在不断开与阳极接触的同时接触控制极(相当于在控制极加触发电压)，此时表针摆动，说明晶闸管导通，然后在不断开与阳极接触的情况下，将黑表笔与控制极脱开，表针并不返回原处，说明晶闸管仍维持导通，据此可判断该晶闸管质量良好。

如果是用数字式万用表检测晶闸管，可将万用表置于 H_{FE} 挡，晶闸管阳极接 c 孔，阴极接 e 孔，控制极悬空。这时应显示“0”，若显示千位为“1”，则表明晶闸管已击穿。当显示为“0”时，把控制极接到阳极，这时若显示千位为“1”或同时后三位也有数字闪动，说明晶闸管已触发导通，断开控制极与阳极的连线，显示数字仍保持不变，说明该管质量良好。

任务三　制作多路抢答器

学习目标

(1)提高识别、检测、判断电子元件的能力。

(2)学会分析、安装、测试多路抢答器。

(3)进一步熟悉仪表、工具的使用。

实训所需器材

(1)常用电子组装工具一套。

(2)仪器和仪表：信号发生器、双踪示波器、晶体管毫伏表、万用表、稳压电源。

1. 工作原理及电路

多路抢答器的电路原理图如图 8-5 所示。

合上电源开关 K，经电阻分压后，A 点电位大约为 2.2V，B 点电位为 0V。主持人宣布开始抢答，某一按钮(假设 K_1)按下，则对应的单向晶闸管导通，灯 L_1 亮起。当其他组再按下按钮时；触发极与阴极间的电压很小不足以使对应的晶闸管导通，因此对应的指示灯就不会亮。第一轮抢答结束后，主持人可断开电源开关 K 使晶闸管关断，然后再合上电源开关 K 便可进行下一轮的抢答。

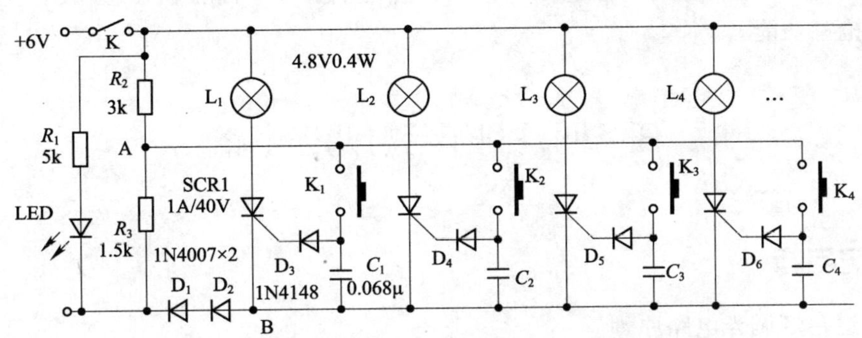

图 8-5　多路抢答器电路原理图

2. 元件装配图

多路抢答器的电路元件装配图如图 8-6 所示。

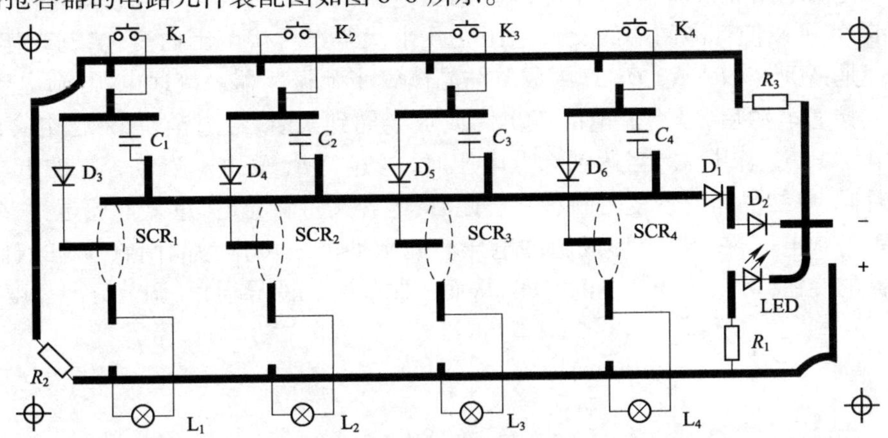

图 8-6　多路抢答器电路元件装配图

3. 安装、调试与检测

(1) 根据电路原理图，选择元器件，设计装配图。

(2) 按照装配图正确安装元器件。安装过程中要注意：三极管和电容的极性要正确，可以用万用表来测量判断。元器件装配时引脚尽量短，从而减小分布电容。

(3) 仔细核对检查元器件，安装无误后，用电烙铁焊接电路。要注意防止漏焊、错焊和搭锡。

(4) 对照电路图和印制电路板，仔细核对元器件的位置是否正确，极性是否正确，

(5) 接通电源开关，按下某一按钮，相应的指示灯亮起，再按下其他开关，其他指示灯不亮。验证各路功能是否都能够实现。

4. 技能训练

(1) 用万用表测量并记录电源开关断开和合上前后两种状态下 A 和 B 两点的电压。

(2) 当电源开关合上后，开始抢答，相应指示灯亮起后，再次测量 A 和 B 两点的电压，并记录。

5. 常见故障及原因

抢答开始后,按下一个按钮后再按下第二个按钮时发现第二个指示灯也亮起,这多是因为 R_2 和 R_3 之间的电压分配不合适,造成 SCR_1 导通后,SCR_2 仍可以导通,故需要调整电阻值,来实现抢答功能。

任务四　制作台灯调光电路

学习目标

(1)知道台灯调光电路原理。

(2)会制作台灯调光电路。

1. 原理及电路

台灯调光的电路非常简单,一个晶闸管调压电路就可以实现。调光台灯电路原理图如图 8-7 所示,它可以使灯泡两端的交流电压在几十伏至二百伏范围内变化,调光作用显著。其工作原理是:VT、R_2、R_3、R_4、C_P、C 组成单结晶体管张弛振荡器。接通电源前,电容 C 上的电压为零。接通电源后,当交流电的正半周或负半周到来时,经过全桥整流,电容经由 R_4、RP 充电,电压 V_E 逐渐升高。当达到峰点电压时,电容向 R_3 放电。当电容上的电压降到谷点电压的时候,单结晶体管恢复阻断状态。此后,电容又重新充电,重复上述过程,结果在电容上形成锯齿状电压,在 R_3 上形成脉冲电压。此脉冲电压可作为晶闸管 VS 的触发信号。调节电位器的旋钮,可以改变充电的时间,从而控制晶闸管的导通角,调节灯泡亮度。

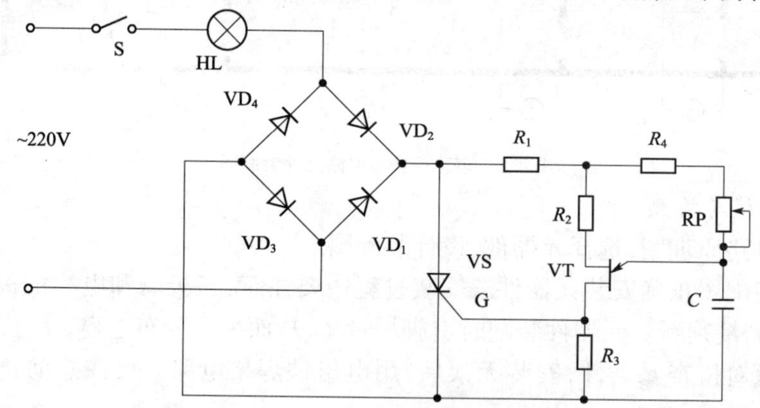

图 8-7　台灯调光电路原理图

2. 台灯调光电路元器件清单

台灯调光电路元器件清单见表 8-1。

台灯调光电路元器件清单　　表 8-1

序　号	符　号	名　称	参　数
1	C	电容器	0.022μF/63V
2	VS	晶闸管	3CT

续上表

序　号	符　　号	名　　称	参　　数
3	VT	单结晶体管	BT33
4	$VD_1 \sim VD_4$	二极管	1N4007×4
5	HL	灯泡	220V/25W
6	R_1	电阻	51kΩ
7	R_2	电阻	300Ω
8	R_3	电阻	100Ω
9	R_4	电阻	18kΩ
10	RP	带开关电位器	470kΩ
11	电源线		
12	灯座		
13	散热片		

3. 元件装配图

台灯调光电路元件装配图如图8-8所示。

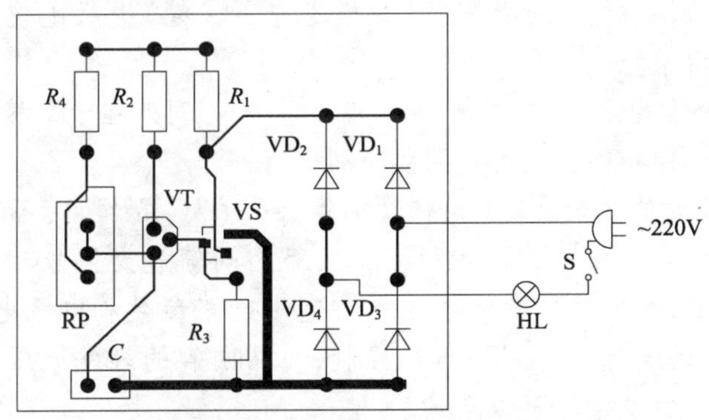

图8-8　台灯调光电路元件装配图

4. 安装、调试与检测

(1)根据电路原理图,选择元器件,设计装配图。

(2)按照装配图正确安装元器件。安装过程中要注意:三极管和电容的极性要正确。可以用万用表来测量判断。元器件装配时引脚尽量短,从而减小分布电容。

(3)仔细核对检查元器件安装无误后,用电烙铁焊接电路。要注意防止漏焊、错焊和搭锡。

(4)对照电路图和印制电路板,仔细核对元器件的位置是否正确,极性是否正确。

(5)接通电源开关,打开开关,右旋电位器把柄,灯泡应该逐渐变亮,右旋到头的时候灯泡应该最亮;左旋电位器把柄,灯泡逐渐变暗,左旋到头的时候灯泡熄灭。

5. 技能训练

(1)用万用表测量灯泡最亮时晶闸管和单结晶体管各管脚的电压,以及断开交流电源,电位器的电阻值,将测量结果记录。

(2)用万用表测量灯泡微亮时晶闸管和单结晶体管各管脚的电压,以及断开交流电源,电位器的电阻值,将测量结果记录。

6. 常见故障及检修

(1)灯泡不亮和不可调光时检测单结晶体管是否损坏,电容是否漏电或者损坏。

(2)电位器右旋时灯泡变暗,左旋变亮,这是因为电位器的中心抽头接错位置所致。

快乐学习一点通

同学们把自己制作的抢答器用于学校组织的课外活动中,看着自己的劳动成果派上了用场,感受到学习知识技能的快乐了吧?通过制作台灯调光电路,体会了用电源开关来调试灯光带来的兴奋,帮同学们解决了儿时的迷惑。如果你想在身边的朋友中大显身手,那下边的这些知识点可就必不可少了。掌握了以下知识点,还能制作出更多的作品哦。

1. 晶闸管是一种可控电子开关。它将半导体器件的应用,从弱电领域扩展到强电领域。因此在自动控制系统中得到了日益广泛的应用。学习本项目,为我们今后自学有关电路、应用新技术均可奠定一定的基础。

2. 将晶闸管同以前学过的半导体器件(二极管与三极管)进行比较,将有关知识点串成知识链。使学到的知识系统化。

(1)晶闸管与二极管的比较:二者均有单向导电性,不同处在于二极管只能正向导通,反向截止,而晶闸管正反向均可截止,并有可控特性。

(2)晶闸管与三极管的比较:二者均有以小控大(放大)的作用,不同之处是:①三极管放大时,输出信号的大小与输入信号大小成正比,而晶闸管放大信号时,输入与输出信号的大小不存在正比例关系,输出信号的大小主要决定于电路参数和电源电压。②三极管作为开关使用时,是通过基极电流(或电压)进行控制,而晶闸管的触发电压只能控制其导通,不能控制关断,一旦导通,触发电压可以取消。

3. 晶闸管的导通与关断条件　从工作原理可知,晶闸管实质上是一只无触点开关,理解的重点是如何控制其通断问题。

(1)导通条件。①电源工作条件:阳极加适当正向电压。②控制极至阴极间,加足够大的正向触发电压。③电路维持导通必须保证晶闸管阳极工作电流大于维持电流,维持电流是维持晶闸管导通的最小电流。

(2)关断条件。晶闸管导通后的关断,与有无触发电压无关,而只与电源及电路条件有关。关断条件是:①撤除阳极电压,即 $V_A \leqslant 0$。②阳极电流减小到无法维持导通的程度。

牛刀小试显身手

一、填空题

1. 单向晶闸管内部结构包括____层半导体材料,构成____个 PN 结。它有三个电极分别是____、____和____。

2. 单向晶闸管导通必须具备两个条件:一是____;二是____。

二、简答题

1. 晶闸管有哪两种类型?画出两种晶闸管的电路符号,并分别指出三个电极的名称。
2. 为什么说晶闸管具有"弱电控制强电"的作用?你是如何理解的?
3. 单向晶闸管的工作原理是什么?它在什么条件下才能导通?什么条件下才能关断?
4. 双向晶闸管的特点是什么?它与单向晶闸管有何异同?
5. 双向晶闸管为什么能用在交流开关电路上?

项目九　分析、安装、调试逻辑门电路

大家在夜晚走到楼道里漆黑一片时，跺跺脚，楼道的灯就亮了，想没想为什么这么神奇呢？随着电子技术的发展，尤其是数字电子技术的发展，用数字电路实现的声光控制电路已在人们日常生活中得到广泛应用。本项目就来制作一个声光控制延时开关。它是不需要触点的开关，那它是如何实现声光控制电路功能的呢？原来，它是利用数字电路中的基本门电路来实现的。那什么是数字电路呢？用基本门电路又如何实现声光控制功能呢？

知识目标

1. 能识别常见数字集成电路的类型。
2. 弄清基本逻辑门电路的逻辑功能。
3. 会用基本门电路实现简单逻辑电路。
4. 能分析声光控制电路的工作原理。

技能目标

1. 能测试常用 TTL 门电路、CMOS 电路的逻辑功能。
2. 能用基本门电路制作声光控制电路，并能正确调试该电路。

任务一　数字电路的特点和分析方法

学习目标

(1)能了解模拟电路与数字电路的区别。
(2)能弄清数字电路的特点及分析方法。
(3)弄清晶体管的开关特性。

知识1　模拟电路与数字电路

模拟电路是传输或处理模拟信号的电路，如电压变换器、功率放大器等。模拟信号是指在时间上连续变化的信号，如正弦波信号、语音信号就是典型的模拟信号。图 9-1 所示为模拟似信号波形。

数字电路是处理、传输、存储、控制、加工、算术运算、逻辑运算、数字信号的电路。数字信号是指随时间断续变化的信号。一般地说，数字信号是在两个稳定状态之间阶跃式变化的信号,或者说数字信号是规范化了的矩形脉冲信号,如图 9-2 所示。

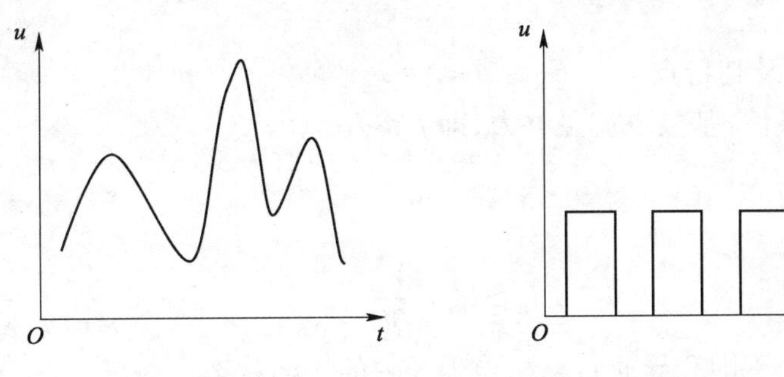

图 9-1 模拟信号　　图 9-2 数字信号

模拟信号和数字信号之间可以互相转换,只要它们之间建立起一定的转换关系即可。例如,可以通过计算数字信号变化的次数来得到相应的模拟信号,而不需要知道数字信号每次变化的具体大小。如果把数字信号看成是一种脉冲信号,只要计算脉冲的个数,或者研究脉冲之间的编排方式就可以了。

数字电路包括信号的传送、控制、记忆、计数、产生、整形等内容。数字电路在结构、分析方法、功能、特点等方面均不同于模拟电路。数字电路的基本单元是逻辑门电路,分析工具是逻辑代数,在功能上则着重强调电路输入与输出间的因果关系。

数字电路比较简单、抗干扰性强、精度高、便于集成,因而在无线电通信、自动控制系统、测量设备、电子计算机等领域获得了日益广泛的应用。

1. 数字信号的特点

电路中的数字信号在数值上是不连续的,它不随时间连续变化,即为离散的电信号。

2. 数字电路的特点

数字电路的基本工作信号是二进制的数字信号,即“**0**”和“**1**”,对应在电路上为低电平和高电平。所以电路简单,易于集成化。

3. 数字电路的分析方法

数字电路主要是研究逻辑关系。通常,数字电路用逻辑代数、真值表、逻辑图等方法进行分析。

知识 2 晶体管的开关特性

1. 二极管的开关特性

(1)二极管的开关特性如图 9-3 所示。

①开关 S 置 A 端,VD 导通,它呈现的正向压降很小,相当于开关的接通状态。

②开关 S 置 B 端,VD 截止,它呈现的反向电阻很大,相当于开关的断开状态。

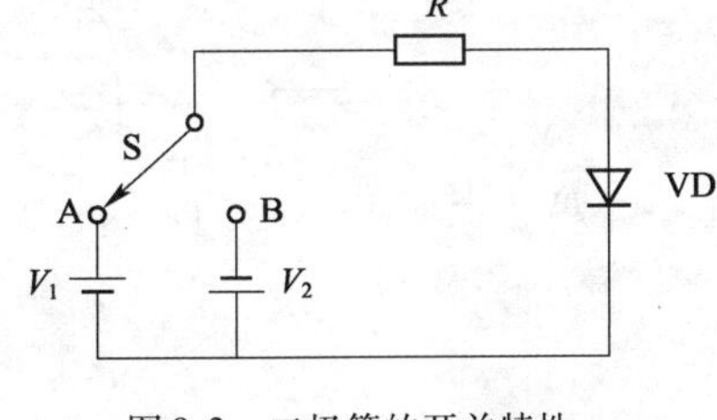

图 9-3 二极管的开关特性

(2)结论:当二极管的正向电阻和反相电阻有很大差别时,二极管即可作为开关使用。

①限幅电路。限幅电路又称削波电路。削波就是指将输入波形中不需要的部分去掉。

②钳位电路。把输入信号的底部或顶部钳制在规定电平上的电路称为钳位电路。

2. 三极管的开关特性

(1)饱和导通条件及其特点。

①三极管的饱和条件:基极电流足够大,即 $I_B \gg I_{BS}$。

I_{BS}为临界饱和基极电流。

也可表示为

$$I_B \geqslant I_{BS} = \frac{V_{CC}}{\beta R_c}$$

②特点。三极管处于饱和导通状态相当于开关的接通状态。

(2)截止条件及其特点。

①三极管的截止条件为

$$V_{BE} \leqslant 0$$

②特点。三极管的截止状态相当于开关的断开状态。

三极管相当于一个由基极电流控制通断的无触点开关。

(3)三极管开关时间。

开通时间:三极管由截止状态转换为饱和状态所需要经历的一段时间,用 t_{on} 表示。

关闭时间:三极管由饱和状态转换为截止状态所需要经历的一段时间,用 t_{off} 表示。

开关时间:t_{on}和 t_{off}总称为三极管的开关时间。

知识3 晶体管反相器

(1)晶体管反相器电路组成如图9-4所示。

(2)晶体管反相器电路工作原理。

①输入为低电位时,即 $v_I = 0V$ 时,三极管V截止,输出为高电位,$v_O \approx V_{CC} = 12V$。

②输入为高电位时,即 $v_I = 3V$ 时,三极管V饱和导通,输出为低电位,$v_O \approx V_{CES} \approx 0V$。

(3)反相器电路波形图如图9-5所示。

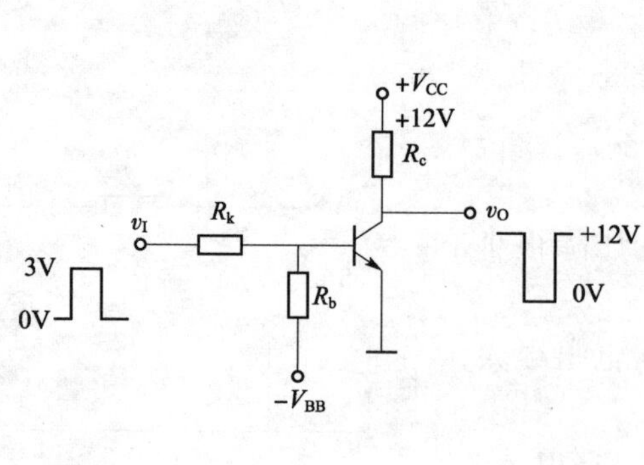

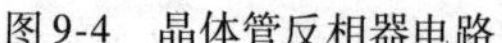
图9-4 晶体管反相器电路

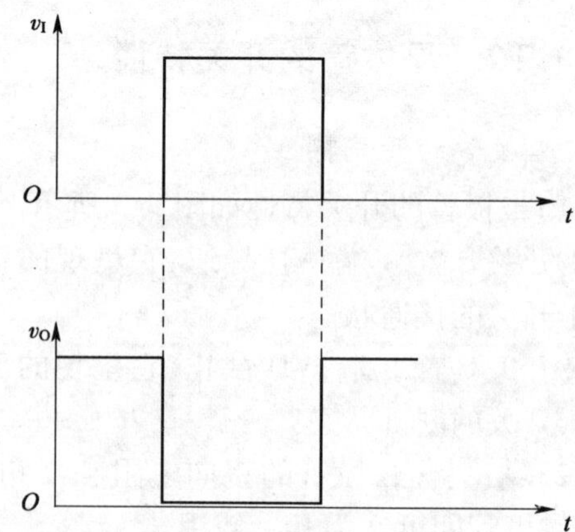

图9-5 反相器波形图

任务二　基本逻辑门电路

学习目标

(1)知道与门、或门、非门三种基本逻辑门电路的基本概念。

(2)熟悉真值表、逻辑函数式和逻辑符号,并能由输入波形画出输出波形。

知识1　与门电路

(1)与逻辑关系电路如图9-6所示。

当决定一件事情的几个条件完全具备之后,这件事情才能发生,否则不发生。

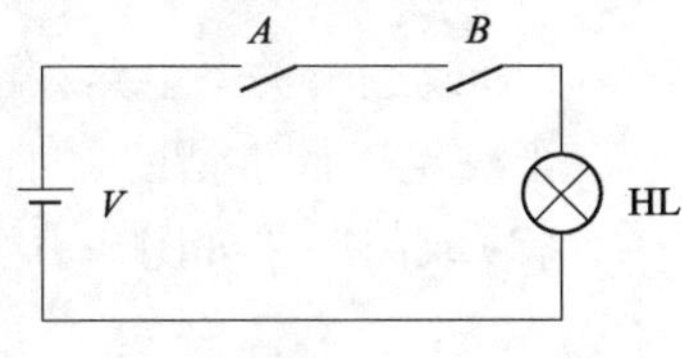

图9-6　与逻辑关系电路

(2)与门电路。能实现与逻辑功能的电路称为与门电路。与门电路如图9-7所示。

①分析工作原理。

当A、B两输入端均为高电平时,二极管VD_1、VD_2导通,Y为高电平(3V)。

当A、B两输入端均为低电平,或有一个输入端为低电平时,与低电平相连接的二极管导通,Y为低电平(0V)。

②与门逻辑功能:　　全**1**出**1**;

有**0**出**0**。

③与门逻辑函数式:

$$Y = A\ B$$

④与门真值表:表明逻辑门电路输入端状态和输出端状态逻辑对应关系的表格。

与逻辑关系真值表见表9-1。

⑤与门逻辑符号如图9-8所示。

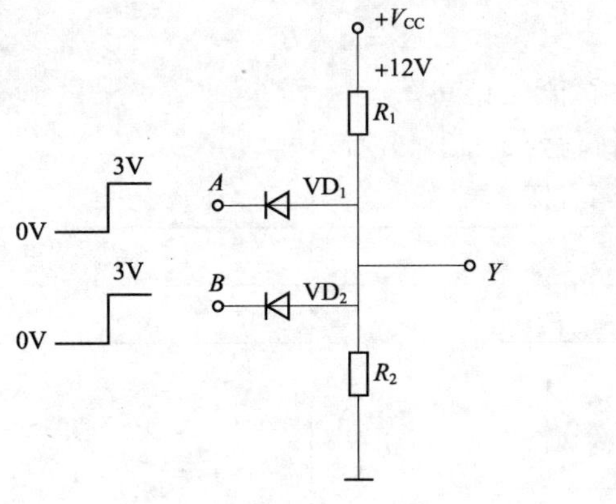

图9-7　与门电路

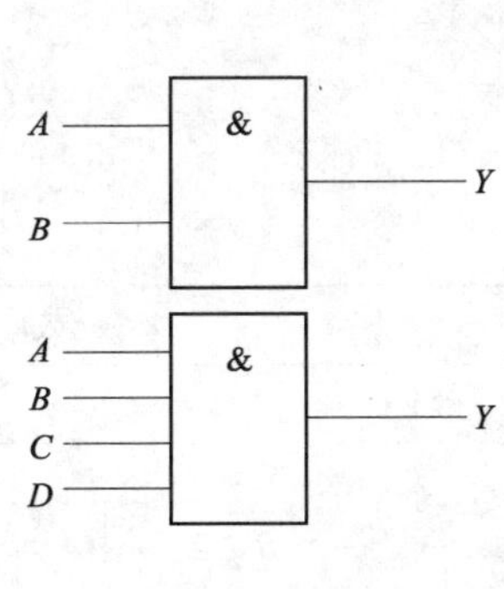

图9-8　与门逻辑符号

与逻辑关系真值表　　表 9-1

输　入		输　出
A	*B*	*Y*
0	**0**	**0**
0	**1**	**0**
1	**0**	**0**
1	**1**	**1**

知识 2　或门电路

(1)或逻辑关系电路如图 9-9 所示。

当决定一件事情的几个条件中,只要有一个条件得到满足,这件事情就会发生。

(2)或门电路如图 9-10 所示。

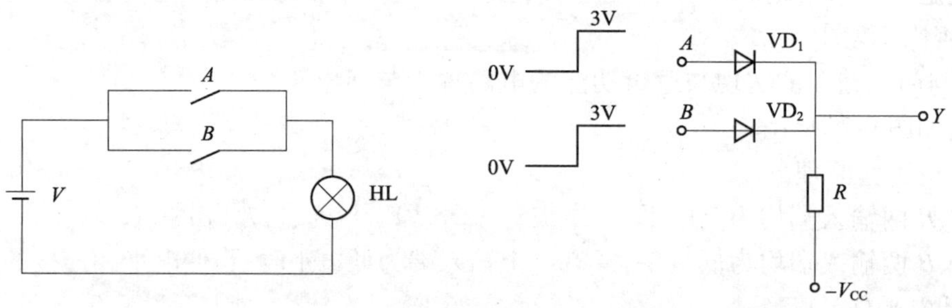

图 9-9　或逻辑关系电路　　图 9-10　或门电路

①分析工作原理。

当 A、B 两输入端均为低电平时,二极管 VD_1、VD_2 截止,Y 为低电平(0V)。

当 A、B 两输入端有一个输入端为高电平,或全为高电平时,与高电平相连接的二极管导通,Y 为高电平(3V)。

②或门逻辑功能:　　有 **1** 出 **1**;

全 **0** 出 **0**。

③或门逻辑函数式:

$$Y = A + B$$

④或门逻辑真值表见 9-2。

⑤或门逻辑符号如图 9-11 所示。

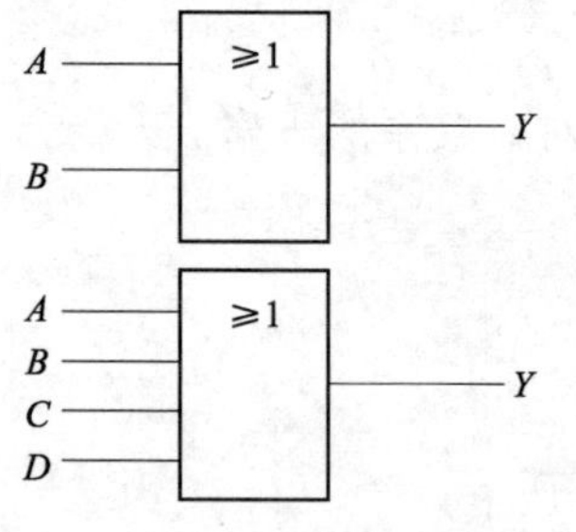

图 9-11　或门逻辑符号

真　值　表　　表 9-2

输　入		输　出
A	*B*	*Y*
0	**0**	**0**
0	**1**	**1**
1	**0**	**1**
1	**1**	**1**

知识 3　非门电路

(1)非逻辑关系电路如图 9-12 所示。

事情(输出信号)和条件(输入信号)总是呈相反状态。

(2)非门电路如图 9-13 所示。

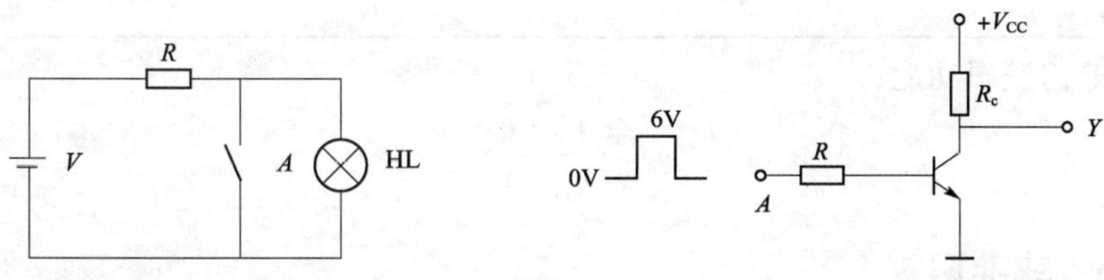

图 9-12　非逻辑关系电路　　图 9-13　非门电路

①非门分析工作原理。

输出信号与输入信号存在“反相”关系。即输入低电平,输出为高电平;输入高电平,输出为低电平。

②非门逻辑功能:　　有 **0** 出 **1**;

有 **1** 出 **0**。

③非门逻辑函数式:

$$Y=\overline{A}$$

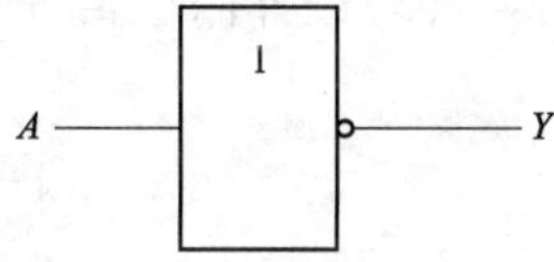

图 9-14　非门逻辑符号

④非门真值表见表 9-3。

⑤非门逻辑符号如图 9-14 所示。

真　值　表　　表 9-3

输　入	输　出
A	Y
0	**1**
1	**0**

知识 4　与非门

(1)与非门。将一个与门和一个非门连接起来,就构成了一个与非门。

(2)与非门逻辑函数式:

$$Y=\overline{A\cdot B}$$

(3)与非门逻辑符号如图 9-15 所示。

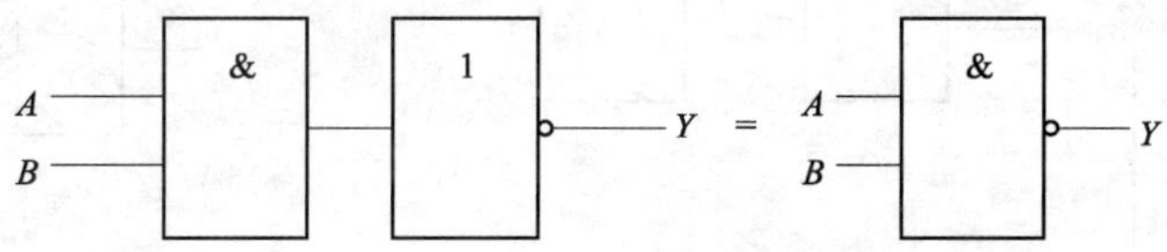

图 9-15　与非门逻辑符号

(4)与非门真值表见表 9-4。

与非门真值表　　表 9-4

A	B	AB	$Y=\overline{AB}$
0	0	0	1
0	1	0	1
1	0	0	1
1	1	1	0

(5)与非门逻辑功能：

全 **1** 出 **0**；

有 **0** 出 **1**。

知识5　或非门

(1)或非门。在或门后面接一个非门，就构成或非门。

(2)或非门逻辑函数式：

$$Y=\overline{A+B}$$

(3)或非门逻辑符号如图 9-16 所示。

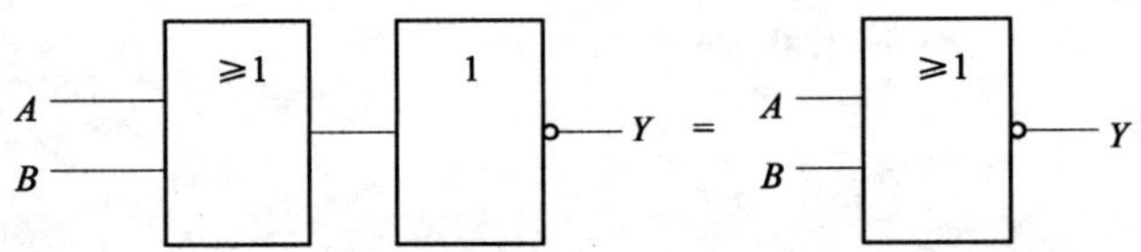

图 9-16　或非门逻辑符号

(4)或非门逻辑功能：

全 **0** 出 **1**

有 **1** 出 **0**

知识6　与或非门

(1)与或非门。与或非门是由多个基本门组合在一起所构成的复合逻辑门，一般由两个或多个与门和一个或门，再和一个非门串联而成。

(2)与或非门逻辑函数式：$Y=\overline{AB+CD}$

(3)与或非门逻辑符号如图 9-17 所示。

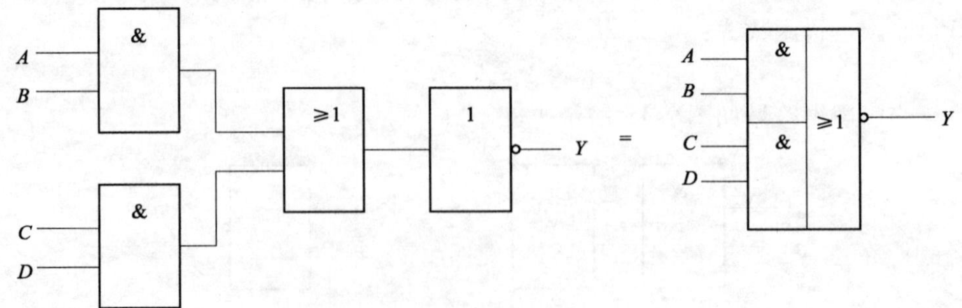

图 9-17　与或非门逻辑符号

(4)与或非门真值表见表 9-5。

与或非门真值表　　表 9-5

A	*B*	*C*	*D*	*Y*
0	0	0	0	1
0	0	0	1	1
0	0	1	0	1
0	0	1	1	0
0	1	0	0	1
0	1	0	1	1
0	1	1	0	1
0	1	1	1	0
1	0	0	0	1
1	0	0	1	1
1	0	1	0	1
1	0	1	1	0
1	1	0	0	0
1	1	0	1	0
1	1	1	0	0
1	1	1	1	0

(5)与或非门逻辑功能：　　一组全**1**出**0**；
各组有**0**出**1**。

任务三　TTL 集成逻辑门

(1)知道 TTL 集成电路系列产品及外引线排列。
(2)熟悉 TTL 集成电路主要参数及应用常识。

知识 1　TTL 集成电路的产品系列和外形封装

常用的 TTL 集成电路的产品主要系列见表 9-6。

TTL 集成电路产品系列　　表 9-6

系　列	子系列	名　称	国际型号	部标型号
TTL	TTL	基本型中速 TTL	CT54/74	T1000
	HTTL	高速 TTL	CT54/74H	T2000
	STTL	超高速 TTL	CT54/74S	T3000
	LSTTL	低功耗 TTL	CT54/74LS	T4000
	ALSTTL	先进低功耗 TTL	CT54/74ALS	

TTL 集成电路大都采用双列直插式外形封装，如图 9-18 所示。

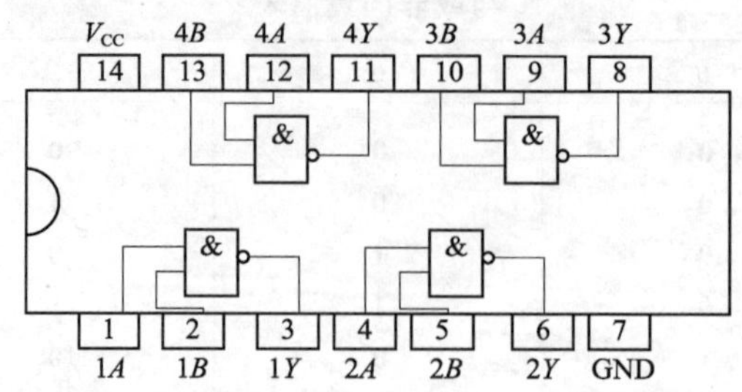

图 9-18　双列直插式外形封装图

引线的编号判断方法:把标志置于左端,逆时针转向自下而上顺序读出序号。

知识 2　TTL 集成门电路的主要参数

1. 输出高电平 V_{OH} 和输出低电平 V_{OL}

输出高电平时,要求输出电压足够高,输出低电平时,要求输出电压足够低。

2. 输入高电平 V_{IH} 和输入低电平 V_{IL}

V_{IH} 指输入高电平的最低值,V_{IL} 指输入低电平的最高值。

把这两个值的中间值称为输入的阈值电压 V_{IT}。

3. 输出高电平电流 I_{OH} 和输出低电平电流 I_{OL}

I_{OH} 为输出高电平时流出电流的极限值。I_{OL} 为输出低电平时流入电流的极限值。

4. 传输延迟时间 t_{PHL} 和 t_{PLH}

t_{PHL}:入上 50% - 出下 50% 时间间隔。

t_{PLH}:入下 50% - 出上 50% 时间间隔。

传输延时:t_{PHL} 和 t_{PLH} 的平均值称为平均传输延迟时间 t_{pd}。

5. 扇出系数 N_o

与非门输出端能驱动同类门的数目。

任务四　CMOS 集成逻辑门

学习目标

(1)知道 CMOS 集成逻辑门产品系列和外形封装。

(2)知道 CMOS 集成电路的产品构成。

知识 1　CMOS 反相器

(1)CMOS 反相器电路结构如图 9-19 所示。

(2)CMOS 反相器工作原理。

①当 $v_I = V_{IL} = 0V$ 时，V_1 截止；$V_{GS2} = -V_{DD}$，V_2 饱和，S_2 与 D_2 极间相当于短路，所以 $v_O \approx V_{DD}$。

②当 $v_I = V_{IH} = V_{DD}$时，V_1 的 $V_{GS1} > V_{TN}$，V_1 饱和导通，$V_{GS2} = 0V$，因而 V_2 截止，S_2 与 D_2 极间相当于开路，S_1 与 D_1 相当于短路。所以 $v_O = 0V$。

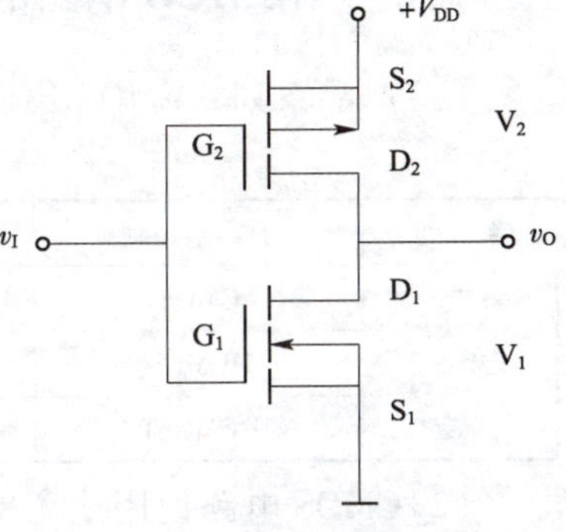

图 9-19　CMOS 反相器电路

当输入低电平时，输出为高电平；当输入为高电平时，输出为低电平，实现了逻辑反相功能。

(3)特点。

①功耗低。CMOS 反相器不论是输出高电平还是低电平，都只有一个管子导通，因此电源电流均是极小的漏电流，功耗极低。

②开关速度高。由于管子导通时电阻都很小，这就大大缩短了负载端杂散电容的充放电时间，提高了开关速度。

③抗干扰能力强。由于 CMOS 反相器的电压传输特性比较理想，特性曲线的转折区比 TTL 陡直，故抗干扰能力更强。

④输出幅度大。CMOS 反相器输出高电平 $V_{OH} \approx V_{DD}$，输出低电平 $V_{OL} \approx 0V$，故输出电压幅度大，电源利用率高。

知识 2　COMS 传输门

1. 电路结构

COMS 传输门的电路结构与逻辑符号如图 9-20 所示。

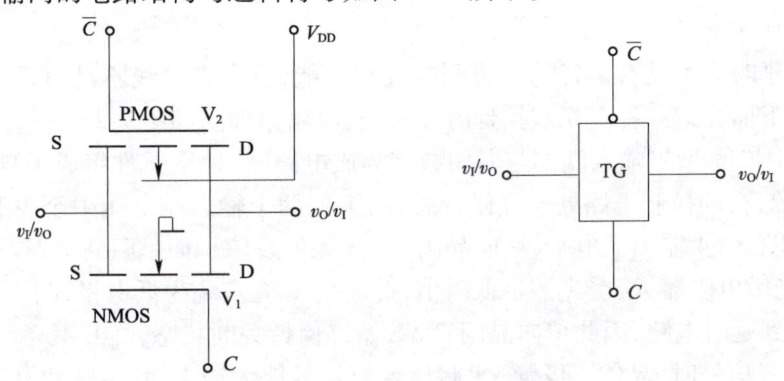

图 9-20　COMS 传输门的电路结构与逻辑符号

2. 工作原理

(1)当控制端 C 加高电平，若输入信号 v_I 在 0 ~ V_{DD}之间变化，则 V_1 和 V_2 中至少有一个管子导通，传输门的输入和输出之间呈低阻状态，传输门导通，相当于开关接通。即 $v_O = v_I$。

(2)当控制端 C 加低电平，只要 v_I 在 0 ~ V_{DD}之间变化，则 V_1、V_2 两个管子均截止，即传输门截止，相当于开关断开。

(3)功能。传输门是一种传输信号的可控开关电路，由于 CMOS 管结构对称，其源极与漏极可对调使用，因此，传输门具有双向性，也称双向开关。

知识3 CMOS电路的应用

(1)产品系列。CMOS集成电路的产品系列见表9-7。

CMOS集成电路的产品系列 表9-7

系 列	子 系 列	名 称	国标符号	部标符号
MOS	CMOS	互补场效晶体管型	CC4000	C00
	HCMOS	高速CMOS	CT54/74HC	
	HCMOST	与TTL兼容的高速CMOS	CT54/74HCT	

(2)CMOS电路使用注意事项。

①输入端不能悬空。

②电源不能接反,也不能超压。

任务五 制作声光双控延时开关

学习目标

(1)弄清声光控制灯的原理。

(2)学会声光控制开关的制作与调试方法。

(3)熟悉数字集成电路的使用方法。

1. 工作原理及电路

声光双控延时开关具有声音与光线同时控制功能,只有在光线不足而且有声音的时候才延时工作。下面介绍一种声光双控延时开关,其电路原理图如图9-21所示,CMOS数字集成电路A是CD4011型二输入端四与非门数字集成电路,与外围元件组成了自动控制电路。接通220V电源,自动控制电路处于守候状态,门1的两个输入端电压中至少有一个低于其阈值电压,门2和门4输出低电平,单向晶闸管VS无触发信号而呈阻断状态,被控电灯L不亮。在白天,光敏电阻器R_L受光照呈低阻值,此时门1输入端为低电平,门1被“封锁”,声音信号无法加到延时电路,因此单向晶闸管VS始终保持关断状态,灯L不亮。在夜间,当话筒B接收到声音信号时,晶体三极管VT将该音频信号放大输出,其正脉冲电压经门1和门2整形后,在门2输出高电平。该高电平一方面通过晶体二极管VD_1向电容器C_2充电,一方面通过门3整形后控制门4输出高电平,使单向晶闸管VS导通,灯L通电自动发光。声响过后,电容器C_2通过电阻器R_5缓慢放电,维持门4继续输出高电平,使L延时点亮约1min。随后,C_2两端电压下降至阈值电压以下,自动控制电路恢复原始守候状态,灯L自动熄灭。这种声光双控延时开关非常适合用来控制公共楼道、楼梯照明灯的节能自动控制。

2. 声光双控延时开关电路元件清单

声光双控延时开关电路元件清单见表9-8。

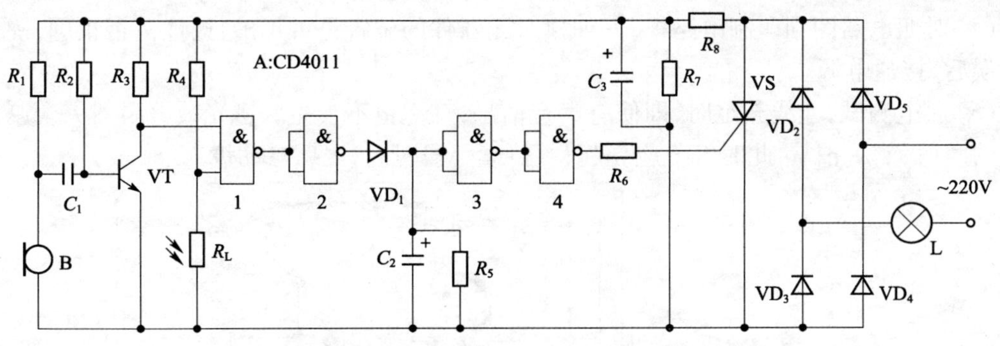

图 9-21 声光双控延时开关电路

声光双控延时开关电路元件清单 表 9-8

序 号	符 号	名 称	参 数
1	A	四与非门数字集成电路	CD4011
2	VS	单向晶闸管	MCR100-6
3	VT	三极管	9014
4	D_1	开关二极管	IN4148
5	$VD_1 \sim VD_4$	整流二极管	IN4007
6	B	驻极体话筒	CM-18W
7	R_L	光敏电阻器	MG44-03
8	C_1	瓷介电容器	CTI 型 0.1μF
9	C_2	电解电容器	C11-16V22μF
10	C_3	电解电容器	C11-16V47μF
11	R_1	电阻	15kΩ
12	R_2	电阻	3MΩ
13	R_3	电阻	510kΩ
14	R_4	电阻	220kΩ
15	R_5	电阻	3.3MΩ
16	R_6	电阻	30kΩ
17	R_7	电阻	18kΩ
18	R_8	电阻	160kΩ
19	L	灯泡	<120W

3. 元件装配图

声光双控延时开关电路元件装配图如图 9-22 所示。

4. 安装调试与检测

(1)根据电路原理图,设计装配图,装配示意图如图 9-22 所示。

(2)按照装配图正确安装元器件。

(3)仔细核对检查元器件安装无误后,用电烙铁焊接电路。要注意防止漏焊、错焊和搭锡。

(4)对照电路图和印制电路板,仔细核对元器件的位置是否正确,极性是否正确,确认正确无误后,接通电源。

(5)通电测试,光线充足时,即使有声音信号,灯泡也不会亮。将光敏电阻器完全遮挡住光线的照射,然后拍掌,此时灯泡应亮起,并持续一段时间,之后自动熄灭。

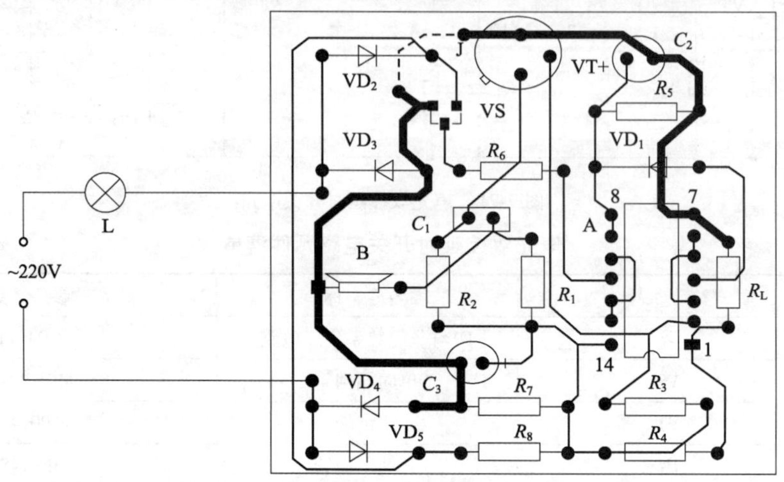

图 9-22　声光双控延时开关电路元件装配图

5. 技能训练

(1)改变电阻器 R_4 的阻值,观察光控灵敏度的变化。改变电阻器 R_2 的阻值,观察声控灵敏度的变化。

(2)改变电阻器 R_5 的阻值或电容器 C_2 的容量,观察延时照明时间的变化。

(3)通过测量门电路的输入和输出电平,可以反映出输入与输出的逻辑关系。

任务六　制作单按钮控制的双路交流开关

学习目标

(1)弄清单按钮控制的双路交流开关的原理。

(2)学会单按钮控制的双路交流开关的制作与调试方法。

(3)进一步熟悉数字集成电路的使用方法。

1. 工作原理及电路

通过一个单按钮可随意控制两路交流开关的“关闭”和“打开”,电路原理图如图 9-23 所示。集成电路 A 的型号是 CD4069,它是一个六非门数字集成电路,其中非门 1 ~ 3 与 VD_1 和 VD_2、R_2、C_2 和 C_3 组成短脉冲信号识别电路,非门 4 ~ 6 与 VD_3、R_3、C_4 等组成长脉冲信号识别电路。K_1、K_2 是记忆自锁继电器,可以实现开关的双稳态转换。220V 交流电压经 VD_7 半波整流,R_6 限流,VD_6 稳压和 C_5 滤波后,输出 12V 直流,供控制电路用电。

当较长时间按下按钮开关 S 时,非门 1、非门 4 均输出高电平,+12V 直流电分别通过

C_2、VD_2 和 R_3 对 C_3 和 C_4 充电，C_4 两端充电电压很快超过 $0.5V_{DD}$，非门 5 和非门 6 先后翻转，使 VT_2 导通，C_5 通过 K_2 线圈快速放电，K_2 获得足够脉冲功率而吸动，由其触点接通被控负载电源。K_2 保持"锁定"状态，使负载始终处于通电工作状态。当再次按动按钮开关 S 发出长脉冲信号时，已充足电的 C_5 通过 K_2 线圈快速放电，K_2 获得脉冲功率而释放，其触点切断被控负载电源。上述过程中，由于 C_2 可以隔直流，C_3 两端始终不会获得超过 $0.5V_{DD}$ 的充电电压，故其后级电路也不会工作。

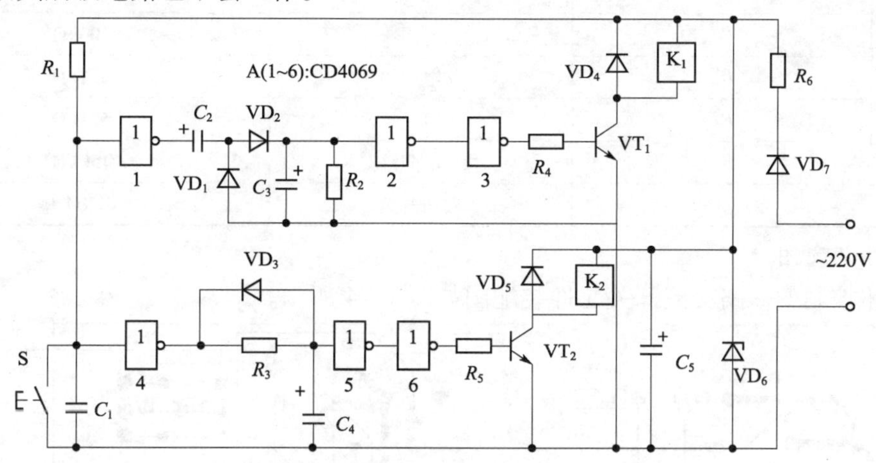

图 9-23　单按钮控制的双路交流开关

当快速连续按动 S 按钮 3～4 次时，在非门 1 会连续输出短促的正脉冲信号，经 C_2 耦合、VD_2 隔离，使 C_3 两端的充电电压快速积累到 $0.5V_{DD}$，非门 2、非门 3 先后翻转，使 VT_1 导通，K_1 获得脉冲功率而吸动，由其触点控制负载处于通电工作状态。当再次按动 S 后发出短脉冲信号时，K_1 获得脉冲功率释放，被控负载即断电停止工作。上述过程中，非门 4 虽然也输出正脉冲，但每次高电平保持时间小于 1s，C_4 充电电压达不到 $0.5V_{DD}$，而在下一个正脉冲到来之前，C_4 又通过 VD_3、非门 4 输出端快速放电，C_4 两端电压始终达不到非门 5 的翻转阈值电压。

2. 单按钮控制的双路交流开关元件清单

单按钮控制的双路交流开关元件清单见表 9-9。

单按钮控制的双路交流开关元件清单　　表 9-9

序　号	符　　号	名　　称	参　　数
1	A	六非门数字集成电路	CD4069
2	K_1、K_2	记忆自锁继电器	ZS-01F(12)×2
3	VT_1、VT_2	三极管	9014×2
4	VD_1～VD_3	开关二极管	IN4148×3
5	VD_4、VD_5	续流二极管	IN4007×2
6	VD_5、VD_4、VD_7	整流二极管	IN4006×3
7	VD_6	稳压二极管	IN4007
8	C_1	瓷介电容器	CT1 型　0.1μF
9	C_2	电解电容器	CD11-16V4.7μF

续上表

序号	符号	名称	参数
10	C_3、C_4	电解电容器	CD11-16V$X_2$10μF
11	C_5	电解电容器	CD11-16V330μF
12	R_1	电阻	100kΩ
13	R_2	电阻	470kΩ
14	R_3	电阻	100kΩ
15	R_4	电阻	5.1kΩ
16	R_5	电阻	5.1kΩ
17	R_6	电阻	150kΩ
18	S	按钮开关	KAX-4 型

3. 元件装配图

单按钮控制的双路交流开关元件装配图如图 9-24 所示。

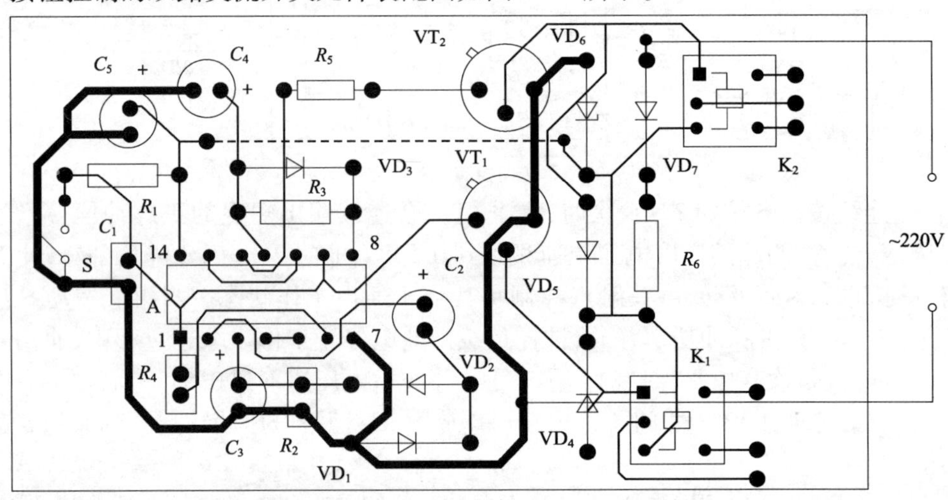

图 9-24 单按钮控制的双路交流开关元件装配图

4. 安装、调试与检测

(1)根据电路原理图,设计装配图,装配示意图如图 9-24 所示。

(2)按照装配图正确安装元器件。

(3)仔细核对检查元器件安装无误后,用电烙铁焊接电路。要注意防止漏焊、错焊和搭锡。

(4)对照电路图和印制电路板,仔细核对元器件的位置是否正确,极性是否正确,确认正确无误后,接通电源。

(5)通电测试,用不同的方式按动按钮开关 S,实现互不干扰的控制两路交流负载电源的“接通”和“断开”。

5. 注意

(1)电烙铁外壳一定要良好接地,以免交流感应电压击穿数字集成电路 A 内部 CMOS 电路。

(2)这种交流开关每路可控制 500W 以内(感性负载限制在 100W 以内)的各种交流用电器。如果被控负载功率较大,则应通过合适的交流接触器去间接控制负载。

快乐学习一点通

前面同学们完成了多个项目,已经积累了丰富的理论知识和实践经验技能,制作声光双控延时开关一定觉得很容易吧?但也不要骄傲,通过本项目的学习,你家楼道的声控灯的工作原理你了解了吗?声光控制开关的电路图会画了吗?要想体验一名电器工程师给你带来的成就感,还要进一步学习掌握下面的这些知识要点。对于数字集成电路知识还要多多了解哦。

1. 数字电路处理的是在时间上断续的信号,模拟电路处理的是在时间上连续变化的信号。

2. 数字集成电路的分类及命名。

3. 数字集成电路的外形、管脚排列、参数及应用。

牛刀小试显身手

简答题

1. 数字信号与模拟信号有什么区别?

2. 数字电路的特点是什么?

3. TTL 与非门有哪些主要参数?说明其主要含意。

4. 什么是 CMOS 电路?有何特点?在使用 CMOS 门电路时,能否将输入端悬空?为什么?

5. 数字电路的基本单元是____电路,强调电路输入与输出间的____。

项目十　分析、安装、调试组合逻辑电路

同学们都听说过报警器吧,想不想自己做一个做报警器呢,想做的话,从现在开始咱们就行动,完成本项目内容后,大家不但会做报警器,还能知道报警器的原理,还会修报警器,是不是很期待呀。

知识目标

1. 熟悉数制与数码的种类及运算。
2. 能对较复杂的组合逻辑电路进行分析。
3. 会用门电路进行电路设计,实现相应的逻辑功能。
4. 熟悉常用的组合逻辑电路功能。
5. 能分析八路声光报警电路的工作原理。

技能目标

1. 按要求用常见的集成门电路实现较复杂的逻辑功能。
2. 能对常用组合逻辑集成电路进行测试。
3. 用组合逻辑集成电路设计八路声光报警电路。

任务一　数制与数码

学习目标

(1)了解数制与码制的概念及其运算规则。

(2)弄清十进制数与二进制数的相互转化。

知识1　十进制数

十进制数的特点:

(1)采用十个基本数码:0、1、2、3、4、5、6、7、8、9。

(2)按“逢十进一”的原则计数。

知识2　二进制数及运算

(1)二进制数的特点:

①采用两个基本数码:**0** 和 **1**。

②按“逢二进一”的原则计数。

任何一个二进制数 S,可以写成

$$S = a_{n-1} \times 2^{n-1} + a_{n-2} \times 2^{n-2} + \cdots + a_1 \times 2^1 + a_0 \times 2^0$$

n 是二进制数的位数,2^{n-1}、2^{n-2}、…、2^1、2^0 是各位的位权,a_{n-1}、a_{n-2}、…、a_1、a_0 是各位数的数码。

(2)二进制数的四则运算。

①加法运算。

运算法则:“逢二进一”。

【例 10-1】　求$(10101)_2 + (1101)_2 = ?$

解: $\begin{array}{r} \mathbf{10101} \\ \mathbf{+\ \ 1101} \\ \hline \mathbf{100010} \end{array}$　$(10101)_2 + (1101)_2 = (100010)_2$

②减法运算。

运算法则:“借一作二”。

【例 10-2】　求$(1101)_2 - (110)_2 = ?$

解: $\begin{array}{r} \mathbf{1101} \\ \mathbf{-110} \\ \hline \mathbf{111} \end{array}$　$(1101)_2 - (110)_2 = (111)_2$

③乘法运算。

运算法则:各数相乘再作加法运算。

【例 10-3】　求$(1011)_2 \times (101)_2 = ?$

解:$(1011)_2 \times (101)_2 = (110111)_2$

④除法运算。

运算法则:各数相除后,再作减法运算。

【例 10-4】　求$(11001)_2 \div (101)_2 = ?$

解:$(11001)_2 \div (101)_2 = (101)_2$

(3)二进制化为十进制。

方法:为“乘权相加法”。

【例 10-5】　把二进制数$(1010)_2$转换为十进制数。

解:$(1010)_2 = (1 \times 2^3 + 0 \times 2^2 + 1 \times 2^1 + 0 \times 2^0)_{10}$

$= (2^3 + 0 + 2^1 + 0)_{10} = (10)_{10}$

(4)十进制化为二进制。

方法:为“除 2 取余倒记法”。

【例 10-6】　把十进制数$(97)_{10}$转换为二进制数。

解:$(97)_{10} = (1100001)_2$

任务二　逻辑代数及应用

学习目标

(1)熟悉逻辑代数基本公式。
(2)会运用逻辑函数的公式法化简。
(3)弄清逻辑代数在逻辑电路中的应用。

知识1　逻辑代数中的变量和常量

(1)逻辑变量是二元常量,只有两个值,即**0**和**1**。
(2)逻辑变量的二值**0**和**1**不表示数值的大小,而是表示两种对立的逻辑状态。

知识2　逻辑代数的基本公式及定律

(1)常量和变量的逻辑加:

$$A+\mathbf{0}=A$$
$$A+\mathbf{1}=\mathbf{1}$$

(2)变量和常量的逻辑乘:

$$A\cdot\mathbf{0}=\mathbf{0}$$
$$A\cdot 1=A$$

(3)变量和反变量的逻辑加和逻辑乘:

$$A+\overline{A}=1$$
$$A\cdot\overline{A}=0$$

(4)逻辑代数基本定律。
①交换律:

$$A+B=B+A$$
$$A\cdot B=B\cdot A$$

②结合律:

$$A+B+C=(A+B)+C=A+(B+C)$$
$$A\cdot B\cdot C=(A\cdot B)\cdot C=A\cdot(B\cdot C)$$

③重叠律:

$$A+A=A(A+A+A+\cdots+A=A)$$
$$A\cdot A=A(A\cdot A\cdot A\cdot\cdots\cdot A=A)$$

④分配律：

$$A+B\cdot C=(A+B)\cdot(A+C)$$
$$A\cdot(B+C)=A\cdot B+A\cdot C$$

⑤吸收律：

$$A+AB=A$$
$$A\cdot(A+B)=A$$

⑥非非律：

$$\overline{\overline{A}}=A$$

⑦反演律（又称摩根定律）：

$$\overline{A+B}=\overline{A}\cdot\overline{B}(\text{或}\overline{A+B+C+\cdots}=\overline{A}\cdot\overline{B}\cdot\overline{C}\cdots)$$
$$\overline{A\cdot B}=\overline{A}+\overline{B}(\text{或}\overline{A\cdot B\cdot C\cdot\cdots}=\overline{A}+\overline{B}+\overline{C}+\cdots)$$

知识3　逻辑函数的化简

化简的意义如下。

1. 几种不同的表达式

同一逻辑关系的逻辑函数不是唯一的，它可以有几种不同表达式，异或、与或、与或非—非、与非—与非、或与非、与或非、或非—或非。

2. 最简式

所谓最简式，必须是乘积项最少，其次是满足乘积项最少的条件下，每个乘积项中的变量个数为最少。

3. 化简的方法

（1）并项法。

利用 $A+\overline{A}=1$；$AB+\overline{A}B=1$，将两项合并为一项，并消去一个变量。

（2）吸收法。

利用 $A+AB=A$ 的关系，消去多余的项。

（3）消去法。

利用 $A+\overline{A}B=A+B$ 的关系，消去多余的因子。

（4）配项法。

一般在适当项中，配上 $A+\overline{A}=1$ 的关系式，同其他项的因子进行化简。

化简举例如下。

【例10-7】　化简 $Y=\overline{A}+\overline{B}+AB$

解：

$$Y=\overline{A}+\overline{B}+AB=\overline{A}+\overline{B}+A=1+\overline{B}=1$$

知识4　逻辑电路图、真值表与逻辑函数间的关系

【例10-8】　根据 Y = AB + AC 逻辑函数，设计逻辑电路。

解：画出相应的逻辑电路，如图10-1a）所示。

如果将函数式化简成 $Y=A(B+C)$，则可得更简单的逻辑电路，如图10-1b）所示。

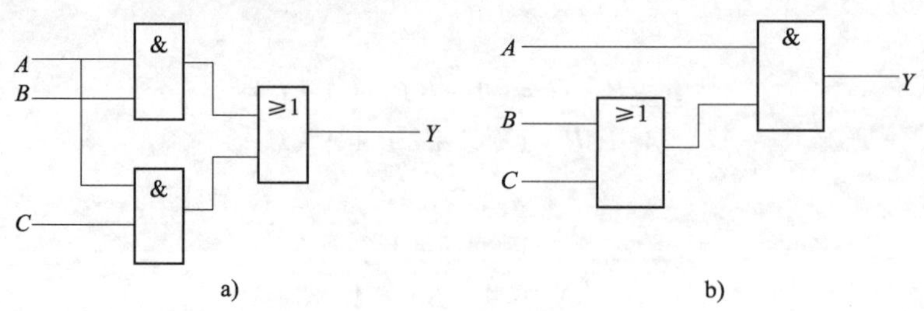

图 10-1　逻辑电路图

任务三　组合逻辑电路的分析

学习目标

(1)学会逻辑电路的分析方法并知道逻辑电路的设计方法。

(2)弄清编码器、译码器、数字显示器和加法器的工作原理及应用。

知识 1　组合逻辑电路的基础知识

(1)组合逻辑电路特点:任何时刻的输出状态,直接由当时的输入状态所决定。

(2)组合逻辑电路分析方法:

①根据逻辑电路写出表达式,即由输入到输出逐级写出输出表达式。

②化简表达式。

③由化简后的表达式写出真值表。

(3)组合电路的设计步骤:

①根据实际问题的逻辑关系,列出相应的真值表。

②由真值表写出逻辑函数的表达式。

③化简逻辑函数式。

④根据化简得到的最简表达式,画出逻辑电路图。

(4)举例说明。举重比赛有三个裁判。一个主裁判 A,两个副裁判 B、C。杠铃举起的裁决,由每个裁判按一下自己面前的按钮来决定。只有两个以上裁判判明成功时,表明“成功”的灯才亮。设计这个逻辑电路。

①设 Y 为指示灯,1 表示灯亮;0 表示不亮。

A 主裁判;B、C 副裁判。列真值表,见表 10-1。

②由真值表写出逻辑函数的表达式。

$$Y=\overline{AB}C+\overline{ABC}+ABC$$

③化简逻辑函数式。

$$Y=A(B+C)$$

④根据化简得到的最简表达式,画出逻辑电路图,如图 10-2 所示。

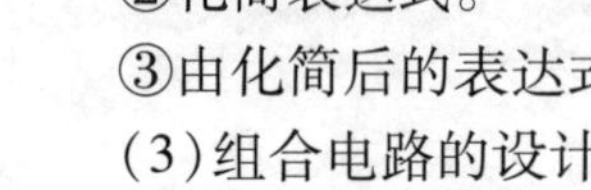

图 10-2　逻辑电路图

真 值 表　　表 10-1

A	B	C	Y
0	0	0	0
0	0	1	0
0	1	0	0
0	1	1	0
1	0	0	0
1	0	1	1
1	1	0	1
1	1	1	1

知识 2　二进制编码器

用 n 位二进制代码对 2^n 个信号进行编码的电路，称为二进制编码器。

(1)编码器示意图如图 10-3 所示。

(2)真值表见表 10-2。

(3)表达式：

$$A = Y_4 + Y_5 + Y_6 + Y_7$$
$$B = Y_2 + Y_3 + Y_6 + Y_7$$
$$C = Y_1 + Y_3 + Y_5 + Y_7$$

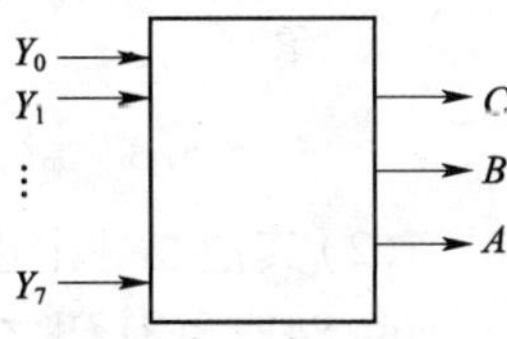

图 10-3　编码器示意图

真 值 表　　表 10-2

十进制数	输入变量	A B C
0	Y_0	0 0 0
1	Y_1	0 0 1
2	Y_2	0 1 0
3	Y_3	0 1 1
4	Y_4	1 0 0
5	Y_5	1 0 1
6	Y_6	1 1 0
7	Y_7	1 1 1

(4)逻辑图如图 10-4 所示。

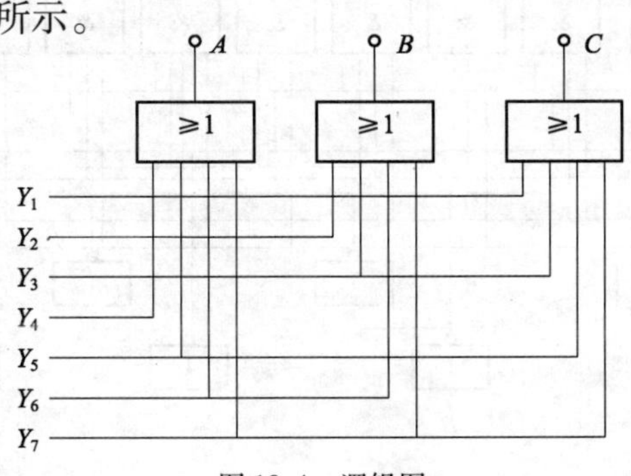

图 10-4　逻辑图

知识 3　二—十进制编码器

(1)8421 编码器。所谓 8421 码,即二进制代码自左向右,各位的"权"分为 8、4、2、1。

①编码器示意图如图 10-5 所示。

②编码器逻辑图如图 10-6 所示。

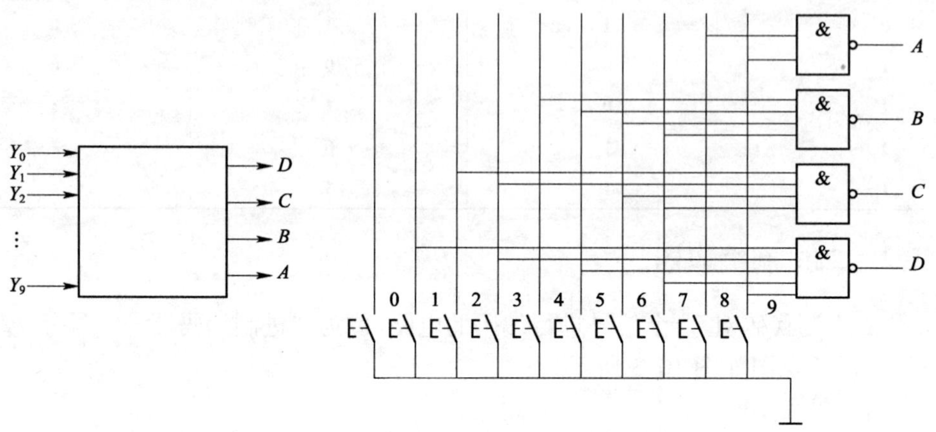

图 10-5　编码器示意图　　　　图 10-6　编码器逻辑图

(2)其他二—十进制编码器。

除 8421BCD 码之外,还有其他二—十进制编码器,如 3BCD 码、2421BCD 码。

知识 4　二—十进制译码器

(1)编码器示意图如图 10-7 所示。

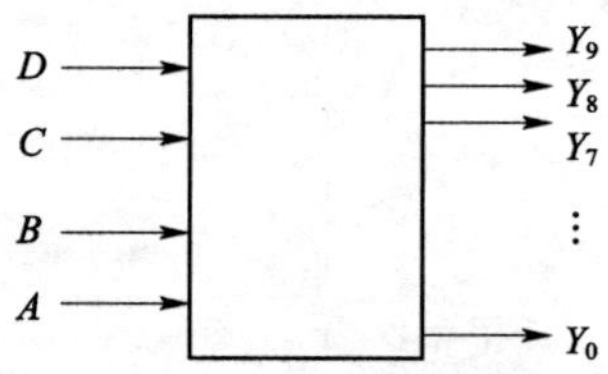

图 10-7　编码器示意图

(2)逻辑电路如图 10-8 所示。

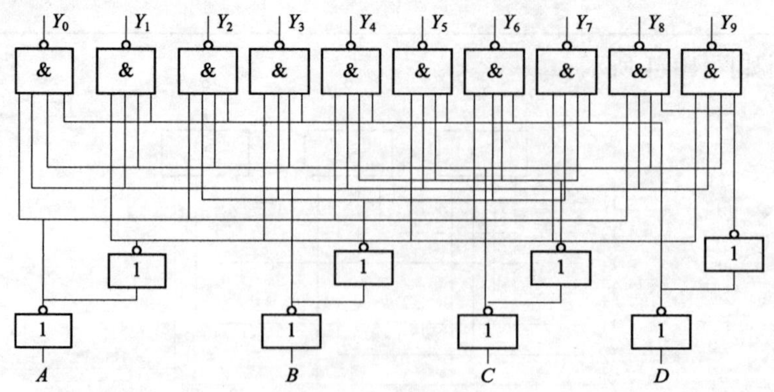

图 10-8　逻辑电路

知识5　显示器

(1)半导体数码管。

①半导体数码管示意图。半导体数码管有共阳极型和共阴极型两种,如图10-9所示。

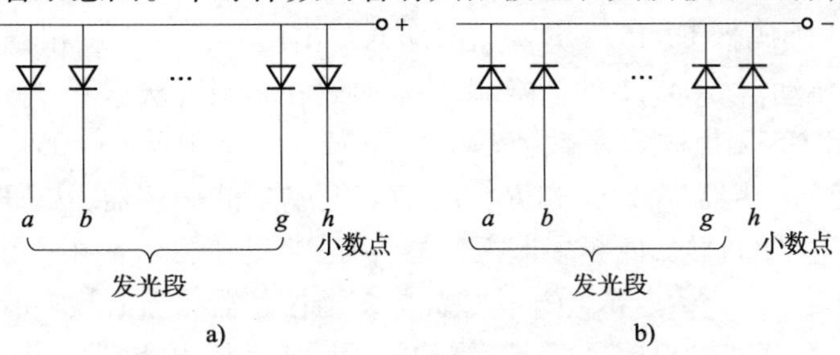

图10-9　半导体数码管

共阳极型接低电平导通发光,共阴极型接高电平导通发光。

②半导体数码管外形如图10-10所示。

③特点。半导体数码管有亮度高、字形清晰、工作电压低、体积小、寿命长、响应速度极快等优点。

(2)液晶显示器。

①液晶显示器示意图如图10-11所示。

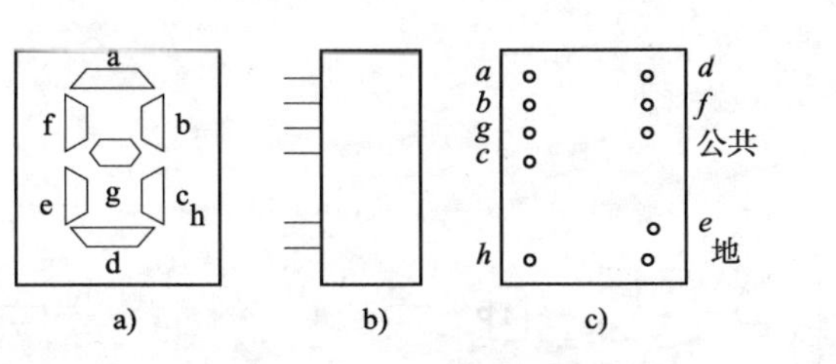

图10-10　半导体数码管外形

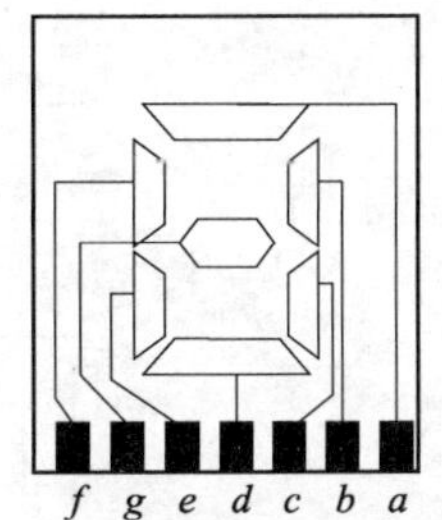

图10-11　液晶显示器示意图

②特点。液晶显示器体积小、功耗极低,且制作工艺简单,但显示清晰度不如半导体数码管。

任务四　制作八路声光报警电路

学习目标

(1)弄清八路声光报警电路的原理。

(2)学会声光控制开关的制作与调试方法。

(3)进一步熟悉数字集成电路的使用方法。

1. 工作原理及电路

组合逻辑电路的特点是电路某一时刻的输出仅仅取决于该时刻的输入,而与以前各时刻的输入无关。八路声光报警电路原理图如图10-12所示,八位优先编码器CD4532将输入的八路开关量译成三位 BCD 码并输出，经 BCD 锁存/七段译码/驱动器 CD4511 译码后，通过驱动共阴极数码管 C501SR 显示警报路号 0 ~ 7 号。如果八路输入开关中有任何一路断开，则数码显示器就会显示该路号，并发出光报警；同时，优先编码器 CD4532 的 GS 端输出高电平，使开关三极管 VT_1 饱和导通，启动声报警电路工作。为了防止错误显示和减少功耗，可以将八位优先编码器 CD4532 允许输出端的输出信号通过六反相器 CD4069 反相后，加至锁存/七段译码/驱动器 CD4511 的消隐端，使数码管在不报警状态下"熄灭"。当二路以上开路时，优先编码器 CD4532 优先显示数值最大的路号。六反相器 CD4069 中的 G_1、G_2 与 R_{20}、R_{21}、C_3 构成低频多谐振荡器，NE555 和 R_{17}、R_{18}、C_1 组成多谐振荡器，从 NE555 的 3 脚输出方波。当处于方波低电平的时候，低频多谐振荡器停振；当处于方波高电平的时候，低频多谐振荡器开始工作。由 G_4、G_5 与 R_{23}、R_{24}、C_4 构成高频多谐振荡器。当低频多谐振荡器输出为高电平的时候，高频多谐振荡器输出信号由 VT_2缓冲放大后推动扬声器，发出声音报警信号。

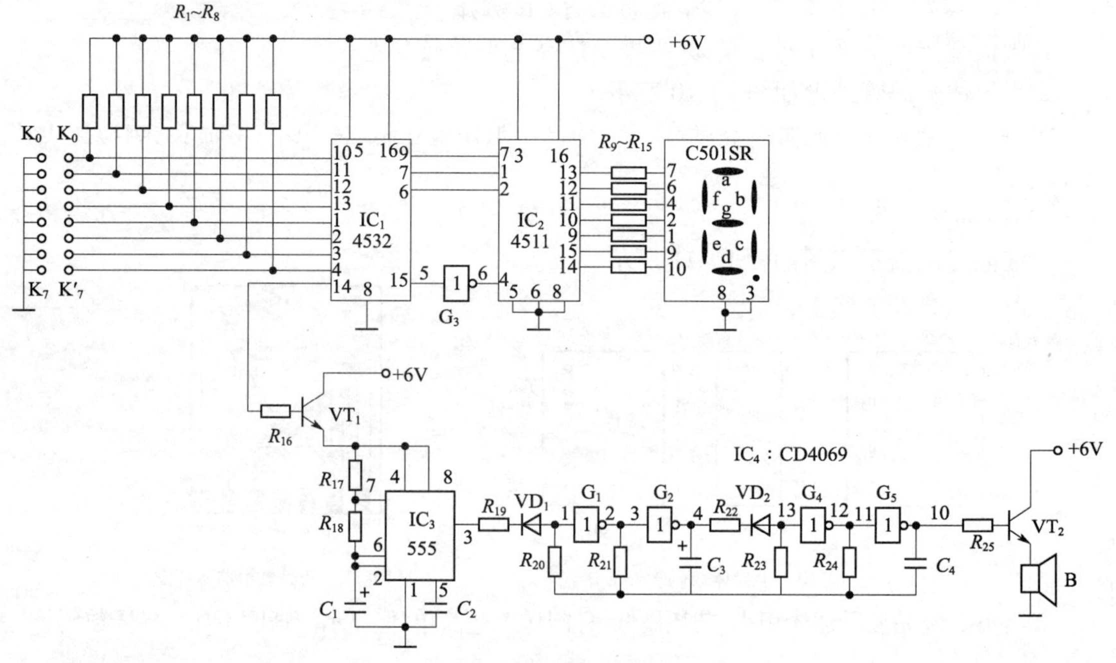

图 10-12　八路声光报警电路的原理图

2. 八路声光报警电路元件清单

八路声光报警电路元件清单见表 10-3。

八路声光报警电路元件清单　　表 10-3

序　号	符　　号	名　　称	参　　数
1	IC_1	优先编码器	CD4532
2	IC_2	七段译码器	CD4511
3	IC_3	时基电路	NE555
4	IC_4	六反相器	CD4069
5	C_1	电解电容	CD11 - 16V47μF
6	C_2　C_4	涤纶电容	CL11—63V ×2

续上表

序　号	符　　号	名　　称	参　　数
7	C_3	电解电容	CD11－1－25V 1μF
8	VD_1　VD_2	二极管	1N4148×2
9	VT_1　VT_2	三极管	9013×2
10	R_1-R_8	电阻	10kΩ×8
11	R_9-R_{15}	电阻	510Ω×7
12	R_{16}	电阻	1kΩ
13	R_{17}　R_{18}　R_{22}	电阻	10kΩX3
14	R_{18}	电阻	1MΩ
15	R_{20}　R_{23}	电阻	10kΩX2
16	R_{21}　R_{24}	电阻	51kΩX2
17	R_{25}	电阻	4.7kΩ
18	B	扬声器	8Ω
19	C501SR	数码管	

3. 元件装配图

元件装配图如图 10-13 所示。

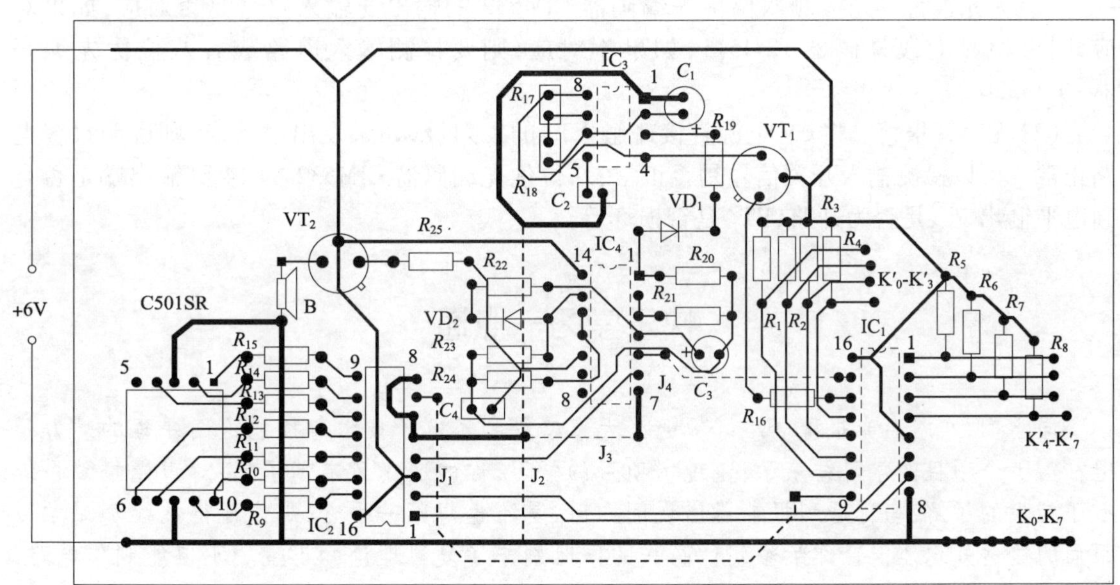

图 10-13　八路声光报警电路元件装配图

4. 安装调试与检测

(1) 根据电路原理图设计装配图，装配图如图 10-13 所示。

(2) 按照装配图正确安装元器件。

(3) 仔细核对检查元器件安装无误后，用电烙铁焊接电路。安装短接线 J_1-J_4 时，要紧贴印制电路板,引脚直立焊;安装数码管的时候小数点应在右下角。要注意防止漏焊、错焊和搭锡。

(4)对照电路图和印制电路板,仔细核对元器件的位置是否正确,极性是否正确,确认正确无误,接通电源。

(5)检测整机电流,正常工作时一般不大于10mA。

(6)在电流符合要求的情况下,在$K_0 \sim K_7$间一一铰接,数码管应无显示,电路中应无声音报警。

(7)断开K_0绞接线,数码管显示“0”,同时听到30s声音报警,停止30s,再声音报警30s,停止30s,反复进行。依次逐路实验$K_1 \sim K_7$,数码管上应依次显示“1”—“7”,并伴随声音报警。

(8)观察多点同时报警时,电路的高位优先功能。即同时断开几组绞接线,发出声音报警的同时,光报警数码管应该显示最大路号。

5. 技能训练

(1)在$K_0 \sim K_7$间一一铰接后,用万用表测量工IC_1(CD4532)的输入端电平和编码输出电平,并与CD4532真值表比较,以检验其正确性。将训练结果记录下来。

(2)用万用表测量IC_2(CD4511)的输入端电平和编码输出电平,并与CD4511真值表比较。将训练结果记录下来。

6. 故障检修

(1)无光报警。先检测八位优先编码器CD4532的输出与输入路号是否对应,如果对应,则再检测七段译码器CD4511;如果不对应,则要检测输入电路或者八位优先编码器CD45320。

(2)无声音报警。将6V电源直接碰触VT_1的发射极,如果发出报警声,则说明报警电路正常。可以检测输入开关信号是否正常,八位优先编码器CIM532的14脚输出端是否有高电平输出,R_{16}是否为开路,VT_1是否损坏等。

快乐学习一点通

同学们,八路声光报警电路好玩吧?大家感受到了电子技术与技能这门课程的魅力了吧?第十个项目的学习结束了,通过本项目的学习,你的羽翼又丰满了吧,对声光报警系统有了初步的了解,当你遇到报警器出现问题时,是不也想露一手呀,那你还得继续加深学习下面的这些知识才能让你荣耀啊!高兴的同时别忘了复习理论知识哦。不但能制作电路,懂得电路工作原理能解决电路故障,会维修电路那才叫高、大、上呢。

本项目简明地介绍了逻辑代数基础知识、编码器、译码器和显示器的基本原理及其分析方法。它们都是组合逻辑电路。组合逻辑电路的特点是电路没有记忆能力。它的输出仅取决于当时的输入状态,而与电路原来状态无关。

逻辑代数是分析数字电路的一种数学工具。利用逻辑代数,可以把一个电路的逻辑关系抽象为数学表达式,并且可以利用逻辑运算的方法,解决逻辑电路的分析和设计问题。

逻辑代数中的变量、常量和函数值都只有两种取值。即“0”和“1”它代表两种互相对立的不同状态。逻辑代数中有三种基本运算，即逻辑乘、逻辑加和逻辑非。任何复杂的逻函数式均可由三种基本运算组合而成。

1. 真值表。真值表是以表格的形式表示逻辑函数各变量取值组合和函数之间的关系。

应理解组合逻辑电路的一般分析方法和步骤。

(1)由逻辑电路图写出逻辑表达式。

(2)化简表达式。

(3)列出真值表，根据真值表分析电路的逻辑功能。

2. 应掌握组合逻辑电路的设计思路及步骤。

(1)由实际事件所需完成的逻辑功能，列出真值表。

(2)根据真值表写出逻辑表达式。

(3)化简表达式，并根据化简后的表达式画出逻辑图。

3. 应知道编码、译码和显示器的一般工作原理和三者的联系。

(1)将若干个0和1按一定规律编排在一起“编成不同代码”，并且赋予代码一定含义的过程叫编码。能完成编码功能的电路叫编码器。计算系统中常用二—十进制编码器。

(2)译码是编码的逆过程。它将二进制代码翻译成给定的数字。译码器是一个多输入、多输出的逻辑电路，对应于输入信号的任一组态，一般仅有一个输出状态有效。故译码器也可看作是一个“条件开关”。应该指出，译码器输出的是信号而不是数字。

(3)显示器是译码器的终端，它将译码器输出的数字信号在数码管上直观地显示出数字(十进制数)。数字电路中常用分段式显示数码管。

牛刀小试显身手

简答题

1. 将下列十进制数转换成二进制数。

(1)18；

(2)36；

(3)111。

2. 将下列二进制数转换成十进制数。

(1)1011；

(2)11010；

(3)111。

3. 变换函数式 $\overline{AB}+\overline{AC}+\overline{AD}$ 为与非—与非表达式，并画出对应的逻辑电路图。

4. 根据 $Y=AB+AC$ 逻辑函数，设计逻辑电路。

5. 试由真值表10-4列出相应的逻辑函数式。

真 值 表 表10-4

A	B	C	Y
0	0	0	0
0	0	1	0
0	1	0	0
1	0	0	1
0	1	1	1
1	0	1	0
1	1	0	0
1	1	1	1

6. 列出逻辑函数式 $Y=\overline{A}B+\overline{AB}$ 的真值表。

7. 化简 $Y=AB+\overline{AB}+\overline{AB}+\overline{A}B$。

8. 化简 $Y=\overline{A}+\overline{B}+AB$。

9. 化简 $Y=AB+\overline{AC}+\overline{BC}$。

10. 逻辑变量的取值有几种可能？为什么？

11. 组合逻辑电路有什么特点？如何分析组合电路？组合电路的设计步骤是怎样的？

12. 什么是编码？什么是编码器？译码的含义是什么？为什么说译码是编码的逆过程？译码器和编码器在电路组成上有什么不同？

项目十一　分析、安装、调试触发器应用电路

你想在楼上楼下两个地点都能控制一个灯的开关吗？等咱们认识了触发器这个神奇的小模块后，就可以轻松实现这个小愿望。

触发器是数字系统中具有记忆功能的基本逻辑单元，某一时刻的输出状态不仅决定于输入信号，而且还与触发器的原始状态有关。触发器属于双稳态器件，即具有两个稳定状态"置位"和"复位"。因此触发器可以存储一个二进制位，当触发器处于置位状态的时候相当于存储"1"；当触发器处于复位状态时相当于存储"0"。在适当的信号作用下，这两种状态可以发生转换，能够接收和输出送来的信号，并且在输入信号消失后，能保持新的状态。

知识目标

1. 弄清基本 RS 触发器的电路组成、逻辑功能和工作原理。
2. 知道 JK 触发器、D 触发器的电路组成，理解它们的逻辑功能。
3. 熟悉集成 JK、D 触发器的使用常识。
4. 熟悉集成 JK 和 D 触发器的功能转换方法。

技能目标

1. 学会集成 RS 触发器逻辑功能的测试方法。
2. 熟悉触发器组成的应用电路，加深理解触发器的逻辑功能。
3. 能识读常用集成触发器的引脚标注，提高集成 JK、D 触发器应用能力。
4. 学会制作、安装与调试触发器电路的方法。

任务一　RS 触发器

学习目标

(1)知道基本 RS 触发器的逻辑电路、工作原理及逻辑功能。

(2)知道同步 RS 触发器的逻辑功能。

(3)弄清触发器的触发方式。

知识 1　基本 RS 触发器

数字电路中需要一种具有记忆功能的电路。虽然现在大量使用的是集成触发器，而各种触发器的基础是基本 RS 解发器。

1. 电路组成及逻辑符号

(1)逻辑电路组成如图 11-1 所示。

① 2 个输入端 $\overline{R}$、$\overline{S}$,2 个输出端 $\overline{Q}$、Q。

②触发器的状态:$Q=\mathbf{0}(\overline{Q}=\mathbf{1})$,处于 **0** 态;$Q=\mathbf{1}(\overline{Q}=\mathbf{0})$,处于 **1** 态。

(2)逻辑符号如图 11-2 所示。

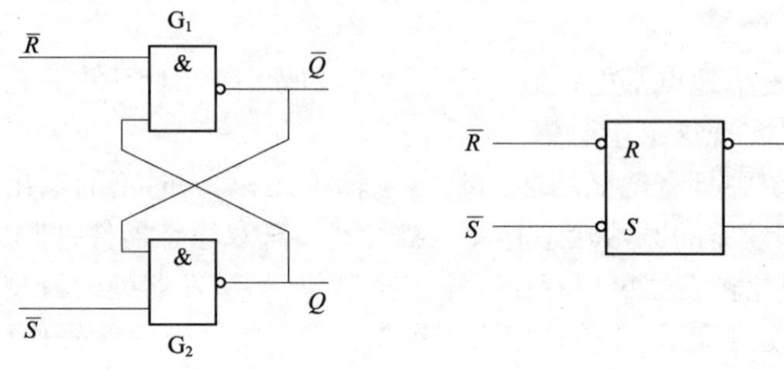

图 11-1　逻辑电路　　　　图 11-2　逻辑符号

2. 逻辑功能

Q 状态决定于输入端 $\overline{R}$、$\overline{S}$ 电平高低。

(1)$\overline{R}=1$,$\overline{S}=1$,触发器保持原状态不变。

①$Q=\mathbf{0}$、$\overline{Q}=1$,触发器为 **0** 态,则 $Q=\mathbf{0}$使门 G_1 输出为 1,即 $\overline{Q}=\mathbf{1}$;而 $\overline{Q}=1$、$\overline{S}=1$ 送到与非门 G_2 的两个输入端,保持 $Q=0$。触发器保持原态不变。

②电路处于 **1** 态,$Q=\mathbf{1}$、$\overline{Q}=0$,则 $\overline{Q}=0$ 使 G_2 门输出为高电平,即保持 $Q=\mathbf{1}$;而 $Q=\mathbf{1}$、$\overline{R}=1$ 送到与非门 G_1 的两个输入端,保持 $\overline{Q}=0$。触发器保持原态不变。

(2)$\overline{R}=0$,$\overline{S}=1$,触发器为 **0** 态。

$\overline{R}=0$,使 G_1 的输出 $\overline{Q}=1$,此时,G_2 的两个输入端 $\overline{R}$、$\overline{S}$ 全为 **1**,因而 $Q=\mathbf{0}$,触发器被置为 **0** 态,并且与原状态无关。

(3)$\overline{R}=1$,$\overline{S}=0$,触发器为 **1** 态。

$\overline{S}=0$,使 G_2 的输出 $Q=\mathbf{1}$,此时,G_1 的两个输入端全为 1,因而 $\overline{Q}=0$,触发器被置为 **1** 态,并且与原状态无关。

(4)$\overline{R}=0$,$\overline{S}=0$,触发器状态不定。

Q 和 $\overline{Q}$ 同时被迫为 **1**;而当 $\overline{R}$、$\overline{S}$ 同时返 **1** 时,Q 和 $\overline{Q}$ 的状态不能确定,即可能为 **0** 态,也可能为 **1** 态。

3. 基本 RS 触发器真值表

基本 RS 触发器真值表见表 11-1。

基本 RS 触发器真值表　　表 11-1

$\overline{R}$	$\overline{S}$	Q	逻辑功能
0	**1**	**0**	**置 0**
1	**0**	**1**	**置 1**
1	**1**	不变	保持
0	**0**	不定	

4. 结论

(1)置 **0** 端:把 $\overline{R}$ 端加低电平触发信号时,触发器为 **0** 态,称 $\overline{R}$ 为置 **0** 端,又称复位端。

(2)置 **1** 端:把 $\overline{S}$ 端加低电平触发信号时,触发器为 **1** 态,称 $\overline{S}$ 为置 **1** 端,又称置位端。

(3)触发器的翻转:触发器在外加信号作用下,状态发生了转换,称为翻转。外加的信号称为“触发脉冲”。

知识 2 同步 RS 触发器

由时钟脉冲控制的 RS 触发器称为同步 RS 触发器,又称时钟控制 RS 触发器。

(1)电路组成如图 11-3 所示。

(2)工作原理。

①无时钟脉冲作用时($CP = \mathbf{0}$)。

$CP = \mathbf{0}$ 时,G_3、G_4 门被封锁,输入信号 R、S 不起作用,触发器维持原状态。

②有时钟脉冲作用时($CP = \mathbf{1}$)。

$CP = \mathbf{1}$ 时,G_3、G_4 门被打开,输入信号 R、S 经倒相后被引导到基本 RS 触发器的输入端,可以直接控制基本 RS 触发器。

有 CP 作用时,触发器才按存入的信息翻转。

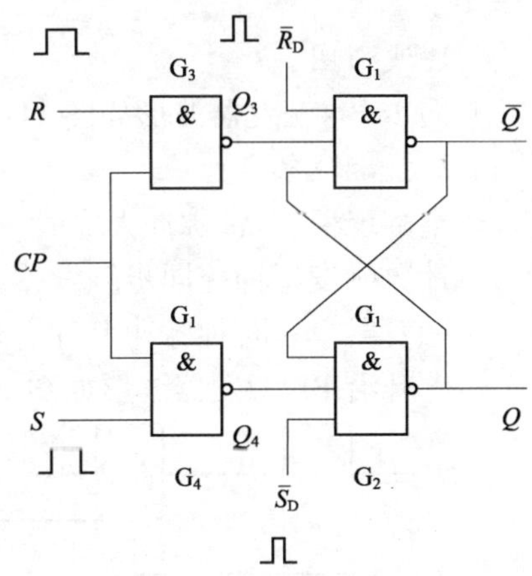

图 11-3 电路组成

(3)真值表见表 11-2。

Q_n:表示时钟脉冲 CP 到来前的状态,即原态。

Q_{n+1}:表示 CP 脉冲到来后的状态,即现态。

真 值 表 表 11-2

时钟脉冲 CP	输入信号		输出状态	功能说明
	R	S	Q_{n+1}	
0	×	×	Q_n	保持
1	**0**	**0**	Q_n	保持
1	**1**	**0**	**0**	置 **0**
1	**0**	**1**	**1**	置 **1**
1	**1**	**1**	×	不允许

(4)逻辑符号如图 11-4 所示。

【例 12-1】 设基本 RS 触发器的输入信号 $\overline{R}$、$\overline{S}$ 的波形如图 11-5 所示。触发器初始状态 $Q = 1$,试在 $\overline{R}$、$\overline{S}$ 波形下方,画出 Q、$\overline{Q}$ 的信号波形。

解:Q 为高电平,$\overline{Q}$ 为低电平。波形如图 11-5 所示。

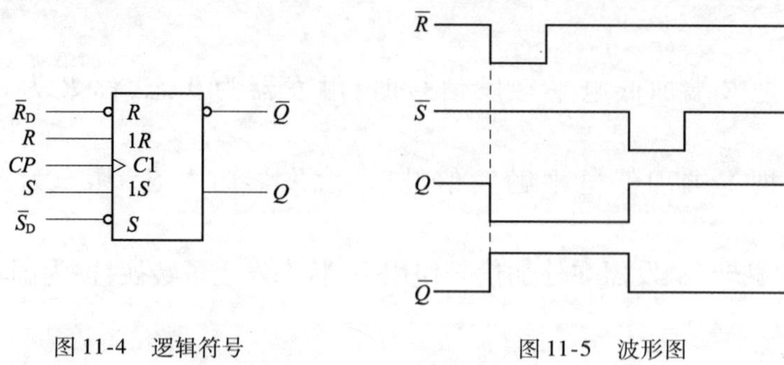

图 11-4　逻辑符号　　　　图 11-5　波形图

知识 3　触发器的触发方式

同步触发采用电平触发方式，一般为高电平触发即在 *CP* 高电平期间输入信号起作用。

1. 波形图

同步 RS 触发器波形如图 11-6 所示。

2. 空翻现象

空翻现象：时钟脉冲太宽时，一个 *CP* 脉冲会引起触发器的多次翻转。

计数触发型钟控同步触发器，必须在时钟脉冲宽度足够窄的条件下，才能正常工作。

触发器只在时钟脉冲上升沿时刻，根据输入信号翻转。可以克服空翻现象。

上升沿 RS 触发器波形如图 11-7 所示。

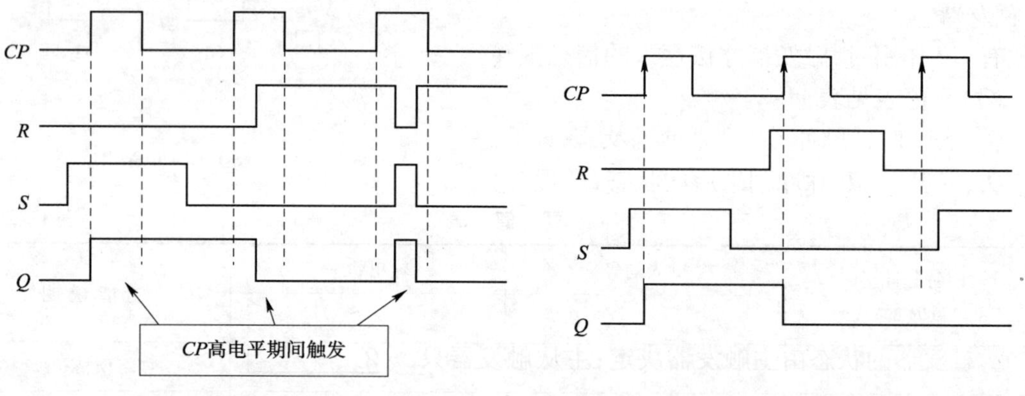

图 11-6　触发器波形图　　　　图 11-7　触发器波形图

下降沿触发器只在 *CP* 时钟脉冲下降沿时刻，根据输入信号翻转，同样可以保证在一个 *CP* 周期内触发器只动作一次。

任务二　主从触发器

学习目标

(1)弄清主从触发器的电路构成。

(2)理解主从触发器的工作原理及逻辑功能。

知识　主从触发器概述

(1)逻辑电路图如图 11-8 所示。

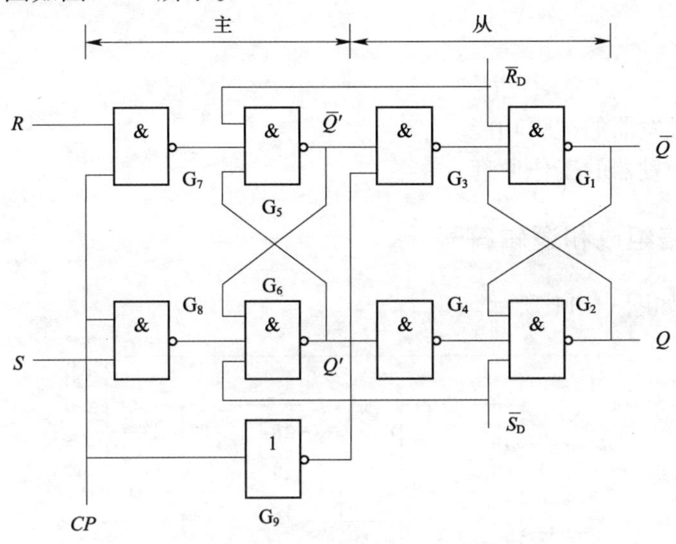

图 11-8　逻辑电路图

由两个同步 RS 触发器加上一个非门组成。

(2)工作原理。

当 *CP* 高电平期间,主触发器接收 *R*、*S* 输入信号,状态翻转;同时,*CP* 经非门变为低电平加至从触发器上,故从触发器被封锁。

当 *CP* 低电平期间,主触发器被封锁,*R*、*S* 输入信号不起作用;同时,*CP* 经非门变为高电平加至从触发器上,故从触发器被打开,使其输出与主触发器一致。

(3)工作特点。

从触发器的状态由主触发器决定;主从触发器只在每个输入 *CP* 脉冲的下降沿翻转一次,与 *CP* 脉冲的宽度无关,从而避免空翻现象。

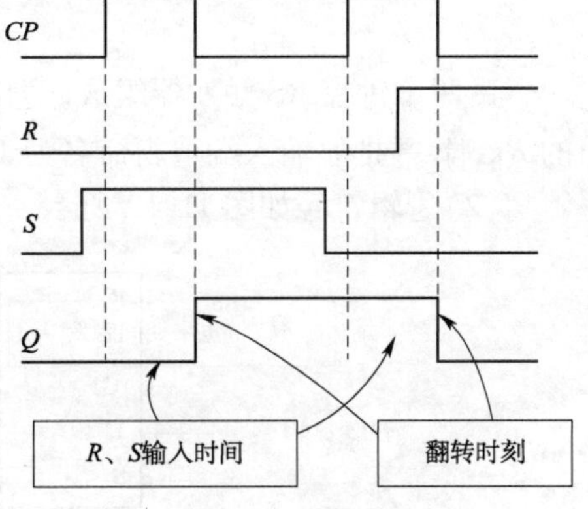

图 11-9　波形图

(4)波形图如图 11-9 所示。

(5)逻辑符号如图 11-10 所示。

触发器类型	同步RS触发器	上升沿触发RS触发器	下降沿触发RS触发器
逻辑符号	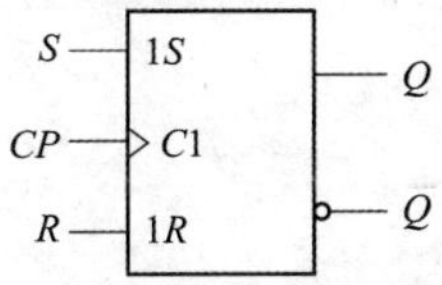 S—1S, CP—C1, R—1R; Q, Q	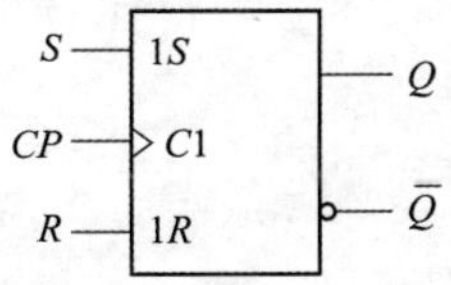 S—1S, CP—C1, R—1R; Q, Q̄	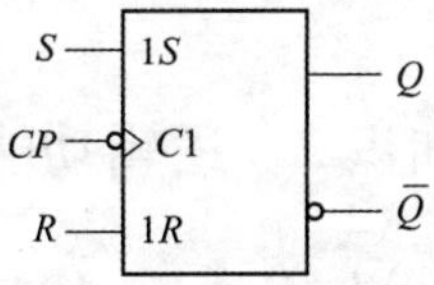 S—1S, CP—C1, R—1R; Q, Q̄

图 11-10　逻辑符号

任务三　JK 触发器

学习目标

(1)熟悉 JK 触发器的逻辑功能。

(2)知道 JK 触发器的工作原理。

知识 1　电路组成和逻辑符号

(1)电路组成如图 11-11 所示。

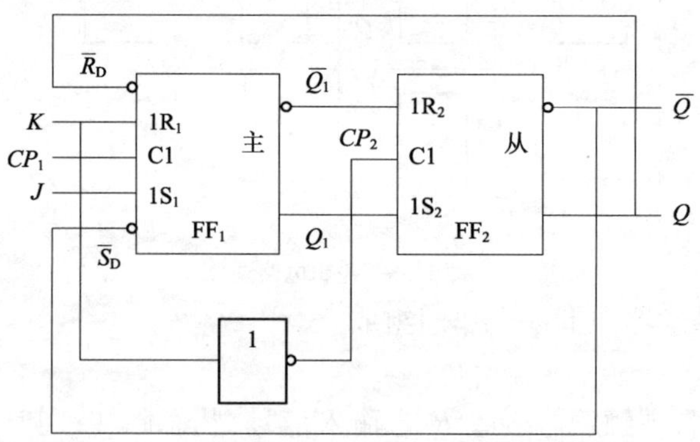

图 11-11　JK 触发器电路图

由两个钟控 RS 触发器组成,输出 $\overline{Q}$ 反馈至主触发器的 $\overline{S}_D$ 端,输出 Q 反馈至主触发器的 $\overline{R}_D$ 端,并把原输入端重新命名为 J 端和 K 端。

(2)逻辑符号如图 11-12 所示。

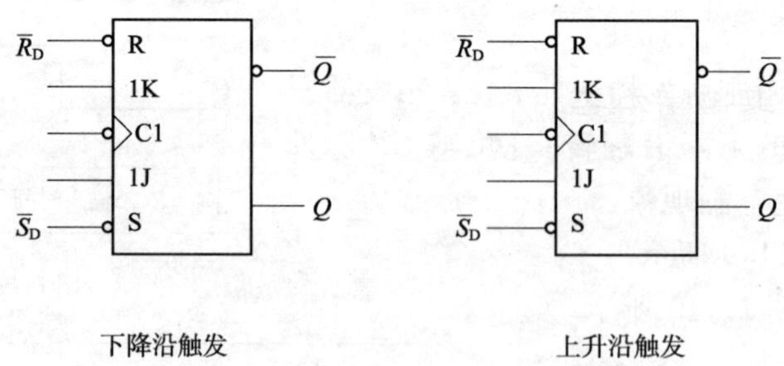

图 11-12　逻辑符号

知识 2　逻辑功能

(1)$J=0,K=0,Q_{n+1}=Q_n$。

主触发器被封锁,CP 脉冲到来后,触发器状态不翻转,$Q_{n+1}=Q_n$,输出保持原态。

(2) $J=1, K=0, Q_{n+1}=1$。

主触发器处于 $Q_1=1, \overline{Q_1}=0$ 状态;从主触发器被封锁,输出状态不变。CP 的下降沿到来后,将主触发器的 Q_1、$\overline{Q_1}$ 传送到从触发器去,所以触发器状态为 **1** 态。

(3) $J=0, K=1, Q_{n+1}=0$。

主触发器处于 $Q_1=0, \overline{Q_1}=1$ 状态;从主触发器被封锁,输出状态不变。CP 下降沿到来后,将主触发器的 Q_1、$\overline{Q_1}$ 传送到从触发器,从触发器被置 **0**。

(4) $J=1, K=1, Q_{n+1}=\overline{Q_n}$。

当时钟脉冲到来时,$J=1, K=1$,使主触发器被置于与从触发器相反的状态。$CP=\mathbf{0}$ 时,从触发器随主触发器变化。亦即当 CP 脉冲下降沿到来时,触发器状态发生翻转,即 $Q_{n+1}=\overline{Q_n}$,随着 CP 脉冲不断输入,触发器状态不断翻转,因而具有计数功能。

真值表见表 11-3。

真　值　表　　　　表 11-3

J	K	Q_{n+1}	逻辑功能
0	**0**	Q_n	保持
0	**1**	**0**	置 **0**
1	**0**	**1**	置 **1**
1	**1**	$\overline{Q_n}$	计数

任务四　D 触发器

学习目标

(1)熟悉 **D** 触发器的逻辑符号。

(2)知道 **D** 触发器的逻辑功能。

知识 1　D 触发器逻辑符号

逻辑符号如图 11-13 所示。

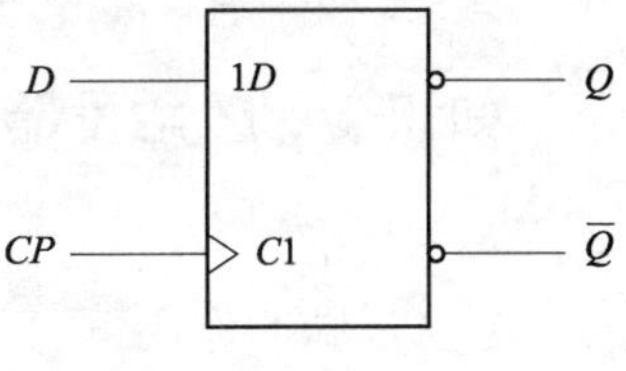

图 11-13　逻辑符号

知识 2　逻辑功能

(1)逻辑功能。

①$D=\mathbf{0}$,CP 上升沿到来后,$Q_{n+1}=\mathbf{0}$,触发器置 **0**。

②$D=\mathbf{1}$,CP 上升沿到来后,$Q_{n+1}=\mathbf{1}$,触发器置 **1**。

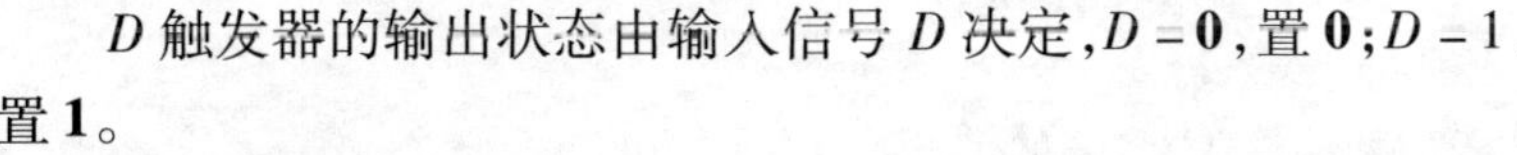

D 触发器的输出状态由输入信号 D 决定,$D=\mathbf{0}$,置 **0**;$D=1$,置 **1**。

(2)真值表见表 11-4。

真 值 表 表 11-4

Q_n	D	Q_{n+1}
0	0	0
0	1	1
1	0	0
1	1	1

任务五 T 触发器和 T′ 触发器

(1)知道 T 触发器的构成、逻辑符号、逻辑功能。

(2)知道 T′ 触发器的构成、逻辑符号、逻辑功能。

知识 1 T 触发器的构成、逻辑符号、逻辑功能

(1)T 触发器:在 CP 脉冲作用下,根据输入信号 T 的不同状态,具有保持和翻转功能的电路,称为 T 触发器。T 触发器可由 JK 触发器转换而来。

(2)T 触发器的逻辑符号如图 11-14 所示。

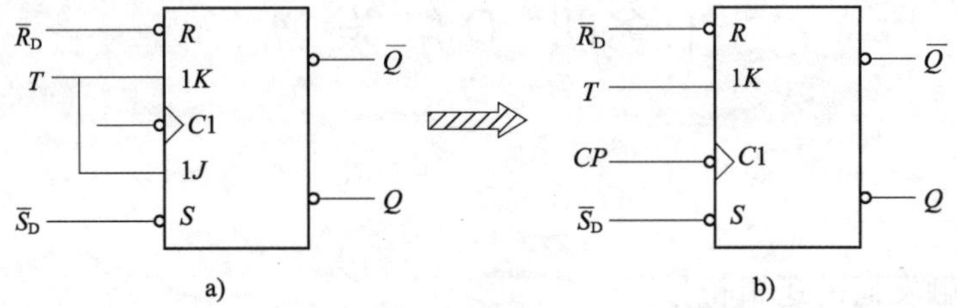

图 11-14 T 触发器的逻辑符号

(3)逻辑功能。

①$T=\mathbf{0}$,则 $Q_{n+1}=Q_n$,触发器保持原态不变。

②$T=\mathbf{1}$,则 $Q_{n+1}=\overline{Q}_n$,触发器状态翻转,为计数状态。

知识 2 T′ 触发器的构成、逻辑符号、逻辑功能

(1)电路。

在 CP 脉冲作用下,只具有翻转(计数)功能的电路,称为 T′触发器。也称为计数型触发器。可由其他触发器转换而来。如图 11-15 所示。

(2)功能。

$$Q_{n+1}=\overline{Q}_n$$

(3)波形图如图 11-16 所示。

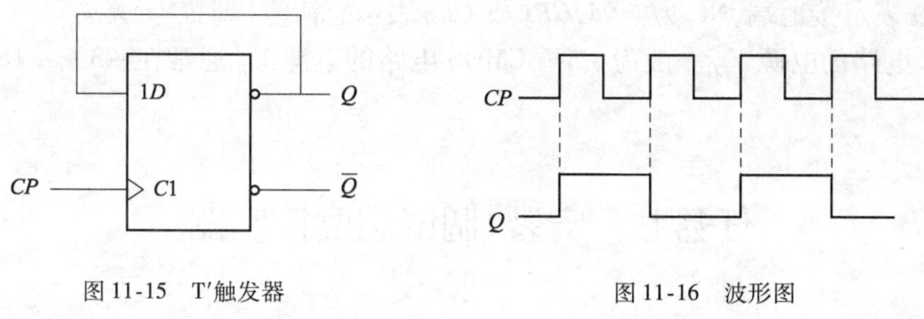

图 11-15　T′触发器　　　图 11-16　波形图

任务六　集成触发器

学习目标

(1)知道常用集成触发器的型号。

(2)知道集成触发器外引线排列的一般规律。

集成触发器的型号及外引线排列如图 11-17 所示。

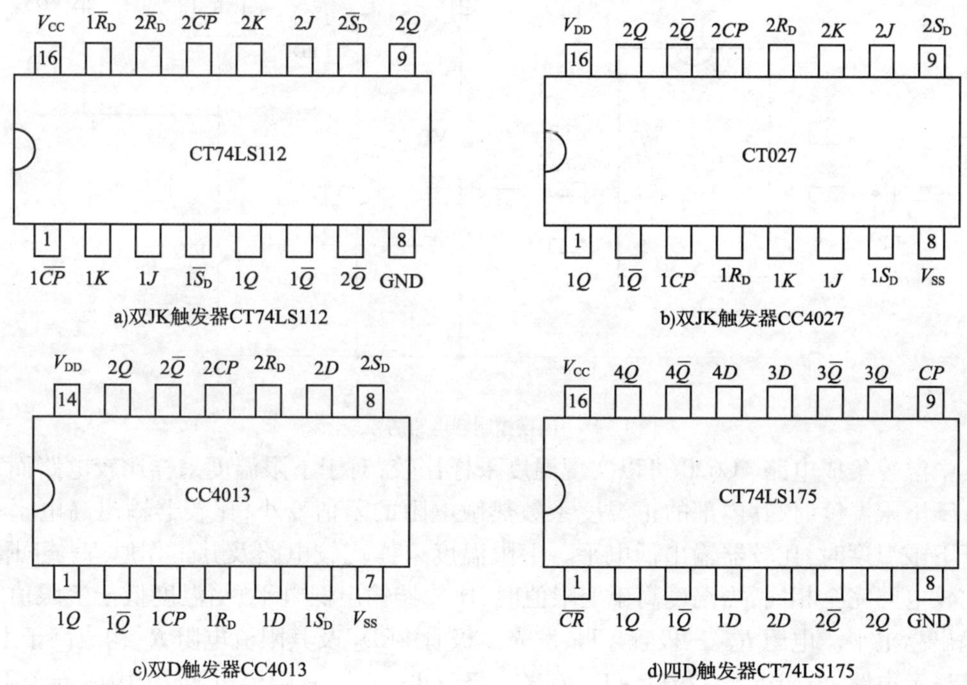

图 11-17　集成触发器的型号及外引线排列

引出端的功能、符号的意义说明：

(1)字母符号上方加横线,表示加入低电平信号有效。

(2)两个触发器以上的多触发器集成器件,在它的输入、输出符号前,加同一数字,都属于同一触发器的引出端。

(3)GND 表示接地端,NC 为空脚,$\overline{CR}$(或 CR)表示总清零(即置零)端。

(4)TTL 电路的电源 V_{CC} 一般为 +5V,CMOS 电路的电源 V_{DD} 通常在 +3 ~ +18V,V_{SS} 接电源负极。

任务七　安装、调试温度控制器

学习目标

(1)弄清温度控制器电路的原理。

(2)学会温度控制器电路制作与调试方法。

(3)熟悉集成触发器电路的使用方法。

1. 工作原理及电路

温度控制器电路的原理图如图 11-18 所示。

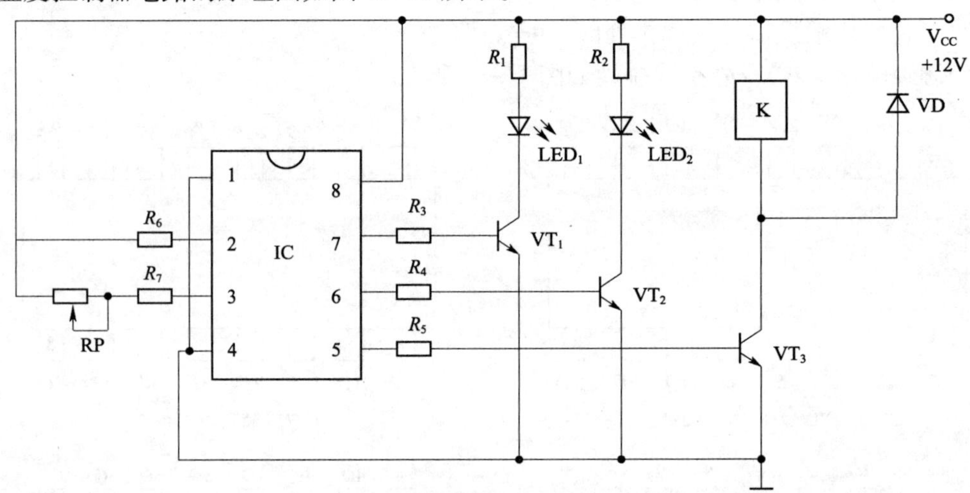

图 11-18　温度控制器电路的原理图

其中温控集成电路 TC620 可以实现温度采样比较,对于下限温度采样比较电路而言,当温度低于下限温度时,其内部的正温度系数热敏电阻的阻值变小,比较器输出高电平;当温度高于下限温度时,比较器输出低电平。上限温度采样比较电路及其工作原理与下限温度采样比较电路完全相同,当温度高于上限值时,比较器输出低电平;当温度低于上限值时,比较器输出高电平。电阻 R_4、三极管 VT_2、发光二极管 LED_2 及其限流电阻 R_2 构成高于上限温度报警显示电路;电阻 R_3、三极管 VT_1、发光二极管 LED_1 及其限流电阻 R_1 构成低于下限温度报警显示电路。加热设备启用和停止控制电路由温控集成电路 TC620 内部的反相器、RS 触发器和外部 R_5、VT_3 和继电器 K 构成。当温度低于下限温度的时候,LED_1 亮起,同时内部反相器输出低电平,触发器置位,输出高电平信号,使 VT_3 饱和导通,继电器 K 吸合,启动加热设备升温。当温度介于上下限之间时,触发器保持原始状态,加热设备继续工作。当温度高于上限温度时,LED_2 亮起,同时内部触发器复位,输出低电平信号,使 VT_3 截止,继电器 K

断开，加热设备停止加热。这样就可以实现温度的控制。

2. 温度控制器元件清单

温度控制器元件清单见表 11-5。

温度控制器元件清单　　表 11-5

序　号	符　　号	名　　称	参　　数
1	IC	温控集成电路	TC620
2	R_1 ~ R_5	电阻	1kΩ × 5
3	R_6	电阻	110Ω
4	R_7	电阻	120kΩ
5	RP	电位器	1kΩ
6	VT_1 ~ VT_3	三极管	9013 × 3
7	VD	二极管	IN4148
8	K	继电器	JR8-13F/012
9	LED_1、LED_2	发光二极管	ϕ5mm

3. 元件装配图

元件装配图如图 11-19 所示。

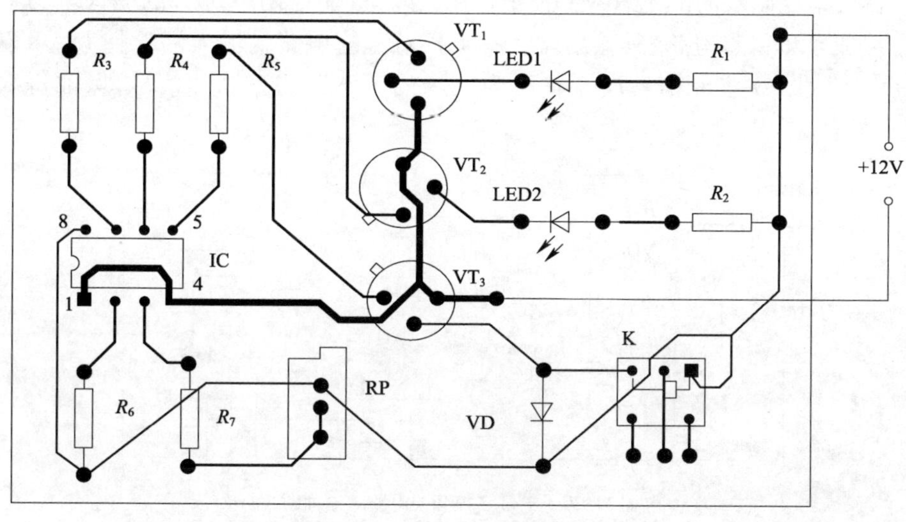

图 11-19　元件装配图

4. 安装、调试和检测

(1) 根据电路原理图，设计装配图，装配示意图如图 11-19 所示。

(2) 按照装配图正确安装元器件。

(3) 仔细核对检查元器件安装无误后，用电烙铁焊接电路。要注意防止漏焊、错焊和搭锡。

(4) 对照电路图和印制电路板，仔细核对元器件的位置是否正确，极性是否正确，确认正确无误，接通 12V 电源。

(5) 通电测试，室温下 LED_1 应当点亮，继电器 K 吸合，表示室温低于 40℃，需要加热。

(6)用电热吹风机对TC620加热,模拟启动加热设备工作。当温度上升到超过40℃时,LED_1熄灭,LED_2点亮,继电器K释放断开。

(7)关断电热吹风机,模拟关闭加热设备。

任务八 制作电灯多控开关电路

学习目标

(1)弄清电灯多控开关电路的原理。

(2)学会电灯多控开关电路制作与调试方法。

(3)熟悉集成触发器电路的使用方法。

1. 原理及电路

电灯多控开关可以解决在不同位置的开关共同控制同一个电灯的问题,其电路原理图如图11-20所示。电容器C_1、稳压二极管VD_1、半波整流二极管VD_2和滤波电容C_2等组成了简易电源变换电路。A是CD4013型双D触发器集成电路,其中一部分触发器A(2)接成了双稳态电路,来控制双向晶闸管VS的开通和关闭,进而控制电灯L的亮灭。另一部分触发器A(1)接成了单稳态电路,其输出端管脚1接双稳态电路的输入端管脚11,可以将按钮开关S_1、S_2产生的开关控制信号展宽整形为一个固定宽度的正脉冲信号,保证每次开关动作的准确和可靠。

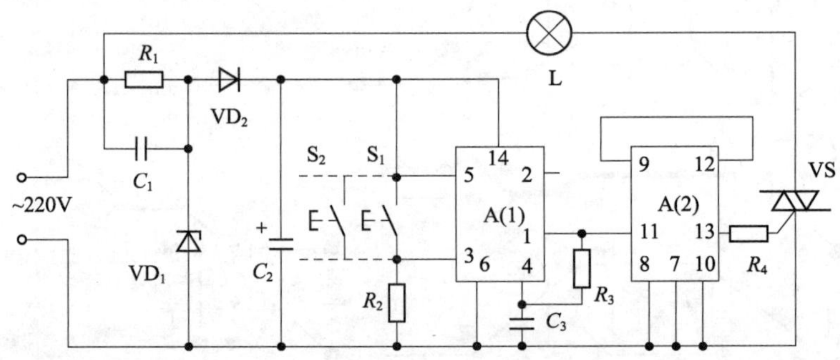

图11-20 电灯多控开关电路的原理图

没有按下开关的时候,单稳态电路处于待触发状态。此时,双稳态电路13管脚输出低电平,使双向晶闸管VS阻断,电灯L不亮。当按下S_1、S_2中任何一个按钮开关时,单稳态电路从电源正端获得脉冲触发信号而进入暂态,其输出端1管脚由原来的低电平跳变为高电平,经电阻R_3向电容C_3充电,使电容C_3端电位不断上升。当上升到复位电平以上时,单稳态电路复位,恢复低电平状态,同时此正脉冲同时加至双稳态电路的11管脚,使其输出状态由低电平变为高电平,VS导通,电灯L通电发亮。当再次按动一下S_1、S_2中任何一个按钮开关时,单稳态电路同样输出一正脉冲触发信号,于是双稳态电路翻转一次,其输出端由原来的高电平变为低电平,VS失去触发电流,并在交流电过零时关断,电灯L便会自动熄灭。如果在电路中接入多个按钮开关,就可以实现多开关控制。

2. 电灯多控开关元件清单

电灯多控开关元件清单见表 11-6。

电灯多控开关元件清单　　表 11-6

序　号	符　号	名　称	参　数
1	A	双触发数字集成电路	CD4013
2	VD_1	稳压二极管	IN4102
3	VD_2	整流二极管	IN4004
4	S_1、S_2	按钮开关	KAX-4 型 ×2
5	VS	双向晶闸管	MAC97A6
6	C_1	电容器	CBB-400V 型 0.022μF
7	C_2	电解电容器	CD11-16V 型　220μF
8	C_3	独石电容器	CT4D 型　0.33μF
9	R_1	电阻	1MΩ
10	R_2	电阻	10kΩ
11	R_3	电阻	3MΩ
12	R_4	电阻	3MΩ
13	L	灯泡	<100W

3. 元件装配图

电灯多控开关元件装配图如图 11-21 所示。

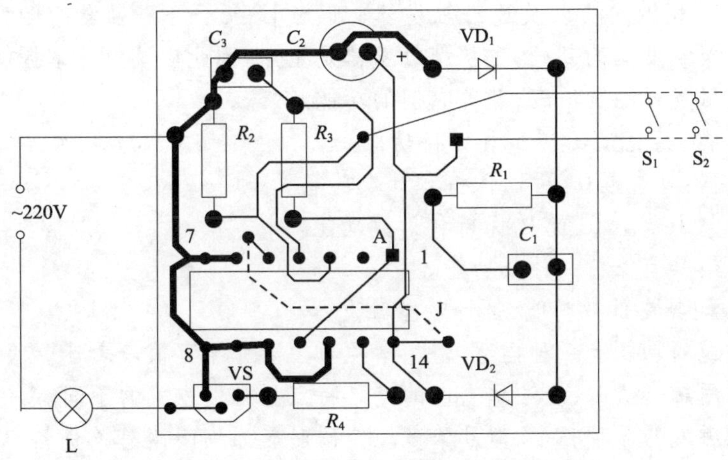

图 11-21　电灯多控开关元件装配图

4. 装配、调试与检测

(1) 根据电路原理图，设计装配图，装配示意图如图 11-21 所示。

(2) 按照装配图正确安装元器件。

(3) 仔细核对检查元器件安装无误后，用电烙铁焊接电路。要注意防止漏焊、错焊和搭锡。

(4) 对照电路图和印制电路板，仔细核对元器件的位置是否正确，极性是否正确，确认正确无误，接通电源。

(5)通电测试。检查电容器 C_1、稳压二极管 VD_1、半波整流二极管 VD_2 和滤波电容 C_2 等组成的简易电源变换电路,用万用表测量其输出直流电压应为8.5V左右。

(6)断开按钮开关 S_1、S_2 时,灯泡L应不亮;当按下 S_1、S_2 中任何一个按钮后,灯泡L应亮起。再按下 S_1、S_2 中任何一个按钮后,灯泡L应熄灭。

5.技能训练

试着在电路中接入多个按钮开关,实现多个开关控制灯泡的状态。

快乐学习一点通

同学们,通过本项目的学习,可以帮助你解决用多个开关控制一个电灯的问题,也就是可以做到:哪方便,哪关灯,是谁这么神通广大?触发器!那么有关触发器的相关知识你掌握了吗?

1.触发器是一种具有记忆功能的电路。它有两种可能的稳定状态:0态、1态。在触发脉冲作用下,其状态会发生翻转。而在触发脉冲过去后,其状态保持不变。这就是它的记忆能力。

2.触发器是各种时序逻辑电路的基础,是数字系统中一种重要的单元电路。弄清它可为进一步学习各种中、大规模数字电路打下坚实的基础。

3.了解触发器的电路结构。接触发器的结构形式的不同,可以分为基本RS触发器、同步RS触发器、主从型触发器以及边沿触发器(即上升沿、下降沿触发的触发器)。其中RS触发器是组成各类触发器的基础,主从型触发器是重点,因此应该熟练掌握。

4.掌握各类触发器的真值表,熟悉它们的功能。

(1)RS触发器:具有置0、置1和保持功能。

(2)JK触发器:具有置0、置1、保持和计数功能。

(3)D触发器:具有置0、置1、保持和计数功能。

(4)T触发器:具有保持和计数功能。

(5) T触发器:具有计数功能,是计数型触发器。

5.触发器的逻辑功能有多种描述方法,本项目主要介绍真值表表述。

6.在实际使用触发器时,应注意它们的电路特点和触发方式的不同。

7.各种集成触发器品种齐全,型号繁多。使用时应详细阅读有关资料,熟悉它们的外引线排列及引出端的功能,学会正确的使用方法。

牛刀小试显身手

一、判断题(对的画√,错的画×)

1.触发器的逻辑特性与门电路一样,输出状态仅取决于触发器的即时输入情况。 (　　)

2.时钟脉冲的主要作用是使触发器的输出状态稳定。 (　　)

3. 主从 RS 触发器能够避免触发器空翻现象。（　）

4. 主从触发器电路中，主触发器和从触发器输出状态的翻转是同时进行的。（　）

5. 同步 RS 触发器只有在 CP 信号到来后，才依据 R、S 信号的变化来改变输出状态。（　）

二、选择题

1. 基本 RS 触发器电路中，触发脉冲消失后，其输出状态（　）。
   A. 恢复原状态　　B. 保持现状态　　C. 出现新状态

2. 为了提高抗干扰能力，触发脉冲宽度是（　）。
   A. 越宽越好　　B. 越窄越好　　C. 无关的

3. 触发器与组合逻辑门电路比较（　）。
   A. 两者都有记忆能力
   B. 只有组合逻辑门电路有记忆能力
   C. 只有触发器有记忆能力

4. 从触发器的工作特点看，它是（　）。
   A. 双稳态电路　　B. 单稳态电路　　C. 无稳态电路

三、填空题

1. 触发器具有____个稳定状态，在输入信号消失后，它能保持 K 端不变。

2. 同步 RS 触发器状态的改变是与____信号同步的。

3. 主从 RS 触发器是一种能防止____现象的实用触发器。

4. 在时钟脉冲控制下，根据输入信号及 J 端、K 端的不同情况，能够具有____、____和____功能的电路，称为 JK 触发器。

四、问答题

触发器的基本性质是怎样的？触发器按逻辑功能之不同有哪些基本类型？

项目十二　分析、安装、调试计数器应用电路

同学们喜欢过节吧？节日的气氛少不了彩灯装饰，咱们这个项目就做彩灯循环发光控制器，学完本项目你会比过节还高兴呢，因为你不但长大一岁，还长了技能和知识。

知识目标

1. 知道时序逻辑电路的基本概念及分类。
2. 弄清寄存器的工作原理及应用。
3. 弄清计数器的工作原理及应用。
4. 学会集成计数器的应用。
5. 能弄清555定时器逻辑功能、管脚功能。

技能目标

1. 能运用触发器电路制作与调试各种同步计数器。
2. 能够制作和分析彩灯循环发光控制器。

任务一　时序逻辑电路的基本知识

学习目标

(1)知道时序逻辑电路的基本概念及分类。
(2)弄清同步时序电路和异步时序电路的区别。

知识　时序逻辑电路的基本概念及分类

时序逻辑电路的特点是，电路在某一时刻的输出不仅与输入各变量的状态组合有关，还与电路原来的输出状态有关，因此它具有记忆功能。从电路结构上看，时序逻辑电路的输入与输出之间有反馈，主要由组合逻辑电路和存储电路组成。根据存储电路中各个触发器状态变化的特点，时序电路又可分为同步时序电路和异步时序电路两大类。在同步时序电路中，所有触发器的变化都是在同一个时钟信号作用下同时发生的；而在异步时序电路中，各触发器的时钟信号不是同一个，而是有先有后，因此触发器的变化也不是同时发生的，也有先有后。常见的 时序电路有寄存器、计数器等。

任务二　寄　存　器

学习目标

(1)弄清数码寄存器的工作原理及应用。

(2)弄清移位寄存器的工作原理及应用。

知识1　数码寄存器

(1)电路组成如图12-1所示。

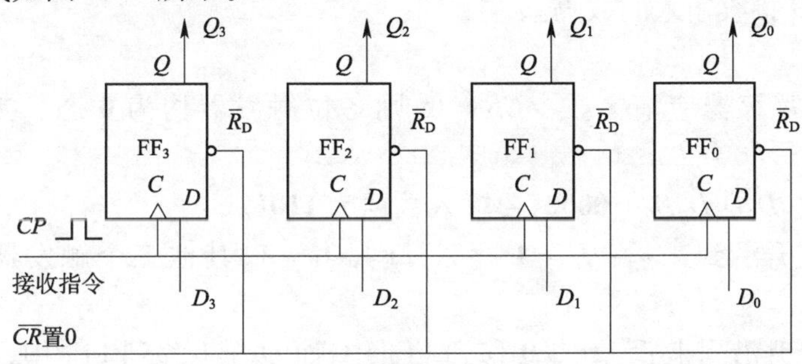

图12-1　数码寄存器电路

数码寄存器(寄存器):只具有接收、暂存数码和清除原有数码的功能。

控制端:4个触发器的时钟脉冲输入端连接在一起,作为接收数码的控制端。

输入端:$D_0 \sim D_3$ 是寄存器的数码输入端。

输出端:$Q_0 \sim Q_3$ 是寄存器的数据输出端。

清零端:各触发器的复位端连接在一起,作为寄存器的总清零端$\overline{CR}$,低电平有效。

(2)工作过程。

①寄存数码前,寄存器应清零:令$\overline{CR}=\mathbf{0}$,$Q_0 \sim Q_3$ 均为**0**态。

②寄存数码时,应使$\overline{CR}=\mathbf{1}$。将待寄存的四位二进制数码 $D_0 \sim D_3$ 分别输入 D 触发器各自的输入端。当时钟信号 CP 的上升沿到来时,根据 D 触发器的逻辑功能 $Q_{n+1}=D$,二进制数码得以输入寄存器。

③只要使$\overline{CR}=1$,$CP=\mathbf{0}$,寄存器就处在保持状态。完成了接收并暂存数码的功能。

(3)特点。在接收数码时,各位数码是同时输入;输出数码时,也是同时输出。因此,这种寄存器称为并行输入、并行输出数码寄存器。

知识2　单向移位寄存器

(1)右移寄存器。

①电路组成如图12-2所示。

FF_3 是最高位触发器,FF_0 是最低位触发器,从左到右依次排列。

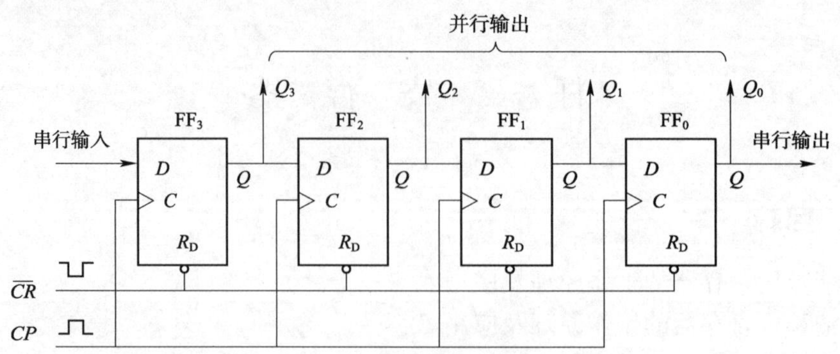

图 12-2　右移寄存器电路

高位触发器的输出端 Q 与低一位触发器的输入端 D 相连。整个电路只有最高位触发器 FF_3 的输入端 D 接收输入的数码。

②工作原理。

接收数码前,寄存器应清零。令 $\overline{CR}=\mathbf{0}$,则各位触发器均为 **0** 态。接收数码时,应使 $\overline{CR}=\mathbf{1}$。

假设初始状态 $D_0D_1D_2D_3=\mathbf{0000}$,要输入数据为 **1101**。

第一个 ***CP*** 上升沿到来后:$D_0=\mathbf{1}$ 存入 FF_3,$Q_3=1$,其他三个触发器保持 **0** 态不变。$Q_3Q_2Q_1Q_0=\mathbf{1000}$。

第二个 ***CP*** 上升沿到来后: $D_1=\mathbf{0}$ 移到 FF_3 中,而 $Q_3=1$ 移到 FF_2 中,此时 $Q_2=1$。Q_1、Q_0 仍为 **0** 态。$Q_3Q_2Q_1Q_0=\mathbf{0100}$。

第三个 ***CP*** 上升沿到来后:$D_2=\mathbf{1}$ 移到 FF_3 中,$Q_3=0$ 移到 FF_2 中,$Q_2=1$ 移入 FF_1,而 FF_0 状态仍为(**0**)态。$Q_3Q_2Q_1Q_0=\mathbf{1010}$。

第四个 ***CP*** 上升沿到来后:$D_3=\mathbf{1}$ 移到 FF_3 中,其余各位触发器依次右移,结果 $Q_3Q_2Q_1Q_0=(\mathbf{1001})$。

③状态表见表 12-1。

状　态　表　　表 12-1

CP	输入	Q_3　Q_2　Q_1　Q_0
0	**0**	**0　0　0　0**
1	**1**	**1　0　0　0**
2	**0**	**0　1　0　0**
3	**1**	**1　0　1　0**
4	**1**	**1　1　0　1**

④特点。

从 4 个触发器的输出端可同时输出 4 位数码,即并行输出。

又可从最低位 FF_0 的输出端 Q_0 处输出,只需要连续送入 4 个 CP 脉冲,存放 4 位数码将从低位到高位,依次从串行输出端 Q_0 处输出,这就是串行输出方式。

右移寄存器具有串行输入、串并行输出的功能。

(2)左移寄存器。

①电路组成如图 12-3 所示。

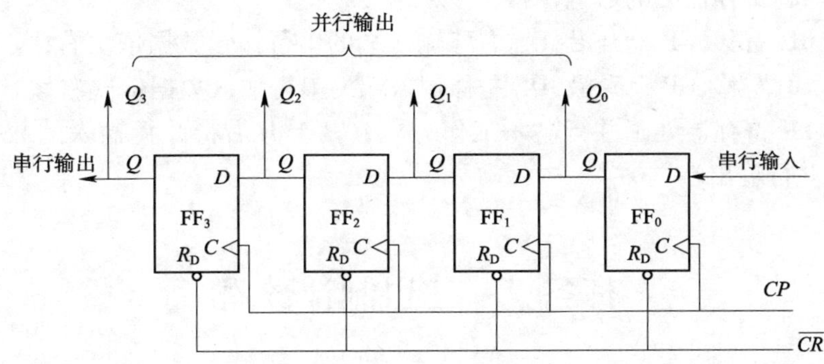

图 12-3　左移寄存器电路

串接顺序由低位到高位。寄存的数码从低位的 D 端输入，从最高位的输出端 Q_3 串行输出。

②工作原理。

接收数码前，寄存器应清零。令$\overline{CR}=\mathbf{0}$，则各位触发器均为 **0** 态。接收数码时，应使$\overline{CR}=\mathbf{1}$。

假设存入数据 $D_3D_2D_1D_0=\mathbf{1101}$。

第一 CP 上升沿到来后：$Q_3Q_2Q_1Q_0=\mathbf{0001}$。

第二 CP 上升沿到来后：$Q_3Q_2Q_1Q_0=\mathbf{0011}$。

第三 CP 上升沿到来后：$Q_3Q_2Q_1Q_0=\mathbf{0110}$。

第四 CP 上升沿到来后：$Q_3Q_2Q_1Q_0=\mathbf{1101}$。

知识 3　双向移位寄存器

具有既能右移又能左移两种工作方式的寄存器，称为双向移位寄存器。

（1）集成 4 位双向移位寄存器 CT74LS194 的外引线排列如图 12-4 所示。

M_1、M_0 为工作方式控制端，其取值不同，功能不同：保持、右移、左移及并行输入。

V_{CC} Q_0 Q_1 Q_2 Q_3 CP M_1 M_0
16 … 9
CT74LS194
1 … 8
CR D_{SR} D_0 D_1 D_2 D_3 D_{SL} GND

图 12-4　CT74LS194 的外引线排列

（2）CT74LS19 逻辑功能表见表 12-2。

CT74LS19 逻辑功能表　　表 12-2

$\overline{CR}$	M_1	M_0	功　能
0	×	×	清　零
1	**0**	**0**	保　持
1	**0**	**1**	右　移
1	**1**	**0**	左　移
1	**1**	**1**	并行输入

（3）工作过程分析。

$\overline{CR}=\mathbf{1}$ 时：

①M_1M_0 = **00**,寄存器中的数据保持不变。

②M_1M_0 = **01**,右移,CP 上升沿,D_{SR}右移输入端的串行输入数据依次右移。

③M_1M_0 = **10**,左移,CP 上升沿,D_{SL}左移输入端的串行输入数据依次左移。

④M_1M_0 = **11**,寄存器处于并行输入工作方式,CP 上升沿将并行输入的数据 $D_0 \sim D_3$ 传送到寄存器的并行输出端。

任务三　二进制计数器

学习目标

(1)弄清计数器的功能。

(2)知道二进制计数器的电路组成原理。

(3)弄清集成计数及其应用。

知识 1　异步二进制加法计数器

(1)电路组成如图 12-5 所示。

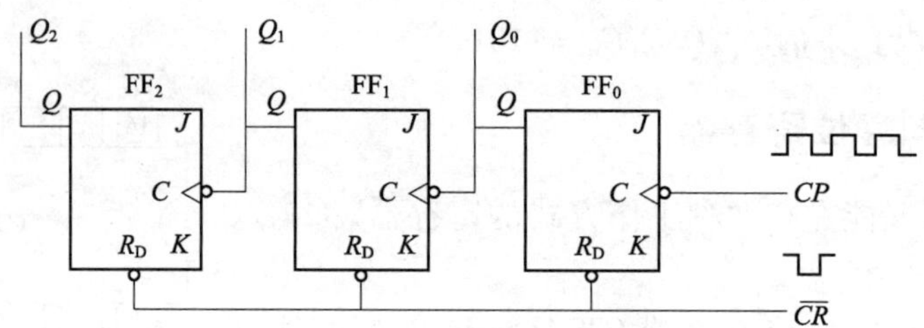

图 12-5　异步二进制加法计数器

①结构特点:低位触发器 Q 端接至高位触发器的 C 端。

②$J = K = \mathbf{1}$,$Q_{n+1} = \overline{Q}_n$ 翻转功能。

(2)工作原理。

计数器工作前应先清零。使$\overline{CR} = \mathbf{0}$,则 $Q_2Q_1Q_0$ = **000**。

①当第一个 CP 脉冲下降沿到来时,FF_0 翻转,Q_0 由 **0** 变为 **1**。而 Q_0 的正跳变信号对触发器 FF_1 不起作用,FF_1、FF_2 保持原态。计数器状态为 **001**。

②当第二个 CP 脉冲下降沿到来时,FF_0 再次翻转,Q_0 由 **1** 变为 **0**。Q_0 是负跳变信号,作用到 FF_1 的 C 端,使 FF_1 状态翻转,Q_1 由 **0** 变为 **1**。而 FF_2 仍保持原态不变。计数器状态为 **010**。

③按此规律,当第七个 CP 脉冲输入后,计数器的状态为 **111**,再输入一个 CP 脉冲,计数器的状态又恢复 **000**。

(3)状态表见表 12-3。

状　态　表　　表 12-3

输入 CP 脉冲序号	计数器状态		
	Q_2	Q_1	Q_0
0	**0**	**0**	**0**
1	**0**	**0**	**1**
2	**0**	**1**	**0**
3	**0**	**1**	**1**
4	**1**	**0**	**0**
5	**1**	**0**	**1**
6	**1**	**1**	**0**
7	**1**	**1**	**1**
8	**0**	**0**	**0**

(4)波形图如图 12-6 所示。

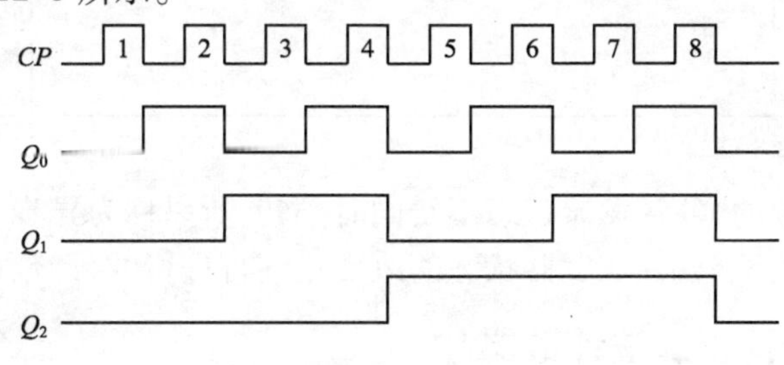

图 12-6　波形图

(5)特点。

计数器是递增计数的，且从计数脉冲的输入到完成计数器状态的转换，各触发器的状态是由低位到高位，逐次翻转的，不是随计数脉冲的输入，各触发器状态同时翻转，所以称为异步加法计数器。

知识 2　异步二进制减法计数器

(1)电路组成如图 12-7 所示。

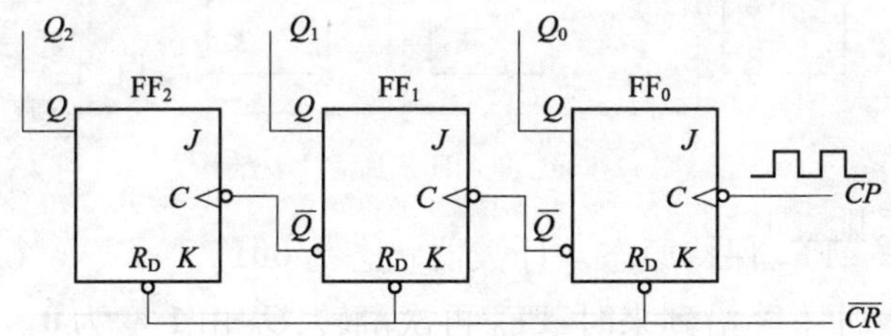

图 12-7　异步二进制减法计数器

结构特点：低位触发器 $\overline{Q}$ 端接至高位触发器的 C 端。

(2)工作原理。

①当低位触发器的状态 Q 由 **0** 变为 **1** 时，而 $\overline{Q}$ 由 **1** 变为 **0** 即为负跳变脉冲，高一位触发器的 C 端接收到这个负跳变信号，发生翻转。

②当低位触发器的状态由 **1** 变为 **0** 时,高一位触发器将收到正跳变信号,其状态保持不变。

(3)状态表见表 12-4。

状 态 表 表 12-4

输入 CP 脉冲序号	计数器状态		
	Q_2	Q_1	Q_0
0	**0**	**0**	**0**
1	**1**	**1**	**1**
2	**1**	**1**	**0**
3	**1**	**0**	**1**
4	**1**	**0**	**0**
5	**0**	**1**	**1**
6	**0**	**1**	**0**
7	**0**	**0**	**1**
8	**0**	**0**	**0**

(4)特点。

计数器是递减计数的,各触发器状态不是同时翻转,所以称为异步二进制减法计数器。

异步计数器的电路简单,各触发器状态的改变是逐行进行的,计数速度慢。

知识 3 二进制同步加法计数器

同步计数器:将计数脉冲送到每个触发器的时钟脉冲输入端 CP 处,使各个触发器的状态变化与计数脉冲同步,这种方式组成的计数器称为同步计数器。

(1)电路组成如图 12-8 所示。

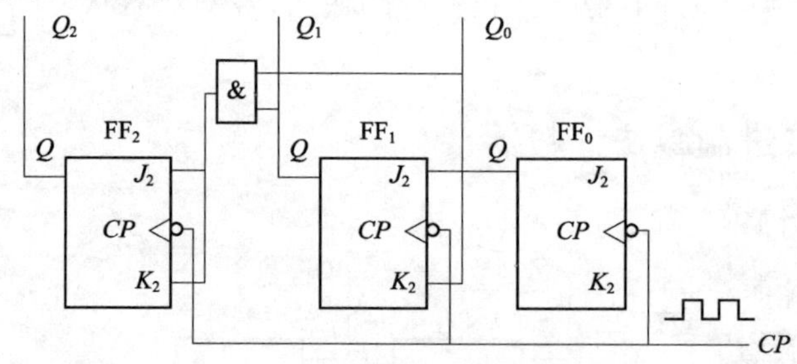

图 12-8 二进制同步加法计数器

(2)分析逻辑关系见表 12-5。

逻 辑 关 系 表 12-5

触发器序号	翻 转 条 件	JK 端逻辑关系
FF_0	来一个计数脉冲就翻转一次	$J_0 = K_0 = \mathbf{1}$
FF_1	$Q_0 = 1$	$J_1 = K_1 = Q_0$
FF_2	$Q_0 = Q_1 = 1$	$J_2 = K_2 = Q_1 Q_0$

(3)计数过程。

计数器工作前应先清零,初始状态为 **000**。

①当第一个 CP 脉冲到来后，FF_0 的状态由 **0** 变为 **1**。而 CP 到来前，Q_0、Q_1 均为 **0**，所以，CP 到来后，FF_1、FF_2 保持 **0** 态不变。计数器状态为 **001**。即 $J_1 = K_1 = Q_0 = \mathbf{1}$，$J_2 = K_2 = Q_1 Q_0 = \mathbf{0}$。

②当第二个 CP 脉冲到来后，FF_0 则由 **1** 变为 **0**。FF_1 状态翻转，由 **0** 变为 **1**。而 FF_2 仍保持 **0** 态不变。计数器状态为 **010**。同时 $J_1 = K_1 = Q_0 = 0$，$J_2 = K_2 = Q_1 Q_0 = 0$。

③当第三个 CP 脉冲到来后，只有 FF_0 的状态由 **0** 变为 **1**，FF_1、FF_2 保持原态不变。计数器状态为 **011**。同时 $J_1 = K_1 = Q_0 = 1$，$J_2 = K_2 = Q_1 Q_2 = \mathbf{1}$。

④当第四个计数脉冲到来后，三个触发器均翻转，计数状态为 **100**。

⑤在第七个 CP 脉冲到来后，计数状态变为 **111**，再送入一个 CP 脉冲，计数恢复为 **000**。

(4)特点。

同步计数器各个触发器的状态转换，与输入的计数脉冲 CP 同步，具有计数速度快的特点。

知识4　集成二进制计数器简介

1.4 位异步二进制计数器 CT74LS293

(1)外引线排列如图 12-9 所示。

$Q_0 \sim Q_3$：输出端。R_{0A}、R_{0B}：复位端。NC：空脚。

(2)功能表见表 12-6。

(3)说明。

①$R_{0A} = R_{0B} = \mathbf{1}$ 时，不论 CP_0、CP_1 何种状态，计数清零，$Q_3 Q_2 Q_1 Q_0 = \mathbf{0000}$。

②当 $R_{0A} = \mathbf{0}$ 或者 $R_{0B} = \mathbf{0}$ 时，电路在 $\overline{CP_0}$、$\overline{CP_1}$ 脉冲的下降沿作用下，进行计数操作：若将 $\overline{CP_1}$ 与 Q_0 相连，计数脉冲从 $\overline{CP_0}$ 输入，数据从 Q_3、Q_2、Q_1、Q_0 端输出，电路为 4 位异步二进制加法计数器；若计数脉冲从 $\overline{CP_1}$ 输入，数据从 Q_3、Q_2、Q_1 端输出，电路为 3 位异步二进制加法计数器。

2.4 位同步二进制计数器 CT74LS193

(1)外引线排列如图 12-10 所示。

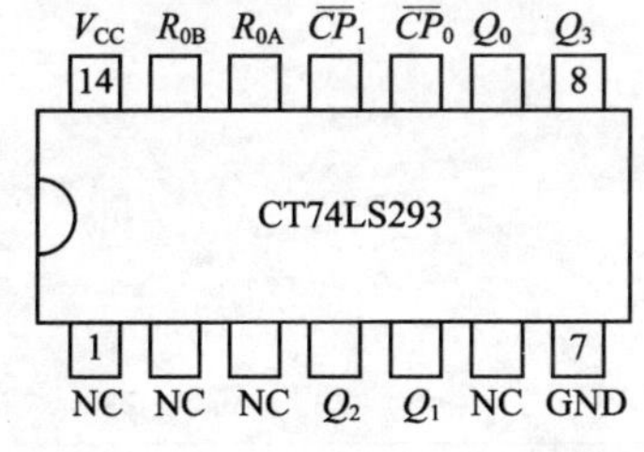

图 12-9　CT74LS293 外引线排列

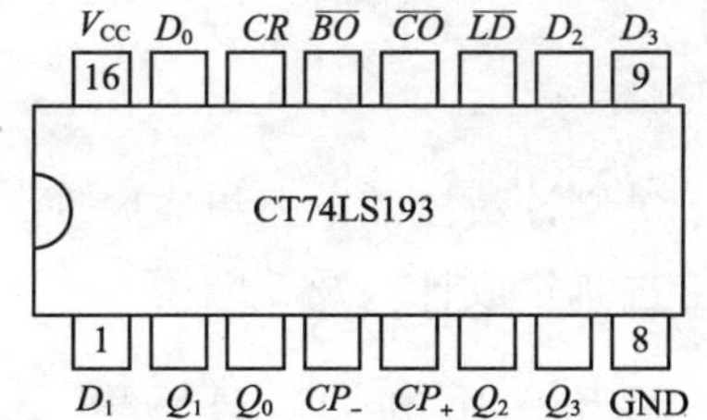

图 12-10　CT74LS193 外引线排列

$Q_0 \sim Q_3$：数码输出端。$D_0 \sim D_3$：数码输入端。$\overline{BO}$：借位输出端。$\overline{CO}$：进位输出端。CP_+：加法计数时计数脉冲的输入端。CP_-：减法计数时计数脉冲输入端。$\overline{LD}$：置数控制端，低电平有效。

(2)功能表见表 12-7。

功 能 表　　表 12-6

输入			输出
R_{OA}	R_{OB}	CP	Q_3 Q_2 Q_1 Q_0
1	**1**	×	**0 0 0 0**
0	×	↓	加法计数
×	**0**	↓	加法计数

注：×表示任意(或**0**或**1**)；↓表示下降沿触发。

功 能 表　　表 12-7

输入								输出			
CR	$\overline{LD}$	CP_+	CP_-	D_0	D_1	D_2	D_3	Q_0	Q_1	Q_2	Q_3
1	×	×	×	×	×	×	×	**0**	**0**	**0**	**0**
0	**0**	×	×	d_0	d_1	d_2	d_3	d_0	d_1	d_2	d_3
0	**1**	↑	**1**	×	×	×	×	加法计数			
0	**1**	**1**	↑	×	×	×	×	减法计数			

3. 说明

(1)当 $CR=1$ 时，计数器置零。

(2)当 $CR=\mathbf{0}$ 时，计数器输出状态与$\overline{LD}$、CP_+、CP_-有关。

(3)当$\overline{LD}=\mathbf{0}$时，输出端 $Q_0\sim Q_3$ 状态与输入端的 $d_0\sim d_3$ 状态相同，达到预置数码之目的。

(4)当$\overline{LD}=\mathbf{1}$时，若计数脉冲从 CP_+ 端输入则进行加法计数；若计数脉冲从 CP_- 端输入则进行减法计数。

任务四　十进制计数器

学习目标

(1)知道十进制计数器的电路组成原理。

(2)弄清十进制集成计数及其应用。

知识 1　异步十进制加法计数器

(1)电路组成如图 12-11 所示。

(2)工作原理。

根据 3 位二进制异步计数器的工作原理，**000**～**111** 的跳变过程，结合十进制异步计数器的第 4 位的 J 控制端的特点，学生不难理解当第 8 个计数脉冲作用时计数器状态为 **1000**，第 10 个计数脉冲作用时计数器返 **0** 的道理。

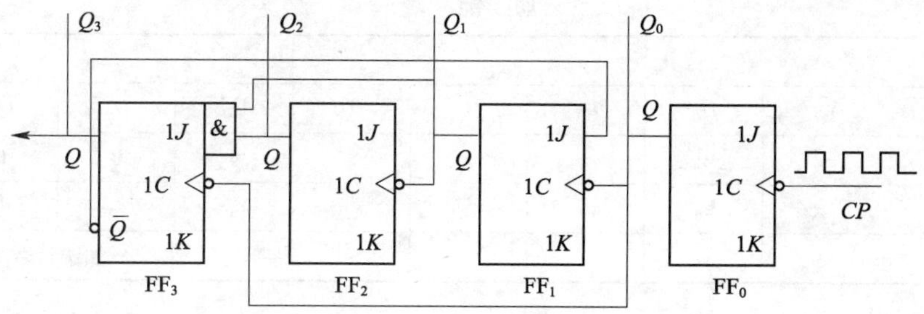

图 12-11　异步十进制加法计数器

知识 2　集成十进制计数器简介

1. 可预置数码的十进制计数器 CT74LS160

(1)外引线排列如图 12-12 所示。

(2)功能表见表 12-8。

(3)说明。

①$\overline{CR}=\mathbf{0}$ 时，计数器清零，$Q_3Q_2Q_1Q_0=0000$。

②当$\overline{CR}=\mathbf{1}$，而$\overline{LD}=\mathbf{0}$ 时，计数器进行预置数码的操作。

③当$\overline{CR}=\overline{LD}=\mathbf{1}$，而 $CP_P=CP_T=\mathbf{1}$ 时，计数器执行加法计数操作。

④当$\overline{CR}=\overline{LD}=\mathbf{1}$，而 CP_P 或 CP_T 有一个是低电平 **0** 时，不论其余各端的状态如何，计数器保持原来状态不变。

2. 可预置数码的二—五—十进制计数器 CT74LS196

(1)外引线排列如图 12-13 所示。

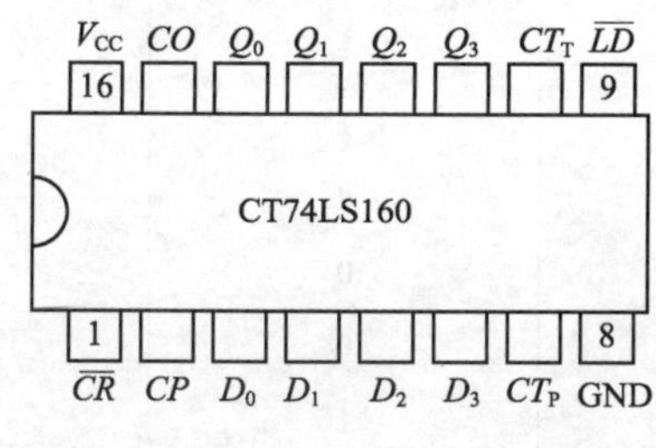

图 12-12　CT74LS160 外引线排列

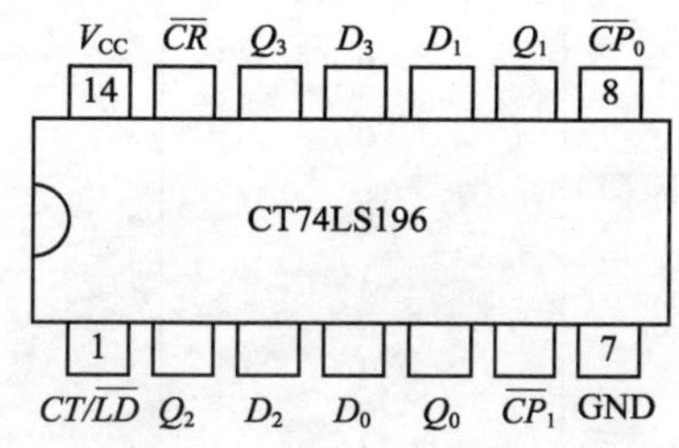

图 12-13　CT74LS196 外引线排列

功　能　表　　表 12-8

输入									输出			
$\overline{CR}$	$\overline{LD}$	CP_P	CP_T	CP	D_3	D_2	D_1	D_0	Q_3	Q_2	Q_1	Q_0
0	×	×	×	×	×	×	×	×	**0**	**0**	**0**	**0**
1	**0**	×	×	↑	d_3	d_2	d_1	d_0	d_3	d_2	d_1	d_0
1	**1**	**1**	**1**	↑	×	×	×	×	加法计数			
1	**1**	**0**	×	×	×	×	×	×	保持			
1	**1**	×	**0**	×	×	×	×	×	保持			

(2)功能表见表 12-9。

表12-9

功 能 表

输入							输出			
$\overline{CR}$	CT/$\overline{LD}$	$\overline{CP}$	D_0	D_1	D_2	D_3	Q_0	Q_1	Q_2	Q_3
1	×	×	×	×	×	×	**0**	**0**	**0**	**0**
0	**0**	×	d_0	d_1	d_2	d_3	d_0	d_1	d_2	d_3
0	**1**	↓	×	×	×	×	加法计数			

(3)说明。

①$\overline{CR}=\mathbf{0}$ 时,计数器清零,$Q_3Q_2Q_1Q_0=0000$。

②$CT/\overline{LD}$是计数、置数控制端。为**0**时进行预置数码操作。

③$CT/\overline{LD}$端加高电平**1**时,当作用在$\overline{CP_0}$、$\overline{CP_1}$端的触发脉冲下降沿到来后,进行以下计数操作:

a. 十进制计数。参看真值表。

b. 二、五进制计数。

从$\overline{CP_0}$输入,Q_0输出是1位二进制计数器。

从$\overline{CP_1}$输入,$Q_1\sim Q_3$输出为五进制计数器。

c. 双五进制计数器。

将$\overline{CP_0}$与Q_3相接,计数脉冲从$\overline{CP_1}$端输入,真值表见表12-10。

表12-10

真 值 表

CP 序号	Q_0	Q_1	Q_2	Q_3
0	**0**	**0**	**0**	**0**
1	**0**	**0**	**0**	**1**
2	**0**	**0**	**1**	**0**
3	**0**	**0**	**1**	**1**
4	**0**	**1**	**0**	**0**
5	**1**	**0**	**0**	**0**
6	**1**	**0**	**0**	**1**
7	**1**	**0**	**1**	**0**
8	**1**	**0**	**1**	**1**
9	**1**	**1**	**0**	**0**
10	**0**	**0**	**0**	**0**

任务五 制作彩灯循环发光控制器

(1)弄清彩灯循环发光控制器电路的原理。

(2)学会彩灯循环发光控制器电路制作与调试方法。

(3)熟悉集成计数器的使用方法。

1. 工作原理及电路

彩灯循环发光控制器的电路原理图如图 12-14 所示。它由电源变换、程序控制信号发生器和光电耦合交流无触点开关三部分组成。220V 交流电经过 C_1 降压限流,然后 VD_{11} ~ VD_{14}对其进行整流,在 VD_{10}稳压和 C_2 滤波后,输出 +12V 直流电,向程序控制信号发生器电路供电。IC_1 为"555"时基集成电路,它与 BP、R_2 和 R_3、C_3 等组成超低频振荡器。IC_1 第 3 脚输出的时钟脉冲进入十进制计数器/脉冲分配器 IC_2,使其输出端顺序输出高电平。当 Q_0(第 3 脚)输出高电平时,被控彩灯组 L_1 ~ L_4 全部处于熄灭状态;当 Q_1 ~ Q_4(第 2、4、7、10 脚)顺序输出高电平时,VD_1 ~ VD_4 依次点亮,所对应的光敏电阻器 R_{L1} ~ R_{L4}将顺序由高阻值变为低阻值,使双向晶闸管 VS_1 ~ VS_4 随之由阻断变为导通,控制 L_1 ~ L_4 顺序点亮;当 Q_5(第 1 脚)输出高电平时,双向晶闸管 VS_1 ~ VS_4 因失去光电触发信号而在交流电为零时全部关断,L_1 ~ L_4 同时熄灭,Q_5 输出正脉冲信号送入清零端 CR(第 15 脚),使 IC_2 自动清零。上述过程反复进行就可以实现彩灯的循环闪烁。

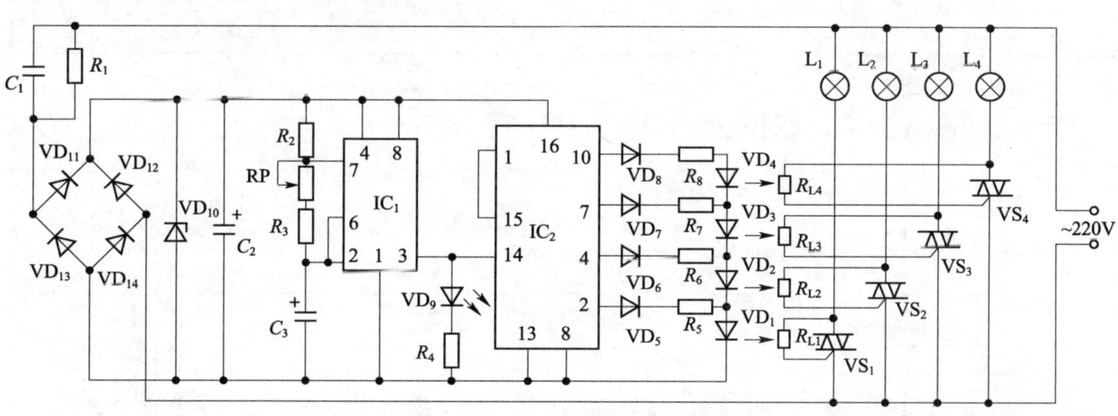

图 12-14　彩灯循环发光控制器的电路原理图

2. 彩灯循环发光控制器元器件清单

彩灯循环发光控制器元器件清单见表 12-11。

彩灯循环发光控制器元器件清单　　表 12-11

序　号	符　　号	名　　称	参　　数
1	IC_1	"555"时基集成电路	NE555
2	IC_2	十进制计数器/脉冲分配器集成电路	CD4017
3	R_{L1} ~ R_{L4}	光敏电阻器	MG45-52 ×4
4	RP	滑杆电位器	WH20A
5	VD_1 ~ VD_4	发光二极管	ϕ5mm ×4
6	VD_5 ~ VD_8	开关二极管	1N4148 ×4
7	VD_9	发光二极管	ϕ5mm
8	VD_{10}	稳压二极管	2CW60

续上表

序　号	符　　号	名　　称	参　　数
9	VD_{11} ~ VD_{14}	整流二极管	1N4004×4
10	C_1	电容	CBB13-630V 0.68μF
11	C_2	电容	CL11-16V 220μF
12	C_3	电容	CL11-16V 10μF
13	VS_1 ~ VS_4	双向晶闸管	T0810×4
14	R_1	电阻	RTX-1/4W 型 510kΩ
15	R_2、R_3	电阻	RTX-1/4W 型 1.5kΩ
16	R_4	电阻	RTX-1/4W 型 1kΩ
17	R_5	电阻	RTX-1/4W 型 360Ω
18	R_6	电阻	RTX-1/4W 型 240Ω
19	R_7	电阻	RTX-1/4W 型 150Ω
20	R_8	电阻	RTX-2/4W 型 75Ω
21	L_1 ~ L_4	灯泡	<1kW

3. 元件装配图

彩灯循环发光控制器元件装配图如图 12-15 所示。

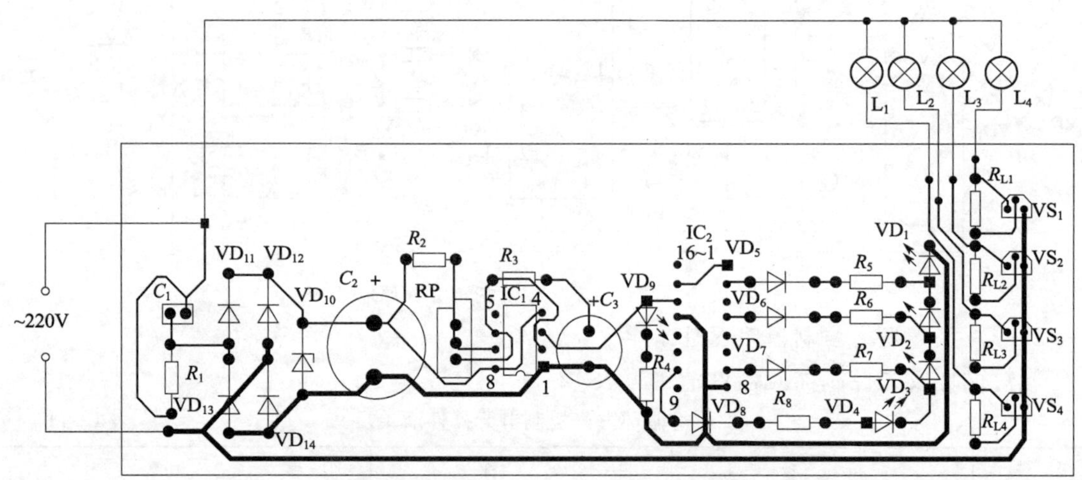

图 12-15　彩灯循环发光控制器元件装配图

4. 装配、调试与检测

(1)根据电路原理图,设计装配图,装配示意图如图 12-15 所示。

(2)按照装配图正确安装元器件。

(3)仔细核对检查元器件安装无误后,用电烙铁焊接电路。要注意防止漏焊、错焊和搭锡。

(4)对照电路图和印制电路板,仔细核对元器件的位置是否正确,极性是否正确,确认正确无误,接通电源。

(5)通电测试。检查电源变换电路,用万用表测量其输出直流电压应为 12V 左右。

(6)彩灯循环亮起,顺序应该是:灯1亮→灯2亮→灯3亮→灯4亮→停留片刻全熄灭,然后又开始重复工作。

(7)每路灯顺序点亮时间及全熄灭停留的时间是相同的。调节电位器,可以调节每路灯顺序点亮时间及全熄灭停留的时间。

快乐学习一点通

同学们,通过彩灯循环发光控制器的成功制作,你对城市里的五彩缤纷的霓虹灯更加感兴趣了吧,想必对它的工作原理也有所了解吧,你想自己设计家里的彩灯吗吧,很好!时序逻辑电路与集成计数器的相关知识你掌握了吗?高兴的同时别忘了复习知识点哦,只有基础理论扎实,才能有更高水平的技能,才能在制作、维修电路中大显身手,解决别人解决不了的难题。

时序逻辑电路是数字电路系统中的重要组成部分。本项目主要介绍常用的基本时序电路寄存器和计数器,讨论它们的电路组成、工作原理等。

1. 理解时序逻辑电路的特点。

(1)时序逻辑电路的输出状态不仅与当时的输入状态有关,而且还与电路的原来状态有关。

(2)从电路结构上来看,时序逻辑电路一定包含触发器。它通常由具有控制作用的逻辑门电路和具有记忆功能的触发器两部分组合而成。

2. 弄清寄存器的逻辑功能。

寄存器具有接收、寄存和输出数码的功能。它是计算机电路的重要部件。本项目介绍了两类寄存器:数码寄存器和移位寄存器。数码寄存器采用并行输入、并行输出的方式,接收、存储和输出数码,它没有移位的逻辑功能。移位寄存器不仅具有数码寄存器存储信息的功能,而且还有数码移位的逻辑功能(左移、右移及双向移位)。

3. 知道计数器的计数功能。

计数器具有对输入的时钟脉冲进行计数的功能。计数器可分为二进制和非二进制、异步、同步、加法计数和减法计数等类别。二进制计数器是构成各种计数器的基础,必须重点掌握。十进制计数器应用广泛,应侧重掌握8421BCD码的表示方法及根据BCD码组成的电路原理。

4. 在时序逻辑电路的学习中,不论是寄存器,还是计数器,都要努力掌握时序逻辑电路的方法。

5. 在应用寄存器和计数器的集成芯片时,同样应详细阅读有关的技术说明书,了解有关器件的外引线排列和引出脚功能,仔细阅读它们的逻辑功能表,掌握正确使用的方法。

牛刀小试显身手

一、判断题(对的画√,错的画×)

1. 构成计数器电路的器件必须具有记忆能力。　(　　)

2. 移位寄存器只能串行输出。 ( )

3. 移位寄存器每输入一个时钟脉冲,电路中只有一个触发器翻转。 ( )

4. 计数器、寄存器都是组合门电路。 ( )

5. 时序逻辑电路与组合门电路相结合可以实现多种逻辑功能,例如计数译码电路等,目前多采用集成组件。 ( )

6. 移位寄存器就是数码寄存器,它们没有区别。 ( )

7. 触发器实质上就是一种功能最简单的时序逻辑电路,是时序电路存储记忆电路的基础。 ( )

8. 时序逻辑电路在结构方面的特点是:由具有控制作用的逻辑门电路和具有记忆作用的触发器两部分组成。 ( )

二、选择题

1. 八位二进制数能表示十进制数的最大值是( )。

A. 255　　B. 248　　C. 192

2. 8421BCD 码 0110 表示十进制数为( )。

A. 8　　B. 6　　C. 42

3. 构成计数器的基本电路是( )。

A. 或非门　　B. 与非门　　C. 触发器

4. 欲表示十进制数的十个数码,需要二进制数码的位数是( )。

A. 2 位　　B. 4 位　　C. 3 位

三、简答题

简述时序逻辑电路的逻辑功能和电路特点。

项目十三　分析、安装、调试多谐振荡器

这个项目带领大家做两个好玩的小产品，一个是变音警笛，做成电路的同学就可以当一次小警察。或做一个能发出“知了”叫声的小电路，大家喜欢做哪个电路自由选择。要想做成功这两个小玩具，需要会下列内容。

知识目标

1. 知道多谐振荡器的工作原理及电路特点。
2. 弄清555集成电路原理及应用。
3. 熟悉多谐振荡器的应用电路的原理。

技能目标

1. 会制作多谐振荡器。
2. 会制作“知了”叫声的电路。
3. 会制作变音警笛。

任务一　制作自激多谐振荡器

学习目标

(1)熟悉多谐振荡器的原理。

(2)会制作多谐振荡器。

(3)熟练使用常用仪器仪表。

1. 工作原理

自激多谐振荡器是一种阻容耦合式的矩形波发生器，矩形波含有丰富的奇次谐波。图13-1所示为带有两个交替闪亮发光二极管的晶体管多谐振荡器。该振荡器由两级倒相放大器及相互间用电阻电容耦合在一起形成正反馈环路而构成的。由于电路的元器件左右对称，因此每只发光二极管亮与灭的时间也相等。倒相放大器1由晶体管 VT_1 及它的负载——发光二极管 VD_1 和 VD_2 的限流电阻 R_1 及耦合元件 R_3、C_2 组成；倒相放大器2由晶体管 VT_2、发光二极管 VD_2、限流电阻 R_4 及耦合元件 R_2、C_1 组成。当接通电源并按下开关S后，倒相放大器1的输出端——VT_1 的集电极经耦合元件 R_2、C_1 与倒相放大器2的输入端 VT_2 的基极相连，同样 VT_2 输出信号经 R_3、C_2 耦合至 VT_1 的信号输入端，形成两级倒相放大器之间的正反馈，产生自激振荡，使 VD_1 和 VD_2 点亮与熄灭。

2. 晶体管多谐振荡器元器件清单

晶体管多谐振荡器元器件清单见表13-1。

3. 元件装配图

元件装配图如图13-2所示。

4. 安装、调试和检测

(1)根据电路原理图,设计装配图,装配示意图如图13-2所示。

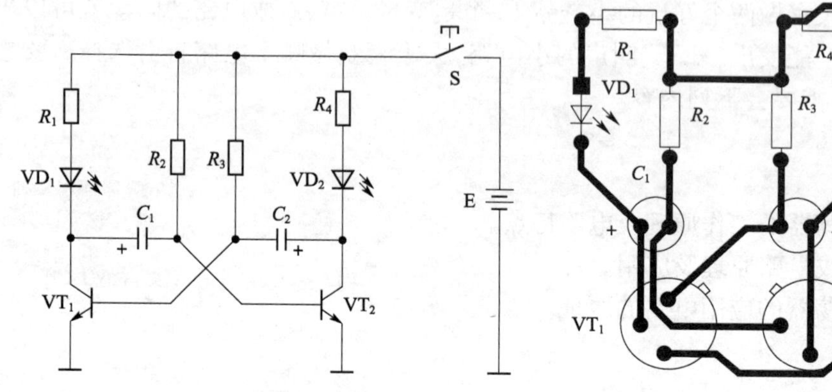

图13-1 晶体管多谐振荡器

图13-2 晶体管多谐振荡器装配图

晶体管多谐振荡器元器件清单 表13-1

序号	符号	名称	参数
1	VT_1、VT_2	三极管	9011×2
2	R_1、R_4	电阻	150Ω×2
3	R_2、R_3	电阻	33kΩ×2
4	VD_1、VD_2	发光二极管	ϕ5mm
5	C_1、C_2	电解电容	33μF×2
6	S	开关	
7	E	电池	3V

(2)按照装配图正确安装元器件。

(3)仔细核对检查元器件安装无误后,用电烙铁焊接电路。要注意防止漏焊、错焊和搭锡。

(4)对照电路图和印制电路板,仔细核对元器件的位置是否正确,极性是否正确,确认正确无误,接通电源。

(5)通电测试。当电路起振后,三极管的 U_{CE} 应在0.5~1.5V之间摆动,周期约为1.5s。

(6)用示波器观测 VT_1、VT_2 集电极输出信号的波形。

5. 技能训练

(1)用示波器观测 VT_1、VT_2 集电极输出信号波形的占空比,并将波形绘制下来。

(2)改变定时电容 C_1、C_2 的大小,或者微调定时电阻器 R_2、R_3 的电阻值,使 R_3、C_2 与 R_2、C_1 不等,将产生在同一周期内两个宽度不等的矩形波,绘制波形,并观察发光二极管亮灭时间是否均等,将训练结果记录下来。

任务二　制作模拟“知了”声电路

学习目标

(1)熟悉模拟“知了”声电路的原理。

(2)会制作模拟“知了”声电路。

(3)熟练使用常用仪器仪表。

1. 原理及电路

图 13-3 所示为一种模拟“知了”叫声的电路，在发出“知了”叫声的同时，发光二极管也随之闪烁。可以看出三极管 VT_1、VT_2 以及 R_1、R_2、R_3、R_4、VD_1、VD_2、C_1、C_2 等元件组成多谐振荡器，其输出端是 VT_2 的集电极，输出信号通过电容 C_3 和电阻 R_5 加至三极管 VT_3 的基极。

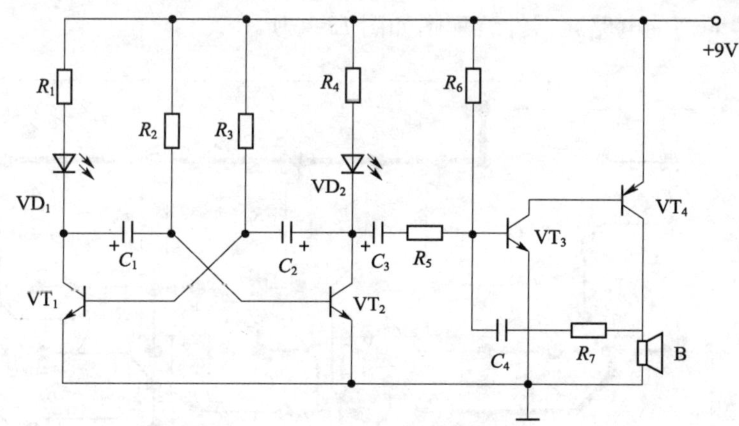

图 13-3　模拟“知了”叫声的电路

三极管 VT_3、VT_4 以及电阻 R_6、R_7、电容 C_4、扬声器 B 等组成该电路的音频振荡器，其振荡频率由 R_7、C_4 的数值决定，同时受到多谐振荡器输出电压的控制。当三极管 VT_2 由导通变为截止时，输出信号由低电平迅速变为高电平，该正跳变脉冲加至三极管 VT_3 基极与发射极之间，使三极管 VT_3 正偏压增大，音频振荡频率增高；反之当三极管 VT_2 由截止变为导通时，使三极管 VT_3 正偏压减小，音频振荡频率变低。于是，这一频率高低变化的音频信号经扬声器后，即可发出连续不断的“知了”声响，同时发光二极管闪烁。

2. 模拟“知了”叫声的电路元器件清单

模拟“知了”叫声的电路元器件清单见表 13-2。

模拟“知了”叫声的电路元器件清单　　表 13-2

序　号	符　号	名　称	参　数
1	VT_1、VT_2	三极管	9011×2
2	VT_3	三极管	3DD325
3	VT_4	三极管	3CD511

续上表

序 号	符 号	名 称	参 数
4	C_1	电解电容	47μF
5	C_2	电解电容	10μF
6	C_3	电解电容	33μF
7	C_4	涤纶电容	0.022μF
8	VD_1、VD_2	发光二极管	ϕ5mm
9	R_1、R_4	电阻	1kΩ
10	R_2、R_3	电阻	82Ω
11	R_5、R_6	电阻	68kΩ
12	R_7	电阻	10kΩ
13	B	扬声器	8Ω

3. 模拟"知了"叫声的电路元器件装配图

模拟"知了"叫声的电路元器件装配图如图 13-4 所示。

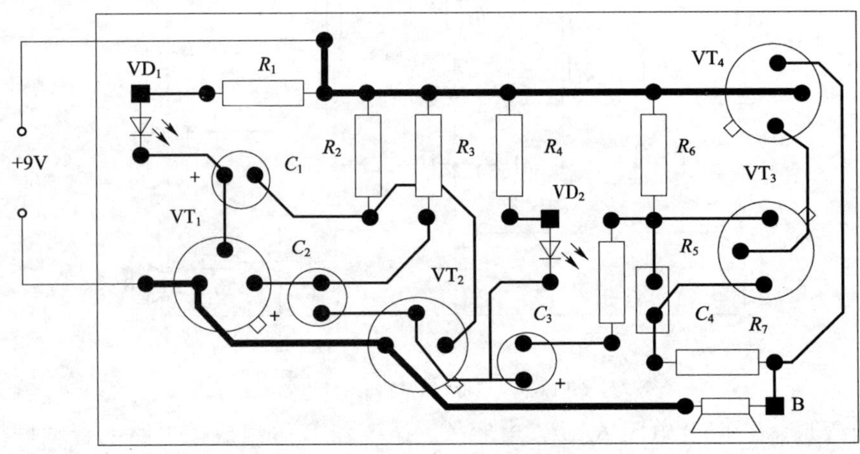

图 13-4 元器件装配图

4. 安装、调试与检测

(1)根据电路原理图,设计装配图,装配示意图如图 13-4 所示。

(2)按照装配图正确安装元器件。

(3)仔细核对检查元器件安装无误后,用电烙铁焊接电路。要注意防止漏焊、错焊和搭锡。

(4)对照电路图和印制电路板,仔细核对元器件的位置是否正确,极性是否正确,确认正确无误,接通电源。

(5)通电调试。扬声器应该发出"知了"模拟叫声,同时发光二极管也应该闪烁。

(6)用万用表检测三极管各管脚电压,当输入 9V 工作电压时,三极管 VT_1 的参考电压是:

$V_E=0V$, $V_B=-1.3\sim0.7V$, $V_C=0.1\sim1V$;三极管 VT_2 的参考电压是:$V_E=0V$, $V_B=$

$-0.6\sim2.5V$,$V_C=0.6\sim1$;三极管 VT_3 的参考电压是:$V_E=0V$,$V_B=0.2V$,$V_C=5.6V$;三极管 VT_4 的参考电压是:$V_E=9V$,$V_B=5.6V$,$V_C=1V$。

5. 技能训练

(1)用万用表检测三极管各管脚电压,并将检测结果记录下来。

(2)改变电容 C_2 或者电阻 R_3 的数值,可以改变"知了"叫声的长短,比较声音的变化。

(3)若将三极管 VT_1 集电极通过电容 C_5 和电位器 RP 后接到三极管 VT_3 的基极(如图 13-5 中虚线所示),比较电路发出的声音有什么不同;改变电位器 RP 的阻值,再次比较声的变化。将调试过程中遇到的问题和解决办法记录下来。

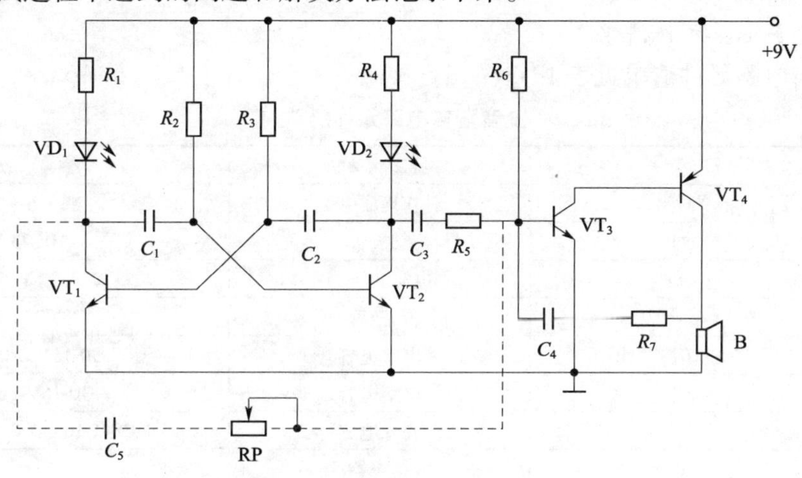

图 13-5　模拟"知了"叫声的电路

任务三　制作变音警笛电路

(1)熟悉变音警笛电路的原理。

(2)会制作变音警笛电路。

(3)熟练使用常用仪器仪表。

1. 工作原理及电路

555 集成电路是一种将模拟功能与数字电路巧妙结合的中规模集成电路,用它可以方便的组成脉冲电路,如多谐振荡器、双稳态触发器和施密特触发器等,应用十分广泛。

变音警笛电路原理图如图 13-6 所示,555 集成电路 N_1 及电阻 R_1、电阻 R_2和电容 C_2组成振荡频率为 0.5Hz 的矩形波振荡器,555 集成电路 N_2及电阻 R_3、电阻 R_4和电容 C_4组成中心频率为 500Hz 的多谐振荡器。集成电路凡振荡输出的矩形波经电阻 R_5送入集成电路 N_2的第 5 脚,对集成电路 N_2振荡器的输出频率进行调制。当集成电路 N_1的第 3 脚输出低电平时,集成电路 N_2输出信号频率升高;当集成电路 N_1的第 3 脚输出高电平时,集成电路 N_2输出信号频率降低。这样,扬声器就发出有节奏的警笛声。

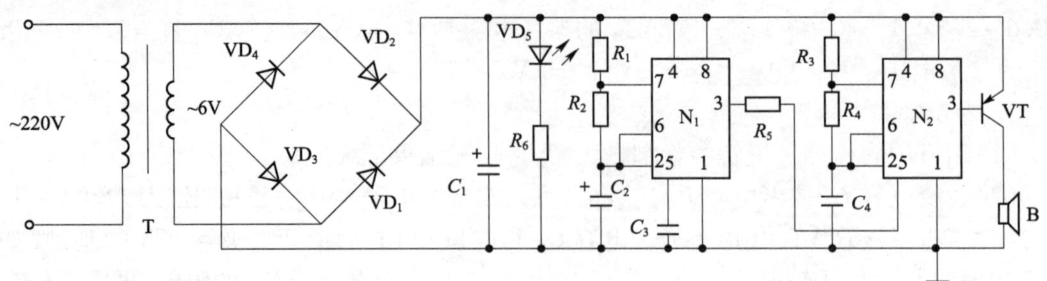

图 13-6　变音警笛电路

2. 变音警笛电路元件清单

变音警笛电路元件清单见表 13-3。

变音警笛电路元件清单　　表 13-3

序　号	符　　号	名　　称	参　　数
1	N_1、N_2	时基集成电路	NE555 ×2
2	VT	三极管	3DG23
3	T	电源变压器	220V/6V/5W
4	VD_1、VD_4	二极管	IN4001 ×4
5	C_1	电解电容	CD-16V-220μF
6	C_2	电解电容	CD-16V-1μF
7	C_1、C_2	瓷介电容	CL11-16V-0.01μF ×2
8	B	扬声器	8Ω
9	R_1、R_4	电阻	1kΩ ×2
10	R_2	电阻	1MΩ
11	R_3	电阻	47kΩ
12	R_5	电阻	10kΩ
13	R_6	电阻	1kΩ
14	VD_5	发光二极管	ϕ5mm

3. 变音警笛电路元件装配图

变音警笛电路元件装配图如图 13-7 所示。

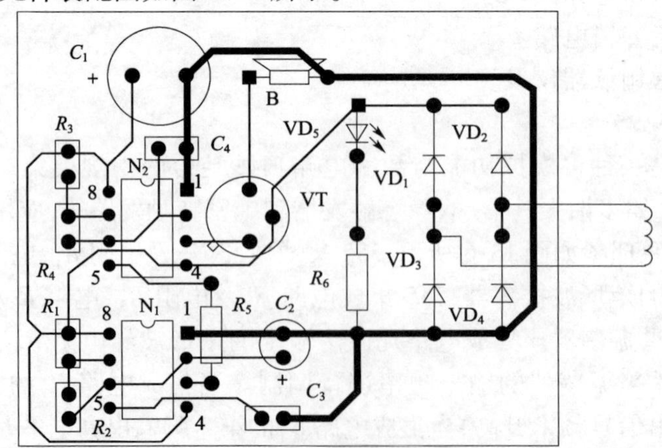

图 13-7　变音警笛电路元件装配图

4. 安装、调试与检测

(1)根据电路原理图,设计装配图,装配图如图 13-7 所示。

(2)按照装配图正确安装元器件。

(3)仔细核对检查元器件安装无误后,用电烙铁焊接电路。要注意防止漏焊、错焊和搭锡。

(4)对照电路图和印制电路板,仔细核对元器件的位置是否正确,极性是否正确,确认正确无误,接通电源。

(5)通电调试。电源指示发光二极管正常点亮。测试电容 C_1 两端的直流电压,应为 6~8V。

(6)调整变音警笛电路,只要电阻 R_1、R_2、电容 C_2 和电阻 R_3、R_4、电容 C_4 参数适当,一般均能正常工作。

(7)可以通过改变电阻 R_1、R_2或电容 C_2的参数来调整警笛声的节奏。

(8)可以通过调整电阻 R_3、R_4或电容 C_4的参数来调节警笛的声音。

5. 技能训练

测量电路中两片 NE555 时基集成电路各脚电压范围,并将调试过程中出现的问题和解决办法记录下来。

快乐学习一点通

自激多谐振荡器电路、模拟“知了”声电路以及变音警笛电路。都是日常生活中常见的电路,通过制作这些数字电路,要学会制作电路和调试数字电路的方法。另外还要熟悉一些常用仪器使用方法。制作模拟“知了”声电路对大家来说都挺简单吧,伴随着“知了”的叫声,我们结束了电子技术与技能课程的学习,希望同学们把在本课程中快乐学习,自主学习的热情渗透到我们以后的学习和生活的中,要相信自己的能力,快乐幸福的学习技能,快乐幸福的生活!

本项目通过制作三个振荡电路,进一步训练了电路的制作和调试能力。学习数字电路的基本调试方法。熟悉常见故障的排除方法。

牛刀小试显身手

简答题

1. 在自激多谐振荡器电路中,如果 R_3、C_2 与 R_2、C_1 不是对称的,会出现什么现象?

2. 在模拟“知了”声电路中,如果断开 R_5,会出现什么情况?

3. NE555 时基集成电路的工作原理是什么?试列举一些日常生活中使用 555 时基集成电路实例。

参 考 文 献

[1] 张龙兴. 电子技术基础[M]. 北京:高等教育出版社,2000.
[2] 朱国兴. 电子技能与训练[M]. 北京:高等教育出版社,2000.
[3] 金国砥. 电子技术与实训[M]. 北京:机械工业出版社,2008.
[4] 李伟,王昆. 电子基本技能操作实训[M]. 北京: 机械工业出版社,2008.
[5] 陈国培. 电子技能实训[M]. 北京:人民邮电出版社,2006.
[6] 谭克清. 电子技能实训[M]. 北京:人民邮电出版社,2006.
[7] 朱向阳,罗国强. 实用数字电子技术项目教程[M]. 北京:科学出版社,2009.
[8] 罗国强,罗伟. 实用模拟电子技术项目教程[M]. 北京:科学出版社,2009.
[9] 刘建华,伍尚勤. 电子工艺技术[M]. 北京:科学出版社,2007.
[10] 刘进峰. 电子制作实训[M]. 北京: 中国劳动社会保障出版社,2007.
[11] 彭克发,林红. 电子技能与训练[M]. 北京:中国电力出版社,2007.
[12] 王秀珍,高民. 电子技术实训基础[M]. 北京:中国电力出版社 ,2007.